## 第1章 实体造型与编程

| | | | | | |
|---|---|---|---|---|---|
| 1.1 实例1之实体造型训练（12分钟） | 1.2.1—1.2.6（1）实例1（9分钟） | 1.2.1—1.2.6（2）实例1（6分钟） | 1.2.7 在程序文件夹K010B中建立内孔精加工—实例1（4分钟） | 1.2.8 在程序文件夹K010C中建立六边形外侧精加工—实例1（5分钟） | 1.3 实例2之实体造型训练（19分钟） |
| 1.4.1—1.4.6 实例2（6分钟） | 1.4.7 在程序文件夹K010H中建立水平面精加工—实例2（2分钟） | 1.4.8 在程序文件夹K010I中建立侧精加工—实例2（4分钟） | | | |

U0205598

## 第2章 钻孔造型与编程

| | | | | | |
|---|---|---|---|---|---|
| 2.1 实例3之实体造型训练（8分钟） | 2.2.1—2.2.6 实例3（13分钟） | 2.2.7 在程序文件夹K020B中建立精加工刀路—实例3（8分钟） | 2.2.8 在程序文件夹K020C中建立钻孔加工刀路—实例3（4分钟） | 2.2.9 在程序文件夹K020D中建立攻螺纹孔路—实例3（2分钟） | 2.3 后置处理方法和步骤—实例3（2分钟） |

## 第3章 曲面造型与编程

| | | | | | |
|---|---|---|---|---|---|
| 3.1 实例4之实体造型训练（12分钟） | 3.2.1—3.2.6 实例4（6分钟） | 3.2.7 在程序文件夹K030B中建立外形精加工刀路—实例4（6分钟） | 3.2.8 在程序文件夹K030C中建立球面精加工刀路—实例4（3分钟） | 3.2.9 在程序文件夹K030D中建立清角精加工—实例4（2分钟） | 3.3 后置处理方法和步骤—实例4（3分钟） |

## 第4章 PowerMILL 造型

| | | |
|---|---|---|
| 4.1.1 边界重要参数含义（6分钟） | 4.2.2 曲线编辑器重要参数含义（3分钟） | 4.2.3 参考线综合练习（4分钟） |

## 第5章 三轴数控编程（实例5）

| | | | | | |
|---|---|---|---|---|---|
|  5.3.1 输入模型—模具（3分钟） |  5.3.2 使用模板文件建立数控程序文件夹及刀具—模具（3分钟） |  5.4 在程序文件夹K050A中建立开粗刀路—模具（4分钟） |  5.5 在程序文件夹K050B中建立二次开粗刀路—模具（3分钟） |  5.6 在程序文件夹K050C中建立三次开粗刀路—模具（3分钟） |  5.7 在程序文件夹K050D中建立分模面半精加工—模具（4分钟） |

| <br>5.8 在程序文件夹K050E中建立分模面精加工—模具（1分钟） | <br>5.9 在程序文件夹K050F中建立精加工—模具（12分钟） | <br>5.10 在程序文件夹K050G中建立镜片位精加工—模具（6分钟） | <br>5.11 后置处理—模具（3分钟） | | |

**第6章　四轴数控编程（实例6）**

| <br>6.2.2 在UG里进行造型—轴零件（5分钟） | <br>6.2.3 在PowerMILL里进行图形处理—轴零件（4分钟） | <br>6.2.4 使用模板文件建立数控程序文件夹及刀具—轴零件（2分钟） | <br>6.2.5 在程序文件夹K060A中建立开粗刀路—轴零件（7分钟） | <br>6.2.6 在程序文件夹K060B中建立槽精加工刀路—轴零件（4分钟） | <br>6.2.7 在程序文件夹K060C中建立半精加工刀路—轴零件（10分钟） |
| <br>6.2.8 在程序文件夹K060D中建立精加工刀路—轴零件（1分钟） | <br>6.2.9 在程序文件夹K060E中建立清角刀路—轴零件（6分钟） | <br>6.2.10 在程序文件夹K060F中建立刻字精加工刀路—轴零件（6分钟） | <br>6.3 程序检查及刀路优化—轴零件（10分钟） | <br>6.4 后置处理—轴零件（4分钟） | |

**第7章　五轴数控编程（实例7）**

| <br>7.2.3—7.2.5 人像工艺品（20分钟） | <br>7.2.6 在程序文件夹K070B中建立型面二次开粗加工刀路—人像工艺品（5分钟） | <br>7.2.7 在程序文件夹K070C中建立型面三次开粗加工刀路—人像工艺品（3分钟） | <br>7.2.8 在程序文件夹K070D中建立半精加工刀路—人像工艺品（8分钟） | <br>7.2.9 在程序文件夹K070E中建立型面精加工刀路—人像工艺品（24分钟） | <br>7.2.10 在程序文件夹K070F中建立切断刀路—人像工艺品（4分钟） |

**第8章　叶轮零件五轴加工**

| <br>8.2.2—8.2.6 涡轮式叶轮（11分钟） | <br>8.2.7 在程序文件夹K080B中建立精加工刀路—涡轮式叶轮（2分钟） | <br>8.2.8 在程序文件夹K080C中建立外包裹套面精加工刀路—涡轮式叶轮（1分钟） | <br>8.2.9 在程序文件夹K080D中建立流道开粗刀路—涡轮式叶轮（5分钟） | <br>8.2.10 在程序文件夹K080E中建立大叶片精加工刀路—涡轮式叶轮（4分钟） | <br>8.2.11 在程序文件夹K080F中建立小叶片精加工刀路—涡轮式叶轮（5分钟） | <br>8.2.12 在程序文件夹K080G中建立轮毂精加工刀路—涡轮式叶轮（2分钟） |

**实例素材源文件**

如遇问题可与编辑联系290579926@qq.com。

快速入门与进阶

# PowerMILL
# 造型与数控加工
## 全实例教程

寇文化　编著

化学工业出版社

·北京·

PowerMILL是Delcam Plc公司开发研制（现在由Autodesk公司经营）的一套专业的计算机辅助制造(CAM)软件，由于其数控编程功能强大稳定，实用性强，在我国数控企业里应用广泛。UG是德国西门子公司出品的一款CAD/CAM软件，在造型方面功能强大，在我国数控编程业界普及率很高。这两款软件具有较好的互补性，常被很多数控编程工程师混合使用来高效完成数控编程任务。

本书汇集作者在工厂从事数控编程的实践经验，将引领读者以工厂实战的视角、以务实的态度来学习数控编程技术。为了方便广大读者的学习，本书将分入门与进阶两部分来介绍，帮助更多的读者能轻松进入数控编程行业，胜任数控编程工作岗位。本书虽然实例有限，但是书中传授的工作思路和学习方法将对读者完成类似任务有启迪。

本书适合自学，也可以作为岗前职业培训、职业院校、高等学校相关专业的教材和参考书。

**图书在版编目（CIP）数据**

PowerMILL造型与数控加工全实例教程/寇文化编著.
—北京：化学工业出版社，2019.10
　（快速入门与进阶）
　ISBN 978-7-122-34951-4

Ⅰ．①P… Ⅱ．①寇… Ⅲ．①数控机床-加工-计算机辅助设计-应用软件-教材 Ⅳ．①TG659-39

中国版本图书馆CIP数据核字（2019）第154645号

责任编辑：王　烨　　　　　　　　文字编辑：陈　喆
责任校对：宋　玮　　　　　　　　装帧设计：刘丽华

出版发行：化学工业出版社（北京市东城区青年湖南街13号　邮政编码100011）
印　　装：大厂聚鑫印刷有限责任公司
787mm×1092mm　1/16　印张23½　插页2　字数595千字　2020年4月北京第1版第1次印刷

购书咨询：010-64518888　　　　　　　　售后服务：010-64518899
网　　址：http://www.cip.com.cn

凡购买本书，如有缺损质量问题，本社销售中心负责调换。

定　　价：99.00元

【编写目的】

PowerMILL 是一套专业的计算机辅助制造（CAM）软件，它曾经是英国 Delcam Plc 公司开发研制的（现在由 Autodesk 公司经营），在数控编程方面功能强大。UG 是德国西门子公司出品的一款 CAD/CAM 软件，在造型方面功能强大。这两款软件在我国数控编程业界普及率很高，而且具有很好的互补性，常被很多数控编程工程师混合使用来高效完成数控编程任务。

随着我国三轴及多轴机床的大量普及，用好这些机床的关键在于灵活掌握多轴数控编程技术，而社会上也急需培训一大批这方面的专门人才。本书将结合编者多年使用 PowerMILL 和 UG 软件从事三轴及多轴编程的经验和教训，把工作心得奉献给广大读者，与大家共同提高编程技术。PowerMILL 本身具有参考线、边界线及平面的造型功能，但有时满足不了工作需要，编程员就会借助其他功能强大的造型软件来创建辅助几何体，进而来优化刀路。常用的有 PowerSHAPE、Pro/E、UG、SolidWorks、中望 3D 软件等。本书重点介绍应用 UG 进行造型的基本方法。

本书的特点是：从入门基础讲起，然后在进阶部分结合典型实例，详细讲解完成某个工件的数控编程全流程。这些典型案例及工作方法来源于工厂实践。出版本书的目的是：让更多的读者朋友能够以工厂实战的姿态来学习 PowerMILL 软件的三轴及多轴数控编程技术；帮助有志从事数控编程的人士能够少走弯路、少犯错误，从而尽快用好多轴设备。

【主要内容】

全书共分为入门篇和进阶篇两大部分，共 8 章。前 4 章为入门基础篇，后续 4 章为进阶篇。

第 1 章，实体造型与编程，通过两个实例来介绍 UG 的实体造型方法，然后把自己造型的图形导入 PowerMILL 里进行数控编程，引导初学者尽快入门。

第 2 章，钻孔造型与编程，首先依据工程图纸，在 UG 里进行孔特征造型，然后在 PowerMILL 里进行孔特征的数控编程。

第 3 章，曲面造型与编程，首先在 UG 里进行曲面造型，然后在 PowerMILL 里进行综合性的数控编程。

第 4 章，PowerMILL 造型，重点介绍了 PowerMILL 里的参考线和边界线的造型方法。这是用好 PowerMILL 进行数控编程的重要基础。

第 5 章，三轴数控编程实例，以电话机面壳的前模实际数控编程工作为例，重点介绍应用 PowerMILL 进行三轴数控编程工作。让读者对真实模具工件的编程方法有一定的认识。

第 6 章，四轴数控编程实例，以典型的轴类零件为例，把四轴数控编程常用的编程方法进行综合性的讲解。帮助读者解决工作中可能遇到的类似问题。

第 7 章，五轴数控编程实例，以某一个人像工艺品为例，重点介绍五轴数控编程技术在实际工作中的应用。

第 8 章，叶轮零件五轴加工，以典型的发动机涡轮叶轮为例，重点介绍叶轮的数控编程方法。叶轮加工是典型的五轴联动加工，加工难度比较高，这部分内容主要介绍了PowerMILL专用模块的编程方法。

为了帮助读者学习，本书安排了"本章知识要点及学习方法""思考练习与参考答案"，以及"知识拓展""小提示""要注意"等特色段落。"知识拓展"：对当前的操作方法介绍另外一些方法，以开拓思路。"小提示"：对当前操作中的难点进行进一步补充讲解。"要注意"：对当前操作中可能出现的错误进行提醒。

文中长度单位除指明外默认为毫米。

【如何学习】

本书属于实战型课程培训，为学好本书内容，建议读者先学习如下知识：

① 能用三维CAD软件进行3D图形的绘制；

② 懂基础的机械加工及制图知识；

③ 对UG和PowerMILL软件进行预先学习。

学习本书时，建议初学者不但要认真研读书本的文字内容，而且要打开相应的软件，对照书本来实际操作，边看书边学习，对于较难的内容要反复练习，最好三遍以上，并且能够举一反三，触类旁通。要理论联系实际，有条件的可结合自己的工作任务，将所学到的编程知识和实践工作灵活地结合起来，所编的程序经过审核以后就在机床上进行加工，不断总结经验，以实战的姿态在工厂实践中提高水平。

【读者对象】

① 对PowerMILL三轴及多轴数控编程有兴趣的初学者；

② 从事数控编程的工程技术人员；

③ 大中专或职业学校数控专业的师生；

④ 其他PowerMILL爱好者。

本书由陕西华拓科技有限责任公司高级工程师寇文化编著。安徽工程大学王静平和李俊萍两位老师，以及索军利、赵晓军、李翔等也为本书编写提供很多帮助。在此，一并表示衷心的感谢。

由于笔者水平有限，不足之处在所难免，恳请读者批评指正。

编著者

2019年11月于西安

# 目录
CONTENTS

**第1部分 入门篇 01**

**第1章 实体造型与编程**

**02**

**第2章 钻孔造型与编程**

# 03

## 第3章 曲面造型与编程

# 04

## 第4章 PowerMILL 造型

## 第2部分 进阶篇

# 05

## 第5章　三轴数控编程（实例5）

# 06

## 第6章　四轴数控编程（实例6）

# 07

第7章　五轴数控编程（实例7）

# 08

第8章　叶轮零件五轴加工

# 参考文献

# Pa

PowerMILL造型与数控加工全实例教程

PowerMILL

rt one

这部分内容包括第1章~第4章，特点是所要加工的零件需要数控编程员绘制图形及数控编程。

# 01

第1章

# 实体造型与编程

本章是自动化数控编程的入门章节，重点讲解以下要点：

① 依据工程图纸进行三维实体造型的方法和步骤。UG NX11.0草图绘制、拉伸实体造型、实体之间的布尔运算。

② PowerMILL2012参考线的造型方法。

③ PowerMILL2012数控编程流程。

④ PowerMILL2012的2.5维加工中的曲线区域清除策略和曲线精加工策略、曲面的区域清除加工策略、曲面的等高精加工策略。

⑤ 常见机床的数控程序代码含义。

⑥ 学好本章内容可以为后续学习打下基础。

# 1.1 实例1之实体造型训练

本节任务：按图1-1所示的图纸加工出铝零件。本节首先用UG绘制图形，然后下一节用PowerMILL进行数控编程。通过本例的学习让初学者对于用PowerMILL进行数控编程有一定的初步认识。

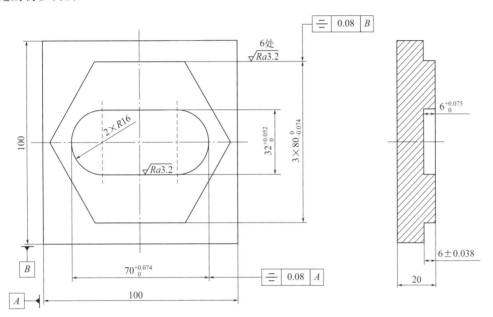

图1-1 实例1零件图

## 1.1.1 图纸分析及绘图步骤

### （1）图纸公差处理

图1-1所示为带公差的零件图纸，为了确保加工出来的零件误差符合图纸公差要求，一般在进行数控编程造型时把带公差的尺寸按照中差处理。

① 图纸尺寸 $70_0^{+0.074}$，上偏差为0.074，下偏差为0，那么取70.037。

② 图纸尺寸 $32_0^{+0.052}$，上偏差为0.052，下偏差为0，那么取32.026。

③ 图纸尺寸 $6_0^{+0.075}$，上偏差为0.075，下偏差为0，那么取6.0375。

④ 图纸尺寸 $6\pm0.038$，上偏差为0.038，下偏差为-0.038，那么取6。

⑤ 图纸尺寸 $3\times80_{-0.074}^{0}$，上偏差为0，下偏差为-0.074，那么取79.963。

⑥ 表面粗糙度 $\sqrt{Ra3.2}$ 对称度 = | 0.08 | B 和 = | 0.08 | A 就要靠加工工艺来保证了。

### （2）绘图步骤

该图纸可以采用实体绘图的方法进行，主要是拉伸体。

① 绘制底座 $100\times100\times14$ 拉伸体。

② 绘制内切圆直径为80的正六边形，然后以此绘制柱体。

③ 绘制直径为32×70的跑道圆，然后以此绘制拉伸体。

④ 以上实体进行布尔运算。

实际绘图时，可以先按照图纸的名义尺寸进行，然后对带公差的部位进行偏置处理。

## 1.1.2 绘制底座

① 启动UG NX11软件，单击 新建 按钮，输入文件名为upbook-1-1，进入【建模】模块。注意默认的绘图工作目录是C：\temp，文件存盘生成的图形文件存在这个目录中。

② 从主菜单里执行【插入】【草图】命令，系统自动选择XY平面为绘图平面，单击【确定】按钮，进入草图状态，如图1-2所示。

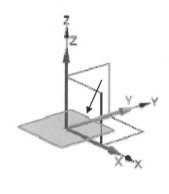

图1-2 自动选取草图平面

③ 单击 □ 矩形(R)... 按钮，绘制矩形100×100的草图，并标注尺寸，结果如图1-3所示。单击 ✍ 完成草图 按钮。

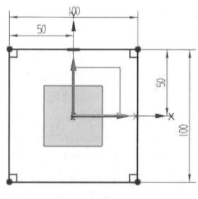

图1-3 标注图形

④ 单击 ▥ 拉伸 按钮，选择上述草图，在系统弹出的【拉伸】对话框里展开【方向】栏，单击反向按钮 ⊠ ，使图形指示拉伸方向的箭头朝下，输入距离【开始】【距离】为"6"，【结束】【距离】为"20"，单击【确定】按钮。绘制拉伸体，结果如图1-4所示。

图1-4 绘制底座

## 1.1.3 绘制正六棱柱体

本小节将绘制内切圆直径为80的正六边形的拉伸体。

① 从主菜单里执行【插入】|【基准/点】|【点】命令，设置点为（0，0，0），绘制零点，如图1-5所示。绘制该零点的目的是后续绘图时能够抓点方便。

② 从主菜单里执行【插入】|【草图曲线】|【多边形】命令，系统自动选择 XY 平面为绘图平面，进入草图状态，设置中心点为（0，0，0），边数为6，内切圆半径为40，旋转角度为90°，绘制如图1-6所示的正六边形。

③ 单击 拉伸 按钮，选择上述草图，【方向】为向下，输入【开始】【距离】为"0"，【结束】【距离】为"14"，绘制拉伸体，结果如图1-7所示。单击【确定】按钮。

图1-5 绘制零点

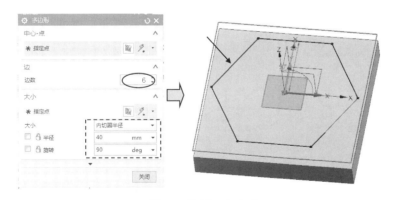

图1-6 绘制正六边形

 要注意

此处选线时，过滤器设置为" 相连曲线 "，输入距离大于6小于20就可以。布尔运算暂时设置为"无"。

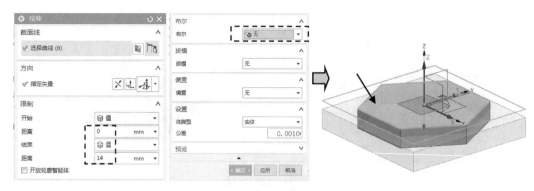

图1-7 创建六棱柱体

## 1.1.4 绘制跑道拉伸体

1) 从主菜单里执行【插入】|【 🔡 在任务环境中绘制草图(V) 】命令，系统自动选择XY平面为绘图平面，进入草图状态。

① 绘制左边半圆弧φ32。在草图工具栏里，单击【三点圆弧】 按钮，再选取【中心和端点定圆弧】 按钮，在弹出的圆弧浮动坐标参数栏里输入圆心坐标XC为"–19"，YC为"0"，【半径】为"16"，【扫描角度】为"180"，每输入一个参数就按回车键Enter。拖动鼠标，当出现向上箭头时放置到如图1-8所示的位置，单击鼠标左键。再单击鼠标中键。

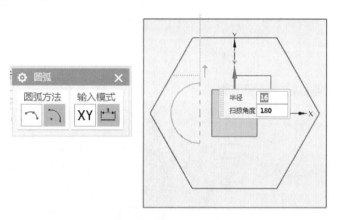

图1-8 绘制左侧圆弧

② 绘制右边半圆弧φ32。在草图工具栏里，单击【曲线】工具栏的下三角符号，选取 镜像曲线 按钮，选取刚创建的左侧φ32圆弧为【要镜像的曲线】，再选取Y轴作为【中心线】，单击【确定】按钮，如图1-9所示。

③ 绘制两个圆弧φ32的连线。在草图工具栏里，单击【直线】 直线 按钮，选取刚创建的左右两侧φ32圆弧的端点，将其连接起来，单击【确定】按钮，如图1-10所示。

同样的方法，连接下面的直线，结果如图1-11所示。

观察屏幕底部的草图状态栏，显示**草图需要1个约束**。说明草图还需要进一步加约束。

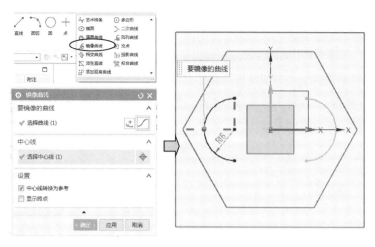

图1-9 镜像曲线

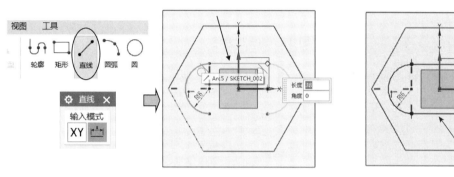

图1-10 绘制直线  图1-11 创建直线

④ 标注两个圆弧 $\phi$ 32 的距离尺寸70。在草图工具栏，单击【快速尺寸】按钮旁的下三角符号，选取【线性尺寸】按钮 ，然后按照提示选取左右圆弧的接近中点的位置，【测量】【方法】为"水平"，拖动鼠标把尺寸放置到适当的位置，单击鼠标左键，如图1-12所示。在【线性尺寸】对话框里单击【关闭】按钮，完成尺寸标注。

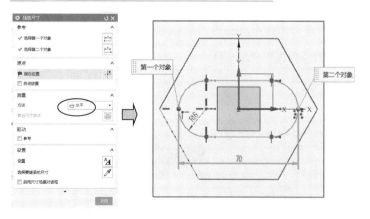

图1-12 标注水平尺寸

第 1 章 实体造型与编程

观察屏幕底部的草图状态栏，显示 草图已完全约束 。说明草图绘制正确。在草图工具栏里单击 完成 按钮，完成草图的绘制。

2）在导航器里选择上述草图特征，在工具栏里单击 拉伸 按钮，输入距离为14，选择布尔运算的方式为"减去"，选择刚绘制的六边形拉伸体为目标，如图1-13所示。

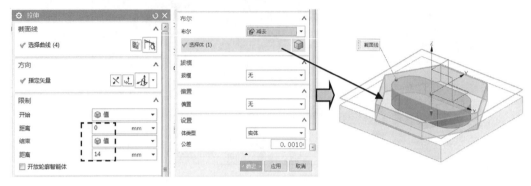

图1-13　创建拉伸体

在【拉伸】对话框里，单击【确定】按钮。结果如图1-14所示。

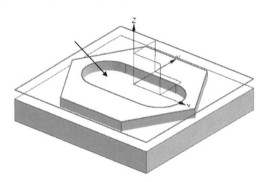

图1-14　创建切除特征

## 1.1.5　实体布尔运算

在主工具栏里单击 合并 按钮，选择上述两个实体，进行合并运算，结果如图1-15所示。

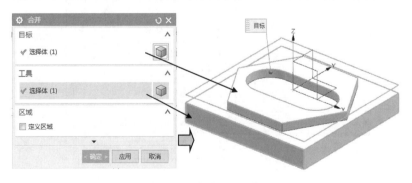

图1-15　实体布尔运算

## 1.1.6　实体图形整理

### （1）规范显示图形

按Ctrl+B组合键，选择实体，将其隐藏。然后再按Shift+Ctrl+B组合键，将实体显示，草图曲线隐藏，如图1-16所示。

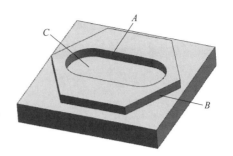

**图1-16　显示实体图形**

### （2）偏置实体表面*A*

根据第1.1.1节第（1）步图纸公差处理，尺寸70和尺寸32对应的*A*环表面可以向实体内部偏置0.015。

在工具栏里选取【偏置区域】按钮，输入在图形上选取*A*处的环表面，然后在【偏置区域】对话框里单击【反向】按钮调整箭头指向实体内部，输入【距离】为0.015，单击【确定】按钮，如图1-17所示。

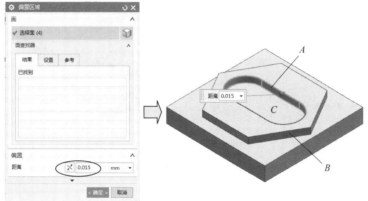

**图1-17　偏置*A*处面**

### （3）偏置实体表面*B*

根据第1.1.1节第（1）步图纸公差处理，尺寸80对应的*B*处6个表面可以向实体内部偏置0.0185。

在工具栏里选取【偏置区域】按钮，输入在图形上选取*B*处的6个外表面，然后在【偏置区域】对话框里单击【反向】按钮调整箭头指向实体内部，输入【距离】为0.0185，单击【确定】按钮，如图1-18所示。

### （4）偏置实体表面*C*

根据第1.1.1节第（1）步图纸公差处理，尺寸"6"对应的*C*表面可以向实体内部偏置0.0375。

在工具栏里选取【偏置区域】按钮，输入在图形上选取*C*表面，然后在【偏置区域】对话框里单击【反向】按钮调整箭头指向实体内部，输入【距离】为0.0375，单击【确定】按钮，如图1-19所示。

单击【保存】按钮将文件存盘。

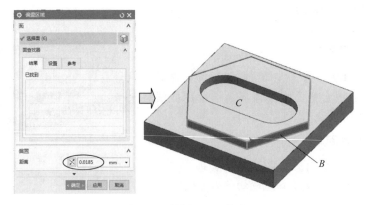

图1-18 偏置B处六个面

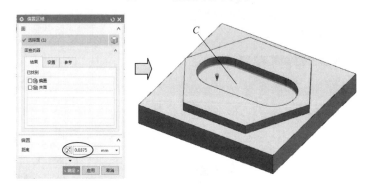

图1-19 偏置底面C

## 1.1.7 实体图形导出

在主菜单里执行【文件】|【导出】|【STEP】命令，在系统弹出的【导出至STEP选项】对话框里，选择【文件】选项卡，选取【导出自】的选项为"显示部件"复选框。【STEP文件】为"C:\Temp\upbook-1-1.stp"。单击【确定】按钮，如图1-20所示。

图1-20 设置导出参数

单击【确定】按钮。在系统弹出的【未选择对象】对话框里单击【确定】按钮。完成图形的转换，转换的文件名为upbook-1-1.stp。把该文件复制到D：\ch01 文件夹里。

## 1.2 实例1之数控编程

### 1.2.1 图纸分析及刀路规划

**（1）分析图纸**

零件图纸如图1-1所示，材料为铝，外围表面粗糙度为$Ra3.2\mu m$，工程图纸中的带公差的尺寸已经按照中差处理，所以CNC仅需要按照3D模型图加工到位，即精加工余量为0。

**（2）制定加工工艺**

由于该零件没有倒扣部位，可以用普通的三轴铣床一次装夹就可以加工出来。具体工艺如下：

① 开料：毛料大小为$105\times105\times25$的铝板料，比图纸多留出一些材料。

② 普通铣：用普通铣床先粗铣六方，然后再精铣六方，尺寸为$100\times100\times20$，要确保对应平行面的平行度在0.02以内，垂直面的垂直度在0.02以内。

③ 数控铣：加工外形。在三轴机床上采用虎钳夹持，露出虎钳表面的距离要大于6mm，要校平表面，使其与机床工作台的$XY$平面平行，平行度在0.02以内，拉直侧面为$X$轴，四边分中为加工零点。以上操作的误差应该在0.02以内，以保证图纸中的对称度公差。

**（3）制定数控铣工步规划**

① 开粗刀路K010A（此处01表示章节号，0A为顺序号），使用刀具为ED8平底刀，余量为0.3，层深为0.5。

② 跑道内孔型面精加工K010B，使用刀具为ED8平底刀，余量为0。

③ 六方外形精加工K010C，使用刀具为ED8平底刀，余量为0。

**小提示**

本书数控程序的命名规则中K03表示第3章，紧接着的两个字符0A、0B、0C、0D、…、0Z、1A等表示顺序号，请阅读时注意。实际工作中要遵守所在工厂相关规定。

### 1.2.2 数控编程准备

工艺制定好以后经过评审没有问题的话就开始实施。实施步骤为：数控编程、后置处理、数控仿真、数控加工、检验合格并交付车间加工。

数控编程之前应该对原始的模型文件进行必要的图形处理，图形处理内容有：读取主模型文件、读取参考曲面文件、对读取的图形进行图层管理、删除不必要的坐标系。必要时，还需要对图形进行平移、旋转、缩放等变换，本例不用这一步。

## （1）读取主模型文件

先在D盘根目录建立文件夹D：\ch01，然后把第1.1.7节转换的文件upbook-1-1.stp复制到D：\ch01文件夹里。

启动PowerMILL2012软件，执行【文件】|【输入模型文件】命令，在系统弹出的【输入模型】对话框里，选取【文件类型】为 STEP (*.stp;*.step)，选取模型文件upbook-1-1.stp，关闭【信息】窗口，图形区显示出如图1-21所示的模型文件图形。

**图1-21　输入模型文件**

## （2）分析模型尺寸

在工厂进行数控编程，无论图形复杂程度如何，一定要核对尺寸。一般来说，下游工序要核对上游工序传来的图形尺寸，对照工程图纸进行检查。发现问题及时处理，可以确保后续工作顺利。

PowerMILL里常用的分析方法是：在主工具栏里单击【测量器】按钮 ，系统弹出如图1-22所示的对话框。通过测量两个点之间的距离来分析图形尺寸。

**图1-22　测量直线对话框**

在图形上用拉方框的方法选取四方台的对角两个点，如图1-23所示。

根据分析结果，结合如图1-1所示的工程图进行尺寸对照，四边形尺寸正确。从此分析得知，世界坐标系位于表面对称中心的位置。

导入图形以后，系统会自动产生一个坐标系 st353 ，经分析此坐标系与世界坐标系相同，可以修改名称为"1"，位于图形的对称中心，顶部的部位。

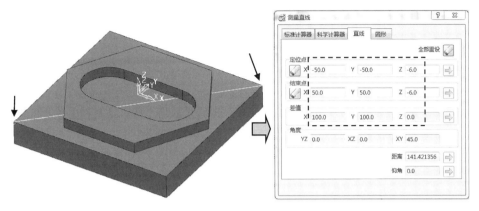

图1-23 分析四边形对角点

单击 全部重设 ✅ 按钮，用同样的方法对其他尺寸进行逐一分析。

### （3）文件夹存盘

在主工具栏里单击【保存项目】按钮 ▣，输入项目名称为"upbook-1-1"。注意 PowerMILL 数控编程图形存盘是一个文件夹，打开项目文件夹就可以调出编程图形。

## 1.2.3 建立刀路程序文件夹

本节主要任务是：建立3个空的刀具路径（也可简称刀路）程序文件夹，重新修改名称，这样可以使 PowerMILL 后处理生成的 NC 文件名与文件夹名称基本相同。通过此方法可以清晰地管理编程刀路。

用鼠标右键单击【资源管理器】中的【刀具路径】树枝，在弹出的快捷菜单中选择【产生文件夹】命令，再次右击【文件夹1】|【重新命名】并修改文件夹名称为 K010A，如图1-24所示。

用同样的方法生成其他程序文件夹，如图1-25所示。

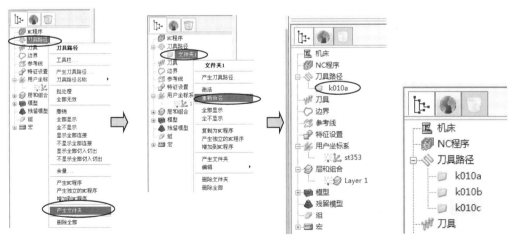

图1-24 建立程序文件夹    图1-25 生成其他文件夹

### 1.2.4 建立刀具

主要任务是：建立加工刀具ED8平底刀。

用鼠标右击【资源管理器】中的【刀具】树枝，在弹出的快捷菜单里选择【产生刀具】命令，再在弹出的快捷菜单中选择【端铣刀】命令，系统弹出了【端铣刀】对话框，在【刀尖】选项卡中设定参数，【名称】为"ED8"，【长度】为"32"，【直径】为"8"，【刀具编号】为"4"，【槽数】为"4"，如图1-26所示。

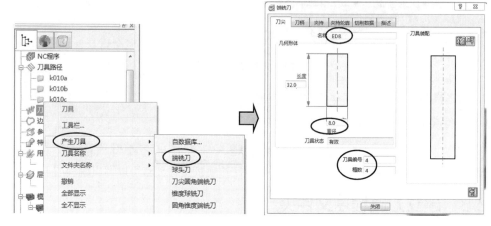

图1-26 创建刀尖参数

通常情况下可以据此刀具参数进行数控编程。但为了能够用PowerMILL进行过切及碰撞干涉检查，还需要设置刀柄及夹头的尺寸数据。本书所举的刀具是某一数控车间已有的刀具情况，读者也可以结合自己工厂实际，完整准确地建立刀具数据库，据此创建刀具，以提高刀路安全性。

在【端铣刀】对话框中，单击【刀柄】选项卡，在其中单击"增加刀柄部件按钮" ，设定参数。【顶部直径】为"8"，【底部直径】为"8"，【长度】为"68"，如图1-27所示。

单击【夹持】选项卡，在其中单击【增加夹持部件】按钮 ，设定【顶部直径】为"70"，【底部直径】为"70"，【长度】为"60"，【伸出】为"40"，如图1-28所示。该夹持尺寸适合BT40刀柄。这里的【伸出】为装刀最短距离。

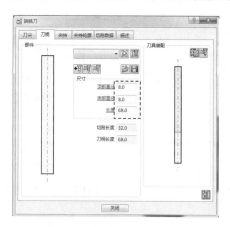

图1-27 创建刀柄参数

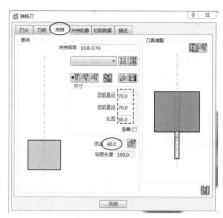

图1-28 创建夹持参数

单击【关闭】按钮。

## 1.2.5　设公共安全参数

公共安全参数包括：安全高度、开始点及结束点。

### （1）设安全高度

在综合工具栏中单击【快进高度】按钮 ，弹出【快
进高度】对话框。在【几何形体】栏中设置【安全区域】为
"平面"，【用户坐标系】为"1"，单击【计算】按钮，此时
【安全Z高度】数值变为10，【开始Z高度】为5。单击【接受】
按钮，如图1-29所示。

图1-29　设置快进高度

 小提示

此处，系统是自动按照比最高点坐标高出10mm为最高安全高度、高出5mm为开始安全高度
来计算的。

### （2）设开始点及结束点

在综合工具栏中单击【开始点及结束点】按钮 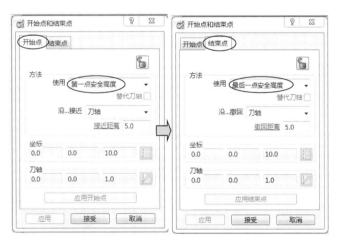，弹出【开始点和结束点】对话框。
在【开始点】选项卡中，设置【使用】的下拉菜单为"第一点安全高度"。切换到【结束
点】选项卡，用同样的方法设置。单击【接受】按钮，如图1-30所示。

图1-30　设开始点及结束点参数

 要注意

此处如果不设置这个参数，系统会默认【毛坯中心安全高度】，每次提刀都会走到（0，0）点，
将会出现很多不必要的空刀。另外，PowerMILL的刀路文件夹名称和数控程序名称均不区分大小写。

## 1.2.6 在程序文件夹K010A中建立开粗刀路

本节主要任务是：建立2个三轴加工的开粗刀具路径，策略名称为曲线区域清除。①对内孔进行开粗；②对六方外形进行开粗。

先将K010A程序文件夹激活。

**（1）对内孔进行开粗**

① 进入"曲线区域清除"刀路策略对话框　在综合工具栏中单击【刀具路径策略】按钮 ，弹出【策略选取器】对话框，选取【2.5维区域清除】选项卡，然后选择【二维曲线区域清除】选项，单击【接受】按钮。系统弹出【曲线区域清除】对话框。默认的刀具路径名称为"1"，现在修改【刀具路径名称】为"a0"，这样修改的目的是使刀路管理清晰。

② 定义坐标系　定义用户坐标系为"1"，该坐标系与建模坐标系一致，如图1-31所示。

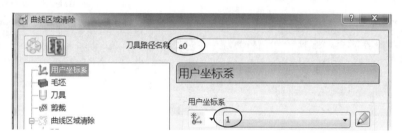

**图1-31　定义坐标系**

③ 设定毛坯　"毛坯"在PowerMILL数控编程中非常重要，可以起到限制和控制刀具路径范围的作用。本刀路定义的毛坯大小为100×100×20的长方体。

在【曲线区域清除】对话框的左侧栏里，选取 **毛坯**，在【由…定义】下拉列表框中选择"方框"选项，【坐标系】为"世界坐标系"，单击【计算】按钮，如图1-32所示。单击右侧屏幕的【毛坯】按钮 ，可以关闭其显示。

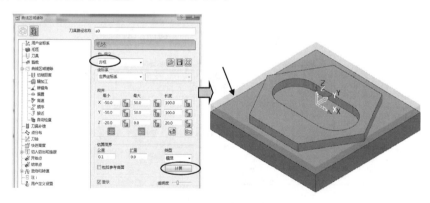

**图1-32　生成毛坯**

④ 定义刀具　在【曲线区域清除】对话框的左侧栏里，选取 **刀具**，选取刀具为ED8，如图1-33所示。

⑤ 定义剪裁参数　在【曲线区域清除】对话框的左侧栏里，选取 **剪裁**，【裁剪】为"保留内部"，在毛坯栏【剪裁】为【允许刀具在毛坯之外】选项 ，如图1-34所示。

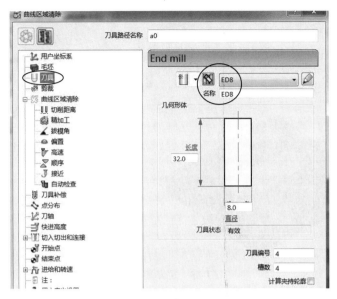

图1-33 选取刀具

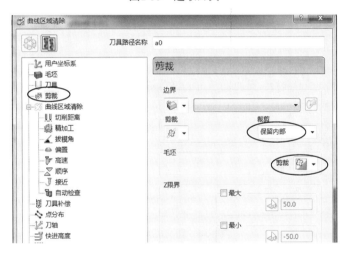

图1-34 定义剪裁参数

⑥ 定义参考线 在【曲线区域清除】对话框的左侧栏里，选取 曲线区域清除，在【曲线定义】栏里，单击【获取几何体到参考线】按钮 ，选取内孔底面，在工具栏里单击【获取曲线，生成新的参考线】按钮 ，生成参考线1，如图1-35所示。

⑦ 定义切削参数 系统根据参考线，设置【下限】为"−5.9375"，此数比参考线实际Z值−6.0375高出0.1，这样就相当于在底部留出0.1余量，【公差】为"0.1"，【曲线余量】为"0.3"，【行距】为"5"。检查【样式】为"偏置"，【切削方向】为"顺铣"，如图1-36所示。

⑧ 定义切削距离参数 在【曲线区域清除】对话框的左侧栏里，选取 切削距离，设置【垂直范围】为"限界"，【下切步距】为"0.5"，如图1-37所示。

在 精加工、 拔模角、 偏置、 高速、 顺序、 自动检查、 点分布 里按照默认设置， 接近、 刀具补偿 里不选取复选框参数。

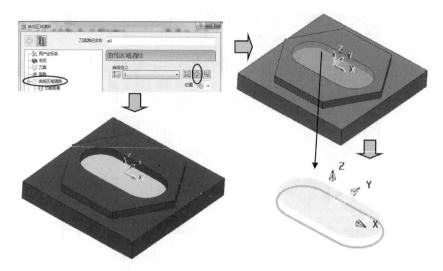

图1-35　定义参考线1

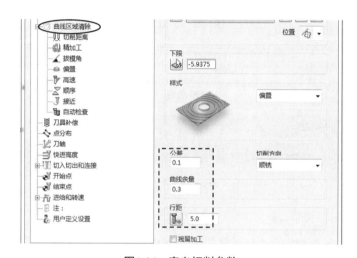

图1-36　定义切削参数

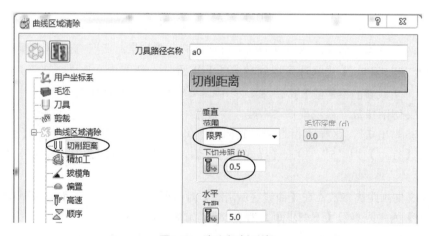

图1-37　定义切削距离

⑨ 定义刀轴参数　在【曲线区域清除】对话框的左侧栏里，选取 刀轴，设置如图

1-38所示参数。【刀轴】为"垂直"。

**图1-38　定义刀轴参数**

⑩ 定义快进高度参数　在【曲线区域清除】对话框的左侧栏里，选取 快进高度，对于【用户坐标系】为"1"，单击【计算】按钮，如图1-39所示。

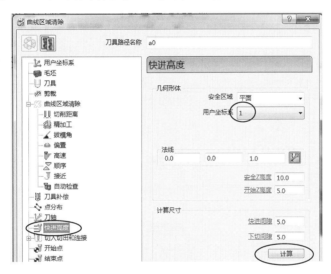

**图1-39　定义快进高度参数**

⑪ 定义切入切出和连接参数　在【曲线区域清除】对话框的左侧栏里，选取 切入，按如图1-40所示设置参数。【第一选择】为"斜向"，单击【斜向选项】按钮，在【斜向切入选项】对话框里设置【最大左斜角】为"3"，【高度】为"0.5"。

设 切出的【第一选择】参数为"无"。

在【曲线区域清除】对话框的左侧栏里，选取 连接，设置连接参数如图1-41所示。

⑫ 定义进给和转速参数　在【曲线区域清除】对话框的左侧栏里，选取 进给和转速，按如图1-42所示设置参数。

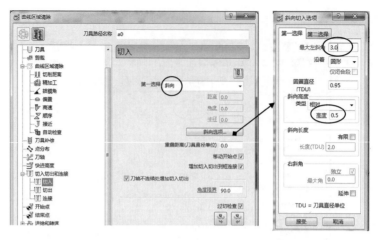

图1-40 定义切入参数

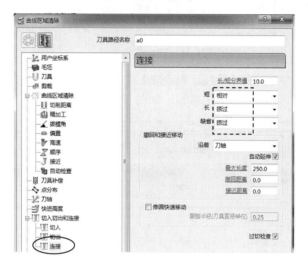

图1-41 定义连接参数

图1-42 定义进给和转速

⑬ 计算刀路  在【曲线区域清除】对话框里，单击【计算】按钮，生成刀路a0，如图1-43所示。

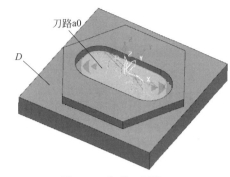

图1-43　生成a0刀路

## （2）对六方外形进行开粗

方法：仍采取曲线区域清除的加工策略。

① 创建参考线  在图形上选取六边形外侧的底面D。在左侧的资源管理器里右击【参考线】，在弹出的快捷菜单里选取【产生参考线】命令，单击【参考线】前的加号+，可以看到在【参考线】树枝下生成了参考线2的图标 💡 ✖ > 2，右击这个图标，在弹出的快捷菜单里选取【插入】|【模型】命令，生成曲面边缘线条。在右侧工具条里单击【普通阴影】按钮 �𝄄，使曲面图形隐藏，如图1-44所示。

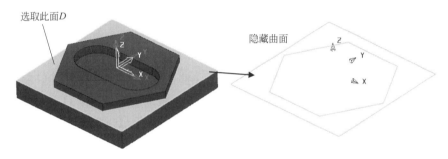

图1-44　初步生成参考线

在图形上选取刚创建参考线的外侧四边形，右击鼠标，在弹出的快捷菜单里选取【编辑】|【变换】|【偏置】命令，在系统弹出的参考线工具栏里选取【2D尖锐】方式 🔼，【距离】为"5"，单击【接受改变】按钮 ✓，如图1-45所示。

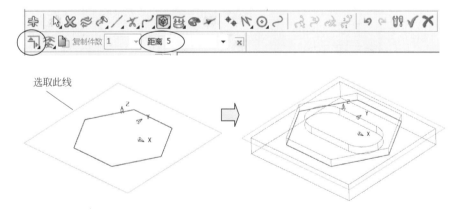

图1-45　偏置外形曲线

② 进入"曲线区域清除"刀路策略对话框  在综合工具栏中单击【刀具路径策略】按钮 🟰，弹出【策略选取器】对话框，选取【2.5维区域清除】选项卡，然后选择【二维曲线区域清除】选项，单击【接受】按钮。系统弹出【曲线区域清除】对话框。默认的刀具路径名称为"1"，现在修改【刀具路径名称】为"a1"。

③ 定义坐标系 定义用户坐标系仍为"1",该坐标系与建模坐标系一致,如图1-46所示。

图1-46 定义坐标系

④ 设定毛坯 在【曲线区域清除】对话框的左侧栏里,选取 毛坯,在【由…定义】下拉列表框中选择"方框"选项,【坐标系】为"世界坐标系",单击【计算】按钮。与图1-32所示相同。

⑤ 定义刀具 在【曲线区域清除】对话框的左侧栏里,选取 刀具,选取刀具为ED8,与图1-33所示相同。

⑥ 定义剪裁 在【曲线区域清除】对话框的左侧栏里,选取 剪裁,【剪裁】为"保留内部",在毛坯栏【剪裁】为【允许刀具在毛坯之外】选项 。与图1-34所示相同。

⑦ 定义参考线 在【曲线区域清除】对话框的左侧栏里,【曲线定义】为"2",如图1-47所示。

⑧ 定义切削参数 设置【下限】为"-5.9",此数比参考线实际Z值-6高出0.1,这样就相当于在底部留出0.1余量,【公差】为"0.1",【曲线余量】为"0.3",【行距】为"5"。检查【样式】为"偏置",【切削方向】为"顺铣",如图1-47所示。

图1-47 定义切削参数

⑨ 定义切削距离 在【曲线区域清除】对话框的左侧栏里,选取 切削距离,设置【垂直范围】为"限界",【下切步距】为"0.5",与图1-37所示相同。

在 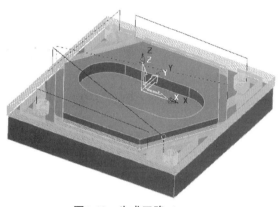 精加工、 拔模角、 偏置、 高速、 顺序、 自动检查、 点分布 里按照默认设置， 接近、 刀具补偿 里不选取复选框参数。

⑩ 定义刀轴参数　在【曲线区域清除】对话框的左侧栏里，选取 刀轴，设置1-38所示参数。【刀轴】为"垂直"。

⑪ 定义快进高度参数　在【曲线区域清除】对话框的左侧栏里，选取 快进高度，对于【用户坐标系】为"1"，单击【计算】按钮。与图1-39所示相同。

⑫ 定义切入切出和连接参数　在【曲线区域清除】对话框的左侧栏里，选取 切入，按图1-40所示设置参数。【第一选择】为"斜向"，单击【斜向选项】按钮，在【斜向切入选项】对话框里设置【最大左斜角】为"3"，【高度】为"0.5"。单击【接受】按钮。

在【曲线区域清除】对话框的左侧栏里，选取 连接，设置连接参数，如图1-41所示。

⑬ 定义进给和转速参数　在【曲线区域清除】对话框的左侧栏里，选取 进给和转速，按图1-42所示设置参数。

⑭ 计算刀路　在【曲线区域清除】对话框里，单击【计算】按钮。生成刀路a1，如图1-48所示。

**图1-48　生成刀路a1**

# 1.2.7　在程序文件夹K010B中建立内孔精加工

本节主要任务是：建立2个三轴精加工刀路。①对内孔底部面进行精加工；②对内孔侧面进行精加工。

先将K010B程序文件夹激活。

**（1）对内孔底部面进行精加工**

方法：复制刀路修改参数，加工策略为曲线区域清除。

① 复制刀路　在左侧的资源管理器里的K010A文件夹里选取a0刀路，右击鼠标，在弹出的快捷菜单里选取【编辑】|【复制刀具路径】命令，这样在文件夹K010B里就出现了a0_1刀路，修改名称为b0，激活刀路b0，如图1-49所示。

② 修改切削参数　右击刚复制出来的刀路b0，在

**图1-49　复制刀路**

PowerMILL造型与数控加工全实例教程

第1部分 入门篇

PowerMILL Part one

弹出的快捷菜单里选取【设置】命令，在系统弹出的【曲线区域清除】对话框里，单击【打开表格，编辑刀具路径】按钮 🔩。选取 ⚙ 曲线区域清除，修改【下限】为"–6.0375"，【曲线余量】为"0.5"，如图1-50所示。

**图1-50 修改切削参数**

③ 修改层深参数 选取 ⚙ 切削距离，修改【下切步距】为"10.5"，这个数要比加工深度6.0375大就可以使系统生成一层刀路，如图1-51所示。

**图1-51 修改下切步距**

④ 修改进给参数 选取 🔧 进给和转速，修改【切削进给率】为"1000"毫米/分，【下切进给率】为"500"毫米/分，如图1-52所示。

⑤ 计算刀路 在【曲线区域清除】对话框里，单击【计算】按钮，生成刀路b0，如图1-53所示，单击【取消】按钮。

**（2）对内孔侧面进行精加工**

方法：加工策略为二维曲线轮廓。

① 进入"曲线轮廓精加工"刀路策略对话框 在综合工具栏中单击【刀具路径策略】

24

按钮 ，弹出【策略选取器】对话框，选取【2.5维区域清除】选项卡，然后选择【二维曲线轮廓】选项，单击【接受】按钮。系统弹出【曲线轮廓】对话框。默认的刀具路径名称为"1"，现在修改【刀具路径名称】为"b1"。

图1-52　修改进给速度

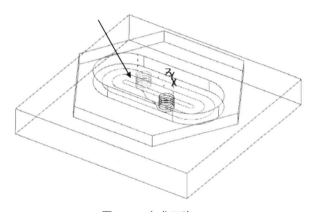

图1-53　生成刀路b0

　② 定义坐标系　定义用户坐标系为"1"，该坐标系与建模坐标系一致，如图1-54所示。

　③ 设定毛坯　在【曲线轮廓】对话框的左侧栏里，选取 🔲 毛坯，在【由…定义】下拉列表框中选择"方框"选项，【坐标系】为"世界坐标系"，单击【计算】按钮，与图1-32所示相同。

图1-54　定义坐标系

　④ 定义刀具　在【曲线轮廓】对话框的左侧栏里，选取 🔲 刀具，选取刀具为ED8，与

图1-33所示相同。

⑤ 定义剪裁参数　在【曲线轮廓】对话框的左侧栏里，选取 剪裁 ，【剪裁】为 "保留内部"，与图1-34所示相同。

⑥ 定义切削参数　在【曲线轮廓】对话框的左侧栏里，选取 曲线轮廓，在【曲线定义】栏里选取参考线为 "1"，设置【下限】为 "–6.0375"，【公差】为 "0.01"，【曲线余量】为 "0"，如图1-55所示。

**图1-55　定义切削参数**

⑦ 定义切削距离　在【曲线轮廓】对话框的左侧栏里，选取 切削距离，设置【垂直范围】为 "限界"，【下切步距】为 "10.5"，修改【毛坯宽度】为 "0.3"，【行距】为 "0.1"，如图1-56所示。

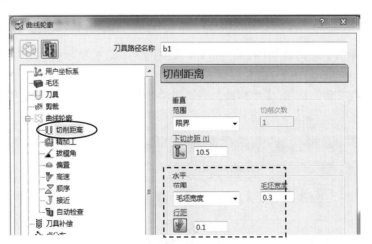

**图1-56　定义切削距离参数**

在 精加工、 拔模角、 高速、 顺序、 自动检查、 点分布 里按照默认设置， 接近、 刀具补偿 里不选取复选框参数。

⑧ 定义偏置参数  在【曲线轮廓】对话框的左侧栏里，选取 偏置，勾选【螺旋】复选框，如图1-57所示。

图1-57  定义偏置参数

⑨ 定义刀轴参数  在【曲线轮廓】对话框的左侧栏里，选取 刀轴，设置与图1-38所示相同的参数。【刀轴】为"垂直"。

⑩ 定义快进高度参数  在【曲线轮廓】对话框的左侧栏里，选取 快进高度，对于【用户坐标系】为"1"，单击【计算】按钮。与图1-39所示相同。

⑪ 定义切入切出和连接参数  在【曲线轮廓】对话框的左侧栏里，选取 切入，【第一选择】为"水平圆弧"，【角度】为"90"度，【半径】为"3"，【重叠距离】为"0.5"，单击【切出和切入相同】按钮，如图1-58所示。

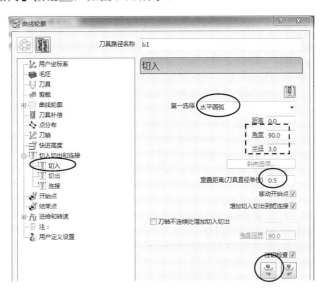

图1-58  定义切入参数

在【曲线轮廓】对话框的左侧栏里，选取 连接，设置连接参数，如图1-59所示。

⑫ 定义进给和转速参数  在【曲线轮廓】对话框的左侧栏里，选取 进给和转速，按图1-60所示设置参数。

⑬ 计算刀路  在【曲线轮廓】对话框里，单击【计算】按钮，生成刀路b1，如图1-61所示。

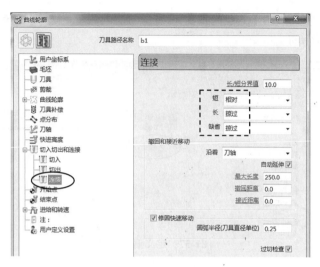

图1-59 定义连接参数

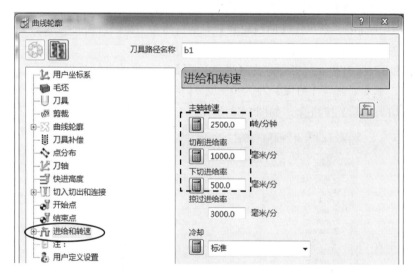

图1-60 设置进给和转速

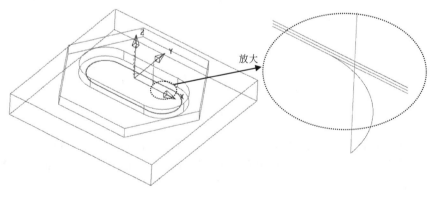

图1-61 生成刀路b1

## 1.2.8 在程序文件夹K010C中建立六边形外侧精加工

本节主要任务是：建立2个三轴精加工刀路。①对六边形外侧底面进行精加工；②对六边形侧面进行精加工。

先将K010C程序文件夹激活。

### （1）对六边形外侧底部面进行精加工

方法：复制刀路修改参数，加工策略为曲线区域清除。

① 复制刀路　在左侧的资源管理器里的K010A文件夹里选取a1刀路，右击鼠标，在弹出的快捷菜单里选取【编辑】|【复制刀具路径】命令，这样在文件夹K010C里就出现了a1_1刀路，修改名称为b1，激活刀路b1，如图1-62所示。

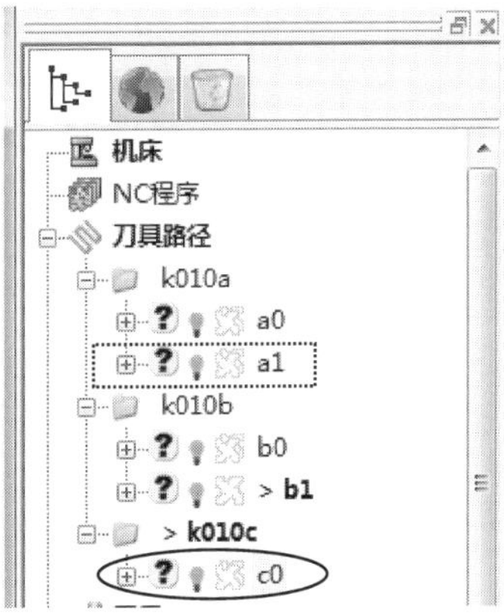


图1-62　复制刀路

② 修改切削参数　右击刚复制出来的刀路c0，在弹出的快捷菜单里选取【设置】命令，在系统弹出的【曲线区域清除】对话框里，单击【打开表格，编辑刀具路径】按钮。选取 曲线区域清除，修改【下限】为“−6”，【曲线余量】为“0.5”，如图1-63所示。

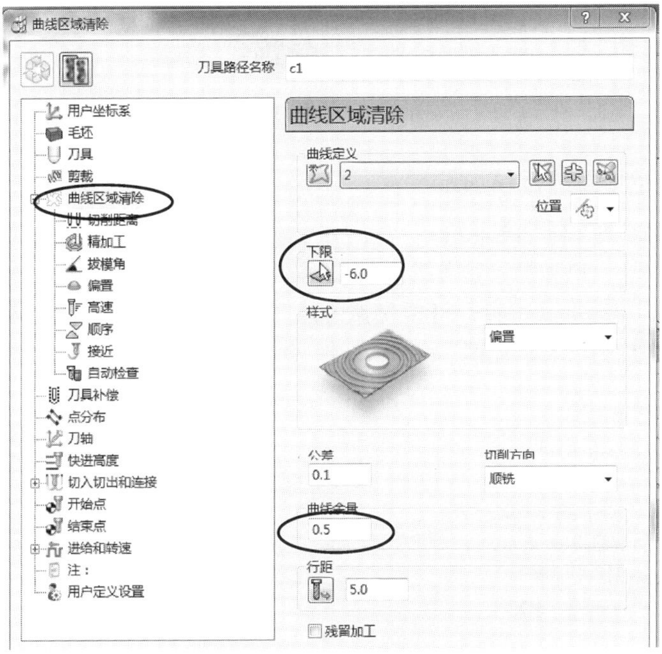


图1-63　修改切削参数

③ 修改层深参数　选取 切削距离，修改【下切步距】为“10.5”，如图1-64所示。

④ 修改进给参数　选取 进给和转速，修改【切削进给率】为“1000”毫米/分，【下切进给率】为“500”毫米/分。与图1-52所示相同。

⑤ 计算刀路　在【曲线区域清除】对话框里，单击【计算】按钮。生成刀路c0，如图1-65所示。单击【取消】按钮。

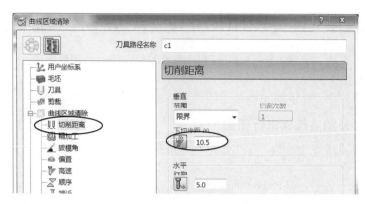

图1-64    定义切削距离

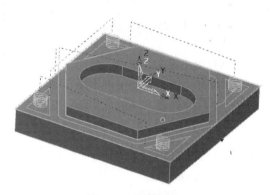

图1-65    生成刀路c0

## （2）对六边形外侧面进行精加工

方法：加工策略为二维曲线轮廓。

① 创建参考线3    单独显示参考线2，仅选取六边形。在左侧资源管理器里，右击☀☒2，在弹出的快捷菜单里选取【编辑】|【复制参考线（仅已选）】命令，这时在目录树里生成了☀� 2_1，修改名称为"3"，如图1-66所示。

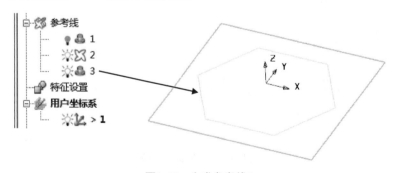

图1-66    生成参考线3

② 进入"曲线轮廓精加工"刀路策略对话框    在综合工具栏中单击【刀具路径策略】按钮，弹出【策略选取器】对话框，选取【2.5维区域清除】选项卡，然后选择【二维曲线轮廓】选项，单击【接受】按钮。系统弹出【曲线轮廓】对话框。默认的刀具路径名称为"1"，现在修改【刀具路径名称】为"c1"。

③ 定义坐标系　定义用户坐标系为"1"，该坐标系与建模坐标系一致。与图1-54所示相同。

④ 设定毛坯　在【曲线轮廓】对话框的左侧栏里，选取 ▇ 毛坯，在【由…定义】下拉列表框中选择"方框"选项，【坐标系】为"世界坐标系"，单击【计算】按钮。与图1-32所示相同。

⑤ 定义刀具　在【曲线轮廓】对话框的左侧栏里，选取 ▇ 刀具，选取刀具为ED8，与图1-33所示相同。

⑥ 定义剪裁参数　在【曲线轮廓】对话框的左侧栏里，选取 ▇ 剪裁，【剪裁】为"保留内部"，在毛坯栏【剪裁】为【允许刀具在毛坯之外】选项 ▇，与图1-34所示相同。

⑦ 定义切削参数　在【曲线轮廓】对话框的左侧栏里，选取 ▇ 曲线轮廓，在【曲线定义】栏里选取参考线为"3"，设置【下限】为"–6"，【公差】为"0.01"，【曲线余量】为"0"，如图1-67所示。

**图1-67　定义切削参数**

⑧ 定义切削距离　在【曲线轮廓】对话框的左侧栏里，选取 ▇ 切削距离，设置【垂直范围】为"限界"，【下切步距】为"10.5"，修改【毛坯宽度】为"0.3"，【行距】为"0.1"，如图1-68所示。

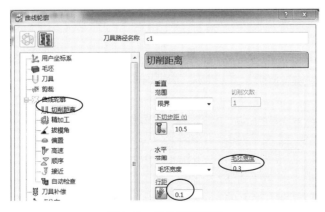

**图1-68　定义切削距离**

在 精加工、 拔模角、 高速、 顺序、 自动检查、 点分布 里按照默认设置，接近、 刀具补偿 里不选取复选框参数。

⑨ 定义偏置参数　在【曲线轮廓】对话框的左侧栏里，选取 偏置，勾选【螺旋】复选框，与图1-57所示相同。

⑩ 定义刀轴参数　在【曲线轮廓】对话框的左侧栏里，选取 刀轴，设置与图1-38所示相同的参数。【刀轴】为"垂直"。

⑪ 定义快进高度参数　在【曲线轮廓】对话框的左侧栏里，选取 快进高度，【用户坐标系】为"1"，单击【计算】按钮。与图1-39所示相同。

⑫ 定义切入切出和连接参数　在【曲线轮廓】对话框的左侧栏里，选取 切入，【第一选择】为"水平圆弧"，【角度】为"90"度，【半径】为"3"，【重叠距离】为"0.5"，单击【切出和切入相同】按钮 。与图1-58所示相同。

在【曲线轮廓】对话框的左侧栏里，选取 连接，设置连接参数，与图1-59所示相同。

⑬ 定义进给和转速参数　在【曲线轮廓】对话框的左侧栏里，选取 进给和转速，按图1-60所示设置参数。

⑭ 计算刀路　在【曲线轮廓】对话框里，单击【计算】按钮。生成刀路c1，如图1-69所示。

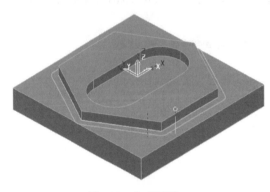

图1-69　生成刀路c1

## 1.3　实例2之实体造型训练

本节任务：按图1-70所示的图纸加工出铝零件。本节首先用UG绘制3D图形，然后下一节用PowerMILL进行数控编程，最后进行后置处理和实体仿真。通过本例的学习让初学者对于数控编程有一个较为深入的理解。

### 1.3.1　图纸分析及绘图步骤

（1）图纸公差处理

图1-70所示为带公差的零件图纸，为了确保加工出来的零件误差符合图纸公差要求，一般在进行数控编程造型时把带公差的尺寸按照中差处理。

① 图纸尺寸36，上偏差为0，下偏差为−0.16，那么取35.92。

② 图纸尺寸60，上偏差为0，下偏差为−0.19，那么取59.905。

③ 图纸尺寸 $\phi$ 70，上偏差为0，下偏差为−0.014，那么取69.993。

④ 图纸尺寸14，上偏差为0.043，下偏差为0，那么取14.0215。

⑤ 图纸尺寸30，上偏差为0.052，下偏差为0，那么取30.026。

⑥ 图纸尺寸20，上偏差为0.052，下偏差为0，那么取30.026。

⑦ 图纸尺寸5，上偏差为0.075，下偏差为0，那么取5.0375。

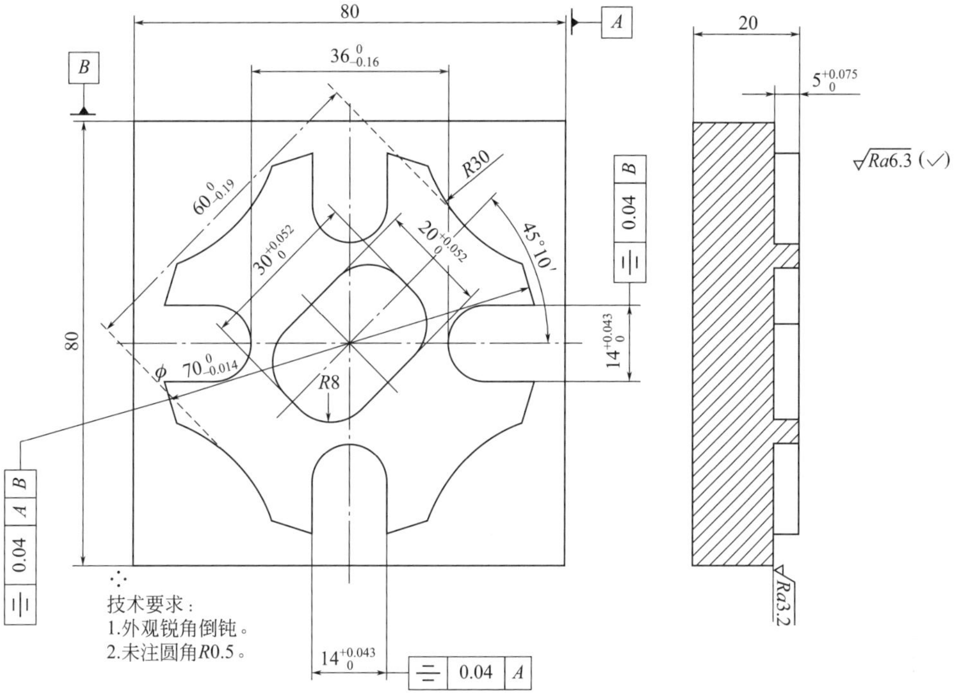

图中标注：80、$36_{-0.16}^{0}$、$A$、$B$、20、$5_{0}^{+0.075}$、R30、$60_{-0.19}^{0}$、$30_{0}^{+0.052}$、$20_{0}^{+0.052}$、45°10'、80、$\sqrt{Ra6.3}$ (√)、0.04 $B$、$14_{0}^{+0.043}$、$\phi$ $70_{-0.014}^{0}$、R8、0.04 $A$ $B$、$\sqrt{Ra3.2}$

技术要求：
1.外观锐角倒钝。
2.未注圆角R0.5。

$14_{0}^{+0.043}$　0.04 $A$

**图1-70　实例2工程图**

⑧ 表面粗糙度$\sqrt{Ra3.2}$、$\sqrt{Ra6.3}$以及对称度 0.04 $A$ 、 0.04 $B$ 和 0.04 $A$ $B$ 等就要靠加工工艺来保证了，主要是操作员分中要确保准确。

## （2）绘图步骤

该图纸可以采用实体绘图的方法进行，主要是拉伸体。

① 绘制底座$80\times80\times15$拉伸体。

② 绘制$\phi70$等外轮廓线草图，然后以此绘制柱体。

③ 绘制$30\times20$的长方形，然后以此绘制拉伸体。

④ 以上实体进行布尔运算。

⑤ 绘图倒圆角$R8$。

⑥本例实际绘图时，可以先按照图纸的名义尺寸进行，然后对带公差的部位进行偏置处理。

⑦ 图形管理及尺寸检查。

## 1.3.2　绘制底座

① 启动UG NX11软件，单击 新建 按钮，输入文件名为upbook-1-2，进入【建模】模块。

② 从主菜单里执行【插入】|【草图】命令，系统自动选择$XY$平面为绘图平面，单击【确定】按钮，进入草图状态，与图1-2所示相同。

③ 单击 矩形(R)... 按钮，选取【从中心】 ，绘制矩形$80\times80$的草图，在浮动参数栏里输入相应

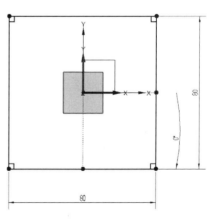

**图1-71　绘制长方形**

的尺寸，结果如图1-71所示。单击 <img_1>完成草图按钮。

④ 单击 拉伸按钮，选择上述草图，在系统弹出的【拉伸】对话框里展开【方向】栏，单击反向按钮 ，使图形指示拉伸方向的箭头朝下，输入距离【开始】【距离】为"5"，【结束】【距离】为"20"，单击【确定】按钮。绘制拉伸体，结果如图1-72所示。这样设定参数的目的是使建模坐标系零点位于工件的顶部对称中心的位置。

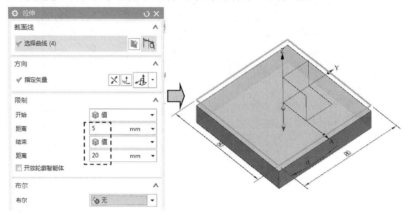

图1-72　绘制底座

## 1.3.3　绘制外形轮廓草图

### （1）草图绘制步骤

本例草图，具有对称性。可以先绘制右上角1/4部分，然后对草图进行陈列。一般来说，先绘制能确定的部分线条，然后绘制过渡线条，最后把多余线条裁剪。

本例先绘制φ70外轮廓线圆草图，再绘制φ14圆及其水平切线，线条裁剪，图形阵列，检查约束。

### （2）进入绘制草图界面

在工具栏里单击【草图】 草图 按钮，系统弹出【创建草图】对话框，默认的构图平面为XY平面，单击【确定】按钮。进入草图环境，这个界面是一个简化的基本界面，有些功能

并没有显示出来，为了绘制较为复杂的图形，还需要再在工具栏里单击 更多 按钮，在下拉工具栏里再选取 在草图任务环境中打开 按钮。

### （3）绘制φ70外轮廓线圆草图

在草图工具栏里单击 圆 按钮，选取【圆心和直径定圆】按钮，绘图如图1-73所示。

### （4）绘制φ14圆草图

在草图工具栏里单击 圆 按钮，选取【圆心和直径定圆】按钮，输入圆心坐标为（25，

0），直径为14，如图1-74所示。

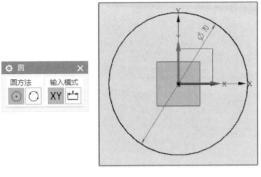

图1-73　绘制圆

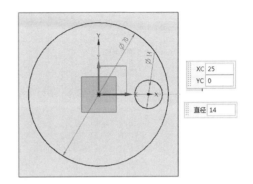

图1-74　绘制 $\phi$ 14圆

## （5）绘制 $\phi$ 14圆水平切线

在草图工具栏里单击  按钮，选取过滤器的 ⊙ 处于激活状态。抓取 $\phi$ 14圆的象限点，绘制水平直线，如图1-75所示。

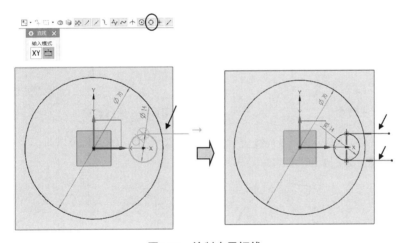

图1-75　绘制水平切线

## （6）裁剪图形

在草图工具栏里单击快速修剪按钮，选取第（4）及第（5）步刚绘制图形多余的线条，如图1-76所示。单击【关闭】按钮。

## （7）约束图形

第（5）步裁剪图形以后注意观察草图界面右下方位置显示 **草图需要 2 个约束**。说明 $\phi$ 14圆还没有定位。现在对图形进行加约束的操作。标注尺寸如图1-77所示。

增加约束，将 $\phi$ 14圆心点与 $X$ 轴对齐，如图1-78所示。

## （8）绘制 $R30$ 圆弧

① 绘制与 $X$ 轴夹角为45°的直线，并且右击这个直线，在弹出的快捷菜单里选取命令

|▦| 转换为参考，把这个直线变为参考线。

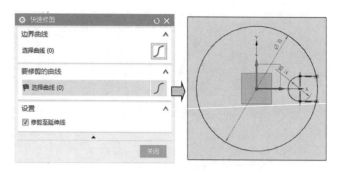

图1-76 裁剪图形

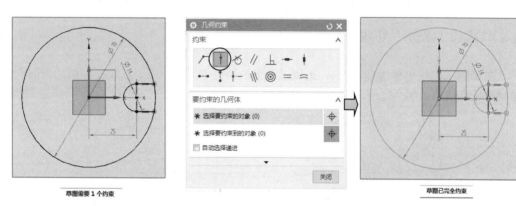

图1-77 标注尺寸          图1-78 增加约束

② 绘制圆 $\phi$ 60，圆心在上述直线上，并且标注尺寸30，如图1-79所示。

③ 裁剪 $\phi$ 60，如图1-80所示。

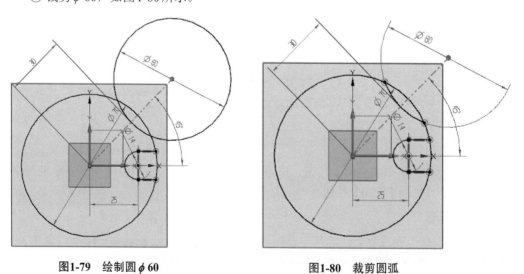

图1-79 绘制圆 $\phi$ 60          图1-80 裁剪圆弧

## （9）阵列图形

在草图工具栏里单击 阵列曲线 按钮，在【阵列曲线】对话框里，输入【间距】为"数量和跨距",【数量】为"4",【跨角】为"360"。在图形上选取R30、$\phi$14圆及其水平切线，如图1-81所示。

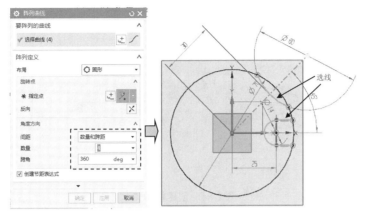

**图1-81　选取要阵列的线条**

在【旋转点】栏里单击【指定点】按钮，在弹出的【点】对话框里输入（0，0，0），单击【确定】按钮，如图1-82所示。

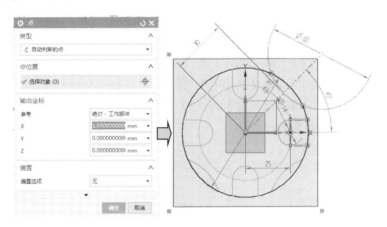

**图1-82　指定旋转点**

**（10）裁剪图形**

在草图工具栏里单击  快速修剪 按钮，选取$\phi$70圆多余的线条，如图1-83所示。单击【关

闭】按钮。在草图工具栏里单击 完成 按钮。

## 1.3.4　绘制拉伸柱体

单击 拉伸 按钮，选择上述草图，【方向】为向下，输入【开始】【距离】为"0"，【结束】【距离】为"8"，绘制拉伸体，结果

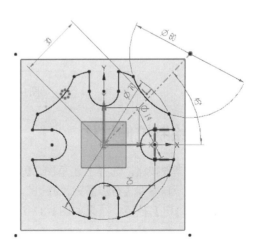

**图1-83　裁剪图形**

如图1-84所示。单击【确定】按钮。

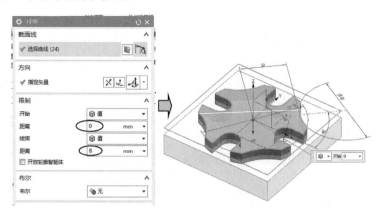

图1-84　创建拉伸体

## 1.3.5　绘制外形轮廓草图

① 进入绘制草图界面。在工具栏里单击【草图】 草图 按钮，系统弹出【创建草图】对话框，默认的构图平面为$XY$平面，单击【确定】按钮。进入草图环境。

② 单击 □ 矩形(R)... 按钮，选取【从中心】，绘制矩形30×20的草图。选取中心点为$(0,0,0)$，在浮动参数栏里输入【宽度】为"30"，【高度】为"20"，【角度】为"45.1667"，如图1-85所示。单击 完成草图 按钮。

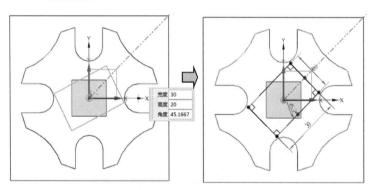

图1-85　绘制矩形

## 1.3.6　绘制拉伸柱体

单击 拉伸 按钮，选择上述草图，【方向】为向下，输入【开始】【距离】为"0"，【结束】【距离】为"8"，【布尔】为"减去"，选择第1.3.4节创建的拉伸体，如图1-86所示。

单击【确定】按钮。结果如图1-87所示。

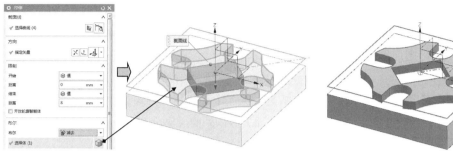
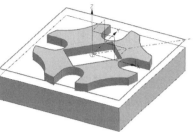

图1-86　生成拉伸体　　　　　　　　　图1-87　生成拉伸体

## 1.3.7　实体布尔运算

在主工具栏里单击 合并按钮，选择上述两个实体，进行合并运算，结果如图1-88所示。

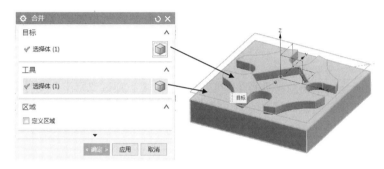

图1-88　合并实体

## 1.3.8　倒圆角

在主工具栏里单击边倒圆按钮，选择30×20四方形的4个棱边，输入半径为8，结果如图1-89所示。

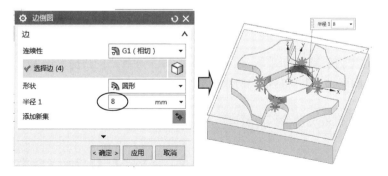

图1-89　生成倒圆角

## 1.3.9 实体图形整理

### （1）对图形进行图层管理

① 删除原图形的层集　如果选用标准模板进行绘图，系统会自动创建一套层集。如果觉得这些层集不好用就可以将其删除，方法是：执行【菜单】|【格式】|【图层设置】命令，在系统弹出的【图层设置】对话框，选取除 ⊞ ☑ AL 以外的层集，右击鼠标，在弹出的快捷菜单里选取【删除】命令，如图1-90所示。不要单击【关闭】按钮。

**图1-90　删除层集**

②建立新的层集　在【图层设置】对话框里，在【类别过滤器】栏里空白处，右击鼠标，在弹出的快捷菜单里选取【新建类别】命令，系统默认生成层集 ☑ New Category 1，修改名称为"01-基准面"。同样的方法生成其他类型的层集"02-草图""03-实体"，如图1-91所示。

**图1-91　创建层集**

③ 在新的层集分配管理的图层　右击 ☑ 01-基准面，在弹出的快捷菜单里选取【编辑】命令，系统弹出【图层类别】对话框，选取第1层，单击【添加】按钮，如图1-92所示。单击【确定】按钮。

同样的方法，在"02-草图"层集里分配图层为2。在"03-实体"层集里分配图层为3。单击【确定】按钮。

④ 在新的层集分配管理的图素　执行【菜单】|【格式】|【移动至图层】命令，在系统弹出的【类选择】对话框，选取【类型过滤器】按钮 ，在系统显示的【按类型选择】对话框里，选取【草图】选项，如图1-93所示。

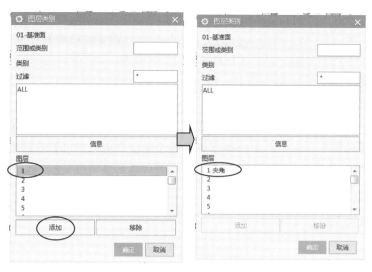

图1-92 在层集里添加层

图1-93 设置过滤

单击【确定】按钮。在系统返回的【类选择】对话框里单击【全选】按钮⊕，这样就把全部草图选择上了。单击【确定】按钮。在系统弹出的【图层移动】对话框里选取"02-草图"选项。单击【确定】按钮。如图1-94所示。

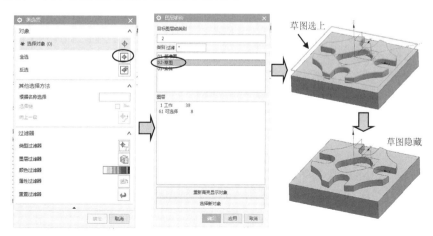

图1-94 图层移动

实体造型与编程

用同样的方法，在如图1-93所示的【过滤器】对话框里选择【基准】选项，就可以把基准面移动到"01-基准面"层里面去。在如图1-93所示的【过滤器】对话框里选择【实体】选项，就可以把基准面移动到"01-基准面"层里面去。

## （2）显示图形

本次演示关闭草图，仅显示基准面和实体图形。

执行【菜单】|【格式】|【视图中可见图层】命令，在系统弹出的【视图中可见图层】对话框里单击【确定】按钮。在系统弹出的新的【视图中可见图层】对话框里的【过滤】栏里选取"02-草图"选项，这时在【图层】栏里系统就会自动选取第2层，再单击【不可见】按钮。单击【确定】按钮。如图1-95所示。

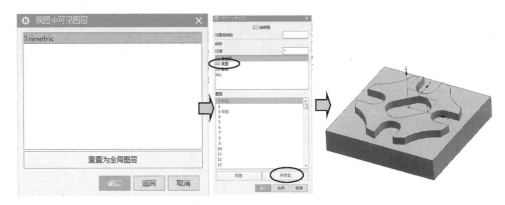

**图1-95 显示图形**

 **小提示**

为了深刻理解图层的可见和不可见，请读者自己尝试熟悉一下功能。另外图层显示和隐藏，本章只介绍了第1种方法，其他方法在后续章节介绍。请初学者先把本章介绍的方法深刻理解。

## （3）根据图纸公差处理加工面

① 处理14宽槽形状 图纸中尺寸14，中差尺寸为14.0215，可以把相关曲面包括圆弧向材料内部偏置(14.0215–14)/2=0.0215/2=0.01075。方法是：在工具栏里选取【偏置区域】按钮，输入在图形上选取4处尺寸的表面，然后在【偏置区域】对话框里单击【反向】按钮调整箭头指向实体内部，输入【距离】为0.01075，单击【确定】按钮，如图1-96所示。

② 处理36尺寸 图纸中尺寸36，中差尺寸为35.92。由于第①步已经使圆弧经过了处理，实际尺寸为35.9785，需要把圆弧平移的尺寸为(35.9785–35.92)/2=0.014625。方法是：

在工具栏里选取【移动面】按钮 移动面，在图形上选取1处圆弧曲面，然后在【移动面】对话框里【运动】为"增量XYZ"，输入X为"0"、Y为"0.014625"、Z为"0"，单击【确定】按钮，如图1-97所示。

同样的方法对另外3个圆弧面进行平移。

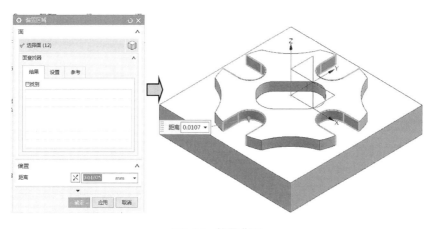

**图1-96　偏置曲面**

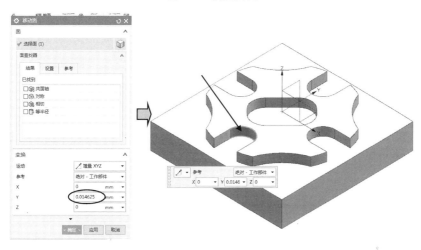

**图1-97　选取平移圆弧面**

③ 处理70尺寸　图纸中尺寸70，中差尺寸为69.993，可以把相关曲面向材料内部偏置(70−69.993)/2=0.0007/2=0.00035。方法与第①步相同，如图1-98所示。

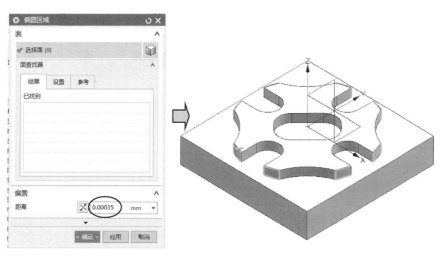

**图1-98　偏置曲面**

④ 处理60尺寸　图纸中尺寸60，中差取59.905。方法是：对于如图1-99所示的圆弧，沿着45°平移$R30$圆弧的数值为(60–59.905)/2= 0.0475。

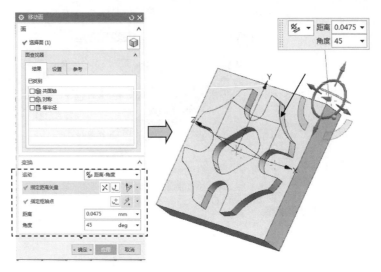

**图1-99　平移圆弧**

同样的方法对另外3个圆弧面进行平移。

⑤ 处理30和20尺寸　图纸中尺寸30，中差取30.026，图纸中尺寸20，中差取20.026。那么30和20一并处理，可以将整个四方圆弧面向材料内偏置(30.026–30)/2=0.013，如图1-100所示。

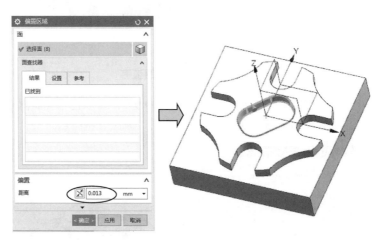

**图1-100　偏置曲面**

⑥ 处理5尺寸　图纸中尺寸5，中差为5.0375。将整个台阶面向材料内偏置(5.0375–5)/2= 0.01875，如图1-101所示。

单击【保存】按钮 ![保存图标] 将文件存盘。

## 1.3.10　实体图形导出

在主菜单里执行【文件】|【导出】|【STEP】命令，在系统弹出的【导出至STEP选项】

对话框里，选取【文件】选项卡，选取【导出自】的选项为"显示部件"复选框。【STEP
文件】为"C：\Temp\upbook-1-2.stp"。单击【确定】按钮，如图1-102所示。

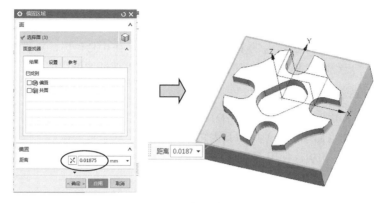

**图1-101　偏置台阶面**

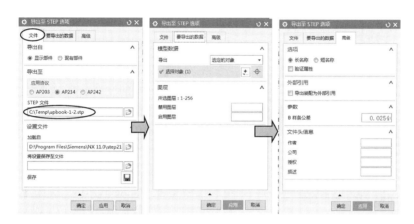

**图1-102　设置导出参数**

　　单击【确定】按钮。在系统弹出的【未选择对象】对话框里单击【确定】按钮。完成
图形的转换，转换的文件名为upbook-1-2.stp。把该文件复制到D：\ch01文件夹里来。

# 1.4　实例2之数控编程

## 1.4.1　图纸分析及刀路规划

### （1）分析图纸

　　零件图纸如图1-70所示，材料为铝，外围表面粗糙度为$Ra3.2\mu m$，工程图纸中的带公差
的尺寸已经按照中差处理，所以CNC仅需要按照3D模型图加工到位，即精加工余量为0。

### （2）制定加工工艺

　　由于该零件没有倒扣部位，可以用普通的三轴铣床一次装夹就可以加工出来。具体工
艺如下。

① 开料：毛料大小为$90 \times 90 \times 25$的铝板料，比图纸留多出一些材料。

② 普通铣：用普通铣床先粗铣六方，然后再精铣六方，尺寸为$80 \times 80 \times 20$，要确保平行度在0.02以内，垂直面的垂直度在0.02以内。

③ 数控铣：加工外形。在三轴机床上采用虎钳夹持，露出虎钳表面的距离要大于6mm，要校平表面，使其与机床工作台的$XY$平面平行，平行度在0.02以内，拉直侧面为$X$轴，四边分中为加工零点。以上操作的误差应该在0.02以内，以保证图纸中的对称度公差。

### （3）制定数控铣工步规划

① 开粗刀路K010G，使用刀具为ED10平底刀，侧余量为0.2，底余量0.1，层深为0.5。

② 水平面精加工K010H，使用刀具为ED10平底刀，底余量为0。

③ 侧面精加工K010I，使用刀具为ED10平底刀，侧余量为0。

## 1.4.2　数控编程准备

工艺实施步骤为：数控编程、后置处理、数控仿真、数控加工、检验合格并交付车间加工。

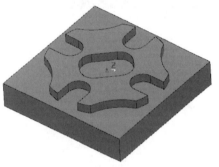

图1-103　输入模型文件

### （1）读取主模型文件

先在D盘根目录建立文件夹D：\ch01，然后把第1.3.11节转换的文件upbook-1-2.stp复制到D：\ch01文件夹里来。

启动PowerMILL2012软件，执行【文件】|【输入模型文件】命令，在系统弹出的【输入模型】对话框里，选取【文件类型】为 STEP (*.stp;*.step)，选取模型文件upbook-1-2.stp，关闭【信息】窗口，图形区显示出如图1-103所示的模型文件图形。

### （2）分析模型尺寸

在主工具栏里单击【测量器】按钮 ，通过测量两个点之间的距离来分析图形尺寸。在图形上用拉方框的方法选取四方台的对角两个点，根据分析结果，结合工程图进行尺寸对照。从此分析得知，世界坐标系位于底面对称中心的位置。导入图形以后，系统会自动产生一个坐标系 st778，经分析此坐标系与世界坐标系相同。修改名称为"1"。

### （3）文件夹存盘

在主工具栏里单击【保存项目】按钮 ，输入项目名称为"upbook-1-2"。

## 1.4.3　建立刀路程序文件夹

本节主要任务是：建立3个空的刀具路径程序文件夹，用鼠标右键单击【资源管理器】中的【刀具路径】树枝，在弹出的快捷菜单中选择【产生文件夹】命令，再次右击【文件夹1】|【重新命名】并修改文件夹名称为"K010G"。用同样的方法生成其他程序文件夹，如图1-104所示。

图1-104　生成文件夹

## 1.4.4　建立刀具

主要任务是：建立加工刀具ED10平底刀。

用鼠标右击【资源管理器】中的【刀具】树枝，在弹出的快捷菜单里选择【产生刀具】命令，再在弹出的快捷菜单中选择【端铣刀】命令，系统弹出了【端铣刀】对话框，在【刀尖】选项卡中设定参数。【名称】为"ED10"，【长度】为"50"，【直径】为"10"，【刀具编号】为"8"，【槽数】为"4"，如图1-105所示。

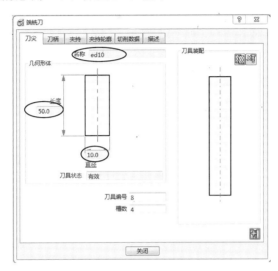

图1-105　定义刀具

单击【关闭】按钮。

## 1.4.5　设公共安全参数

公共安全参数包括：安全高度、开始点及结束点。

① 设安全高度：在综合工具栏中单击【快进高度】按钮，弹出【快进高度】对话框。在【几何形体】栏中设置【安全区域】为"平面"，【用户坐标系】为"1"，单击【计算】按钮，此时【安全Z高度】数值变为10，【开始Z高度】为5。单击【接受】按钮。与如图1-29所示相同。

② 设开始点及结束点：在综合工具栏中单击【开始点及结束点】按钮，弹出【开始点和结束点】对话框。在【开始点】选项卡中，设置【使用】的下拉菜单为"第一点安全高度"。切换到【结束点】选项卡，用同样的方法设置。单击【接受】按钮。与如图1-30所示相同。

## 1.4.6　在程序文件夹K010G中建立开粗刀路

本节主要任务是：建立1个三轴加工的开粗刀具路径，策略名称为模型区域清除。

先将K010G程序文件夹激活。

### （1）进入"模型区域清除"刀路策略对话框

在综合工具栏中单击【刀具路径策略】按钮，弹出【策略选取器】对话框，选取

【三维区域清除】选项卡，然后选择【模型区域清除】选项，单击【接受】按钮。系统弹出【模型区域清除】对话框。默认的刀具路径名称为"1"，现在修改【刀具路径名称】为"g0"。

（2）定义坐标系

定义用户坐标系为"无"，该坐标系与建模坐标系一致。

（3）设定毛坯

在【模型区域清除】对话框的左侧栏里，选取 毛坯，在【由…定义】下拉列表框中选择"方框"选项，【坐标系】为"世界坐标系"，单击【计算】按钮，如图1-106所示。单击右侧屏幕的【毛坯】按钮 ，可以关闭其显示。

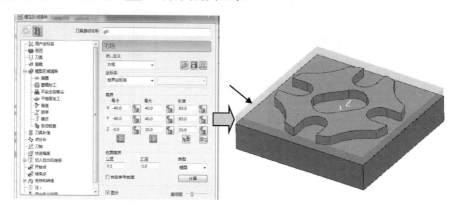

图1-106 定义毛坯

（4）定义刀具

在【模型区域清除】对话框的左侧栏里，选取 刀具，选取刀具为ED10。

（5）定义剪裁参数

在【模型区域清除】对话框的左侧栏里选取 剪裁，在毛坯栏【剪裁】为【按毛坯边缘裁剪刀具中心】选项 ，如图1-107所示。

图1-107 定义剪裁参数

**（6）定义切削参数**

在【模型区域清除】对话框的左侧栏里，选取【模型区域清除】选项，设置【样式】为"偏置模型"，【区域】为"任意"，【公差】为"0.1"，单击【余量】按钮，设置【侧面余量】为"0.3"，【底面余量】为"0.1"，【行距】为"5"，【下切步距】为"0.8"。如图1-108所示。

**图1-108　定义切削参数**

【偏置】、【壁精加工】、【不安全段移去】、【平坦面加工】、【高速】、【顺序】、【接近】以及【自动检查】参数按照系统的默认来设置。

【刀具补偿】、【点分布】参数也按照系统默认来设置。

**（7）定义高速参数**

在【模型区域清除】对话框的左侧栏里，选取【高速】选项，按如图1-109所示设置参数。

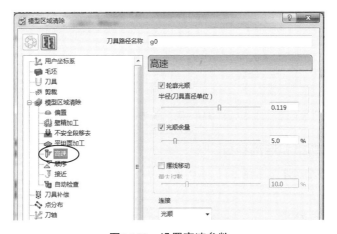

**图1-109　设置高速参数**

**（8）定义刀轴参数**

在【模型区域清除】对话框的左侧栏里，选取【刀轴】选项，设置【刀轴】为"垂直"。如图1-110所示。

图1-110　定义刀轴参数

**（9）定义快进高度参数**

在【模型区域清除】对话框的左侧栏里，选取【快进高度】选项，按如图1-111所示设置。

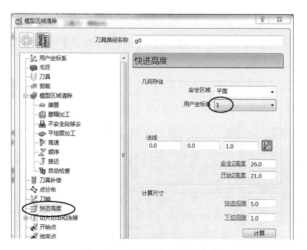

图1-111　定义快进高度参数

**（10）定义切入切出和连接参数**

在【模型区域清除】对话框的左侧栏里，选取【切入切出和连接】选项，按如图1-112所示设置。

**（11）设定开始点参数**

设定【开始点】参数为"第一点安全高度"。

**（12）设定结束点参数**

设定【结束点】参数为"最后一点安全高度"。

图1-112　设置切入切出参数

**（13）设定进给和转速**

转速为2500r/min，开粗的进给速度为1500mm/min。如图1-113所示。

**（14）计算刀路**

在【模型区域清除】对话框底部，单击【计算】按钮，计算出的刀路g0如图1-114所示。

图1-113　定义进给和转速

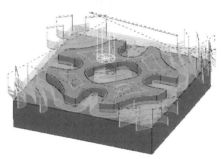

图1-114　生成刀路g0

## 1.4.7　在程序文件夹K010H中建立水平面精加工

本节主要任务是：建立1个三轴精加工刀路，对水平面进行精加工。

先将K010H程序文件夹激活。

方法：复制刀路修改参数，加工策略仍为模型区域清除。

**（1）复制刀路**

在左侧的资源管理器里的k010g文件夹里选取g0刀路，右击鼠标，在弹出的快捷菜单里选取【编辑】|【复制刀具路径】命令，这样在文件夹k010h里就出现了g0_1刀路，修改名称为h0。激活刀路h0，如图1-115所示。

## （2）修改切削参数

右击刚复制出来的刀路h0，在弹出的快捷菜单里选取【设置】命令，在系统弹出的【模型区域清除】对话框里，单击【打开表格，编辑刀具路径】按钮 。选取 模型区域清除，修改【底部余量】为"0"，修改【下切步距】为"30.8"，该数值只要大于5mm即可，如图1-116所示。

图1-115　复制刀路

图1-116　修改切削参数

## （3）修改进给参数

选取 进给和转速，修改【切削进给率】为"500"mm/min，【下切进给率】为"250"mm/min。如图1-117所示。

## （4）计算刀路

在【模型区域清除】对话框里，单击【计算】按钮，生成刀路h0如图1-118所示。单击【取消】按钮。

图1-117　修改进给参数

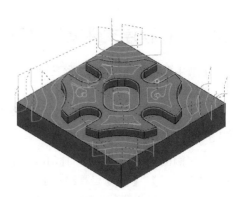

图1-118　生成刀路h0

## 1.4.8　在程序文件夹K010I中建立侧精加工

本节主要任务是：建立2个刀路，①对侧面进行半精加工；②对侧面进行精加工。

先将K010I程序文件夹激活。

**（1）对侧面进行半精加工**

方法：加工策略为等高精加工。

① 进入等高精加工策略对话框　在综合工具栏中单击【刀具路径策略】按钮 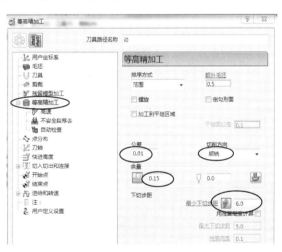，弹出【策略选取器】对话框，选取【精加工】选项卡，然后选择 等高精加工选项，单击【接受】按钮。系统弹出【等高精加工】对话框。默认的刀具路径名称为"1"，现在修改【刀具路径名称】为"i0"。

② 定义用户坐标系　用户坐标系为"无"，该坐标系与建模坐标系一致。

③设定毛坯　在【等高精加工】对话框的左侧栏里，选取 毛坯，在【由…定义】下拉列表框中选择"方框"选项，【坐标系】为"世界坐标系"，单击【计算】按钮。与如图1-106所示相同。单击右侧屏幕的【毛坯】按钮，可以关闭其显示。

④ 定义刀具　在【等高精加工】对话框的左侧栏里选取 刀具，在右侧定义刀具为ED10。

⑤ 设定裁剪参数　在【等高精加工】对话框的左侧栏里选取 剪裁，在毛坯栏【剪裁】为【按毛坯边缘裁剪刀具中心】选项，与如图1-107所示相同。

⑥ 设定切削参数　在【等高精加工】对话框的左侧栏里选取 等高精加工，定义切削参数，如图1-119所示。其中不勾选【螺旋】选项，【公差】为"0.01"，【切削方向】为"顺铣"，【余量】为"0.15"，【最小下切步距】为"6"。

**图1-119　定义切削参数**

⑦ 定义刀轴参数　此处刀轴与用户坐标系Z轴相同。在【等高精加工】对话框的左侧栏里选取 刀轴，定义刀轴参数与如图1-110所示相同。

⑧ 定义快进高度参数　在【等高精加工】对话框的左侧栏里选取 快进高度，坐标系为1，与如图1-111所示相同。

⑨ 定义切入切出和连接参数　在【等高精加工】对话框的左侧栏里，单击

切入切出和连接前的加号展开选项，选取 切入，按如图1-120所示设置参数。其中【第一选择】的进刀方式为"水平圆弧"，【角度】为90°，半径为"3"，【重叠距离】为刀具直径的0.5倍。单击【切入与切出相同】按钮 。

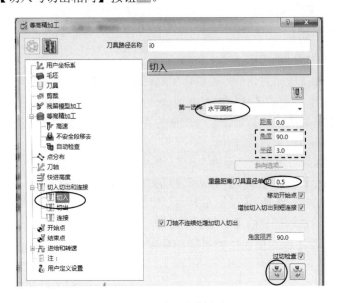

图1-120 定义切削参数

选取 连接，设置连接参数如图1-121所示。其中设置【短】为"掠过"，可以减少跳刀次数。

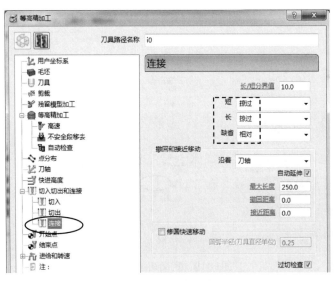

图1-121 定义连接参数

⑩ 设定开始点参数 设定【开始点】参数为"第一点安全高度"。

⑪ 设定结束点参数 设定【结束点】参数为"最后一点安全高度"。

⑫ 设定进给和转速 转速为2500r/min，开粗的进给速度为500mm/min。

⑬ 计算刀路 在【等高精加工】对话框底部，单击【计算】按钮，计算出的刀路i0如

图1-122所示。

## （2）对侧面进行精加工

方法：复制刀路修改参数。

① 复制刀路　在左侧的资源管理器里的K010I文件夹里选取刚生成的i0刀路，右击鼠标，在弹出的快捷菜单里选取【编辑】|【复制刀具路径】命令，这样在文件夹K010I里就出现了i0_1刀路，修改名称为i1。激活刀路i1，如图1-123所示。

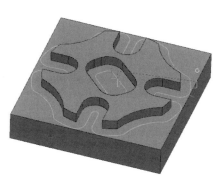

图1-122　生成半精加工刀路

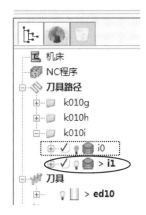

图1-123　复制刀路

② 修改切削参数　右击刚复制出来的刀路i1，在弹出的快捷菜单里选取【设置】命令，在系统弹出的【模型区域清除】对话框里，单击【打开表格，编辑刀具路径】按钮⚙。选取 模型区域清除，修改侧边余量和底部余量一致，【余量】为"0"，如图1-124所示。

③ 计算刀路　在【模型区域清除】对话框里，单击【计算】按钮。生成刀路i1如图1-125所示。单击【取消】按钮。

图1-124　修改切削参数

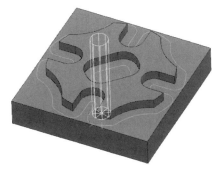

图1-125　生成刀路i1

## 1.5 典型数控机床编程代码

以下为FANUC系统常用的数控铣编程代码：

G90——绝对值编程；G91——相对值编程。

G54 ～ G59——加工坐标系定义。

G00——快速移动，格式为：G00 X Y Z A C；其中A、C的单位是角度。

G01——直线运动，格式为：G01 X Y Z A C，可以按照指定的进给F值来执行；其中A、C的单位是角度。

G02——顺时针运动，格式为：G02 X Y R，其中R为圆弧半径；或者G02 X Y I J，其中I、J为圆弧圆心的相对坐标值。

G03——逆时针运动，格式为：G03 X Y R，其中R为圆弧半径；或者G03 X Y I J，其中I、J为圆弧圆心的相对坐标值。

M02——程序停止。

M03——主轴顺转，如：M03 S15000。

M04——主轴反转。

M05——主轴停转。

## 1.6 本章总结及思考练习与参考答案

本章是使用UG造型及使用PowerMILL进行数控编程的入门篇，主要介绍2.5轴数控编程的基本步骤，帮助读者对数控编程有一个初步了解，为后续学习打好基础。学习时请注意以下问题。

① 一般来说，学习一项技能刚开始的入门往往是比较难的，为此本章所列举的实例尽可能简单，涉及的知识点比较单一。建议对这部分内容不熟悉的初学者能先认真看书学习。

② 学习软件操作类型书的时候，最好一边看书，一边打开电脑，启动相应的软件，先严格按照书上的步骤进行操作。开始学习时提倡"不求甚解"，也就是说一开始不要问太多的为什么，只要能跟着书完成相应的刀路就可以。然后再多训练几次，待有一定的训练量及熟练程度时，再多向自己问几个为什么。如果一开始就要把一些不太重要的细节弄清楚就会本末倒置，浪费很多时间。

③ 学好3D绘图，会补面和补辅助线，然后进行数控编程。PowerMILL软件是专业数控编程软件，如果需要补面就需要借助另外的CAD软件来完成。

④ 尽可能使加工程序符合加工要求，可以根据本书的思路，结合自己工厂的实际加工条件灵活变通，力争使所编程序符合高效加工原则。如果不结合加工实际，所编的数控程序在加工时会存在很大的加工风险，对生产实际来说没有指导意义。

⑤ 如果按照书上步骤进行练习，却仍未达到预期目的，可以观看讲课视频，仔细对照自己的做法，力争将难点攻克。

⑥ 因为本书的性质是实战性训练，不像其他专门介绍软件功能的书把命令讲得很透，

很大程度上是引导读者学习，帮助读者解决现实工作中遇到的类似问题。

## 思考练习

1.在工厂从事数控编程，编程员为什么要核对模型尺寸？

2.如果在加工中出现断刀现象，应该如何处理？

3.根据图1-126进行造型，然后进行数控编程。

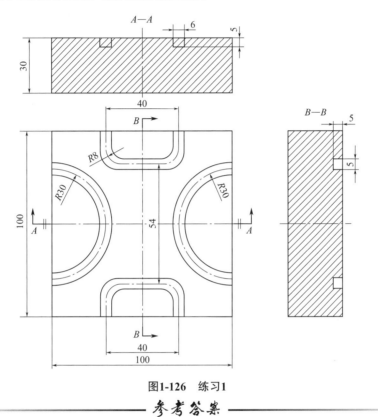

**图1-126　练习1**

## 参考答案

1.答：在工厂进行数控编程，无论图形复杂程度如何，一定要核对尺寸。一般来说，下游工序要核对上游工序传来的图形尺寸，对照工程图纸进行检查。如果在加工完成才发现尺寸错误，损失就大了，这也是责任心不够强的表现。虽然造型尺寸错误也许不是数控编程员的错误，但是工件毕竟是由数控编程员生成的数控程序加工出来的，也应该承担连带责任。人们会认为数控编程员的经验不足，其上司可能对这个人的工作水平和工作素养产生怀疑。

2.答：①首先要客观分析断刀的原因，然后采取对应措施进行处理。②检查程序是否正确，把全部编程过程复查一遍。③如果程序正确，就要和操作员一起查是否操作错误。④刀长是否合理，在确保安全的前提下尽可能把刀长缩短来安装。⑤检查程序是否切削量过大，形状简单的话，用手动的方式清角。⑥测量断刀位置，将数控程序里已经执行的语句删除，修改剩下程序的开头语句，重新加工。

3.提示：先用UG进行拉伸体造型生成长方体，造型过程如图1-127所示。

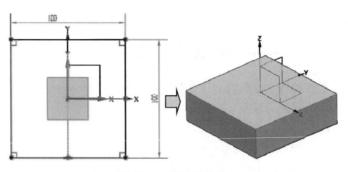

图1-127 创建长方体

创建左侧圆形槽，并且选取布尔减运算，如图1-128所示。

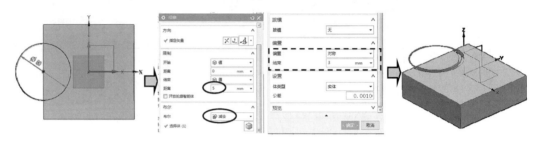

图1-128 创建左侧圆形槽

对圆形槽特征进行镜像，如图1-129所示。

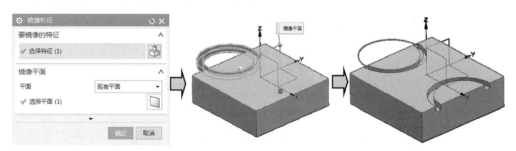

图1-129 镜像特征

创建上部U形槽，如图1-130所示。

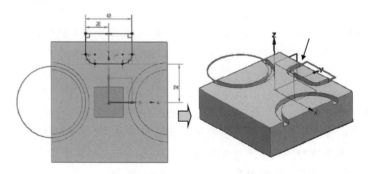

图1-130 创建U形拉伸体槽

对上部U形槽进行镜像，如图1-131所示。存盘文件名为upbook-1-3.prt，导出文件名为

upbook-1-3.stp。

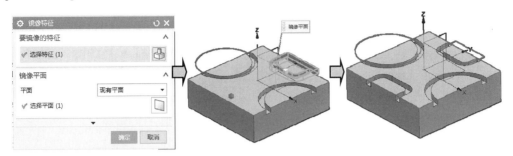

图1-131　镜像特征

在PowerMILL里，初步创建参考线1，如图1-132所示。

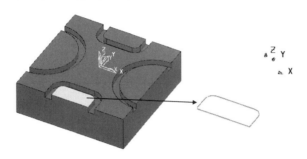

图1-132　初步生成参考线1

对参考线进行偏置，如图1-133所示。

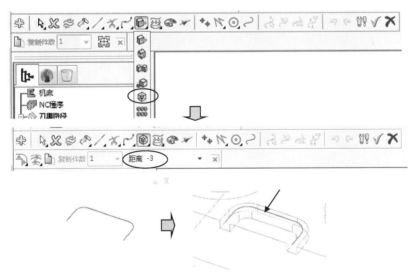

图1-133　生成参考线1

同理，生成参考线2，如图1-134所示。

在PowerMILL里用ED6平底刀，沿着槽中心线进行分层切削。先选取参考线1进行曲线轮廓加工，设置切削轮廓参数如图1-135所示。

设置下切步距参数如图1-136所示。

生成参考线1加工刀路，如图1-137所示。

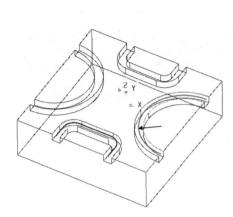

图1-134　生成参考线2

图1-135　设置曲线轮廓参数

图1-136　设置下切步距参数

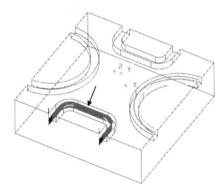

图1-137　参考线1加工刀路

对参考线1刀路旋转180°，变换生成刀路2，如图1-138所示。

同理，生成其他刀路，如图1-139所示。

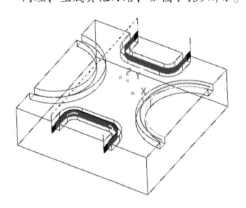

图1-138　生成刀路2

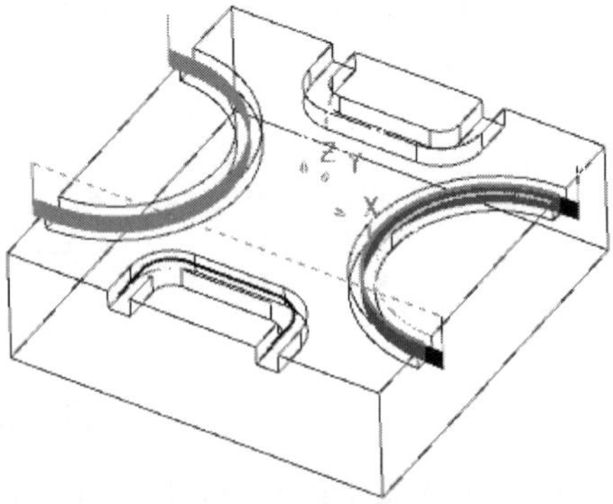

图1-139　生成刀路3和刀路4

存盘项目名称为upbook-1-3。

# 02

第2章

## 钻孔造型与编程

本章重点讲解以下要点：

① 依据工程图纸进行三维实体造型以及孔特征造型的方法和步骤。UG NX11.0草图绘制、拉伸实体造型、旋转实体造型、实体之间的布尔运算、孔特征的创建。

② PowerMILL软件里孔特征的创建方法。

③ 数控编程部分：PowerMILL的2.5维加工策略、区域清除加工策略、孔编程方法。对于同一问题提倡一题多解。

④ 后置处理方法和步骤。

⑤ 孔加工数控程序代码分析。

⑥ 力争学会本章就可以在机床上加工本章实例。

## 2.1 实例3之实体造型训练

本节任务：按图2-1所示的图纸加工出铝零件。本节首先用UG绘制图形，然后下一节用PowerMILL进行数控编程。通过本例的学习让初学者对孔特征造型与数控编程有一定的理解。

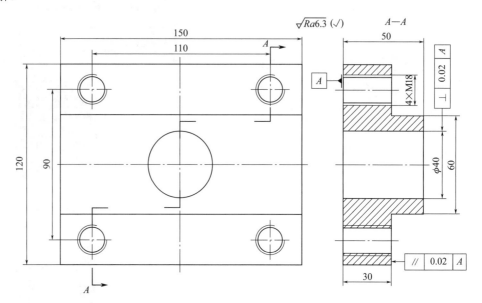

**图2-1 实例3零件图**

## 2.1.1 图纸分析及绘图步骤

### （1）图纸公差处理

图2-1所示为带公差的零件图纸，为了确保加工出来的零件误差符合图纸公差要求，一般在进行数控编程造型时把带公差的尺寸按照中差处理。

① 图纸尺寸均为自由公差，所以在造型和编程时均按照名义尺寸进行。

② 表面粗糙度、平行度和垂直度就要靠加工工艺来保证了。

### （2）绘图步骤

该图纸可以采用实体绘图的方法进行，主要是拉伸体和孔特征造型。

① 绘制底座150×120×30拉伸体，包括$\phi$40孔。

② 绘制底座150×60×30拉伸体，包括$\phi$40孔，与第一个实体合并。

③ 绘制4×M18螺纹孔特征。

## 2.1.2 绘制底座

① 启动UG NX11软件，单击 新建 按钮，输入文件名为upbook-2-1，进入【建模】模块。注意默认的绘图工作目录是C：\temp，文件存盘生成的图形文件存在这个目录中。

② 从主菜单里执行【插入】【草图】命令，系统自动选择$XY$平面为绘图平面，单击【确定】按钮，进入草图状态，如图2-2所示。

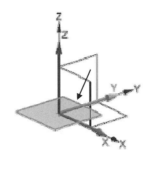

图2-2 自动选取草图平面

③ 单击 ☐ 矩形(R)... 按钮，绘制矩形150×120的草图，并标注尺寸，结果如图2-3所示。单击 ▦ 完成草图 按钮。

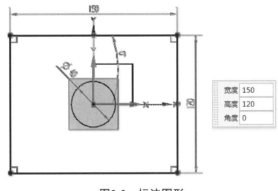

| 宽度 | 150 |
| 高度 | 120 |
| 角度 | 0 |

图2-3 标注图形

④ 单击 ▥ 拉伸按钮，选择上述草图，在系统弹出的【拉伸】对话框里展开【方向】栏，单击反向按钮⊠，使图形指示拉伸方向的箭头朝下，输入距离，【开始】【距离】为"20"，【结束】【距离】为"50"，单击【确定】按钮。绘制拉伸体，结果如图2-4所示。

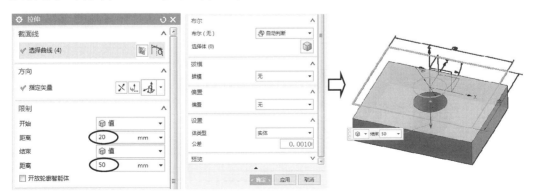

图2-4 创建拉伸体

⑤ 再次进入草图界面，以*XY*平面为绘图平面。单击 □ 矩形(R)... 按钮，绘制矩形 150×60 的草图，并标注尺寸，结果如图 2-5 所示。单击 完成草图 按钮。

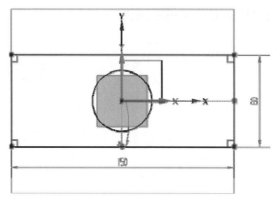

图2-5　绘制草图

> **小提示**
>
> 图 2-5 所示的中间孔 $\phi$ 40 除了可以用圆命令绘制以外，还可以用投影线功能  。

⑥ 单击 拉伸 按钮，选择上述草图，在系统弹出的【拉伸】对话框里展开【方向】栏，单击反向按钮 ，使图形指示拉伸方向的箭头朝下，输入距离，【开始】【距离】为"0"，【结束】【距离】为"30"，【布尔】为"合并"，【选择体】选取第④步刚创建的拉伸体。单击【确定】按钮。结果如图 2-6 所示。

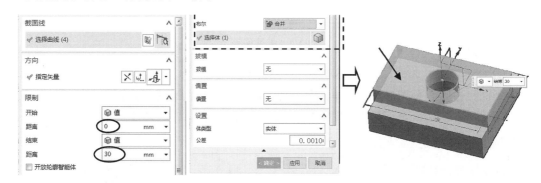

图2-6　创建拉伸体

### 2.1.3　绘制孔特征

① 以*XY*平面为绘图平面，进入草图界面。单击 □ 矩形(R)... 按钮，绘制 4 个点的草图，并标注尺寸，结果如图 2-7 所示。单击 完成草图 按钮。

② 单击 孔 按钮，选择上述草图的 4 个点，在系统弹出的【孔】对话框里，设置【类型】为 螺纹孔，【方向】为"-ZC"，【大小】为 M18 x 2.5，【深度限制】为"贯通体"，【布尔】

为"减去",如图2-8所示。

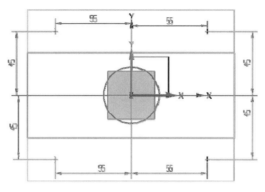

图2-7 绘制草图

图2-8 设置孔特征参数

单击【确定】按钮。生成图形如图2-9所示。

## 2.1.4 实体图形整理

按Ctrl+B组合键,选择实体,将其隐藏。然后再按Shift+Ctrl+B组合键,将实体显示,草图曲线隐藏,如图2-10所示。

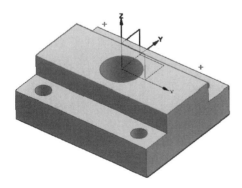

图2-9 绘制孔特征

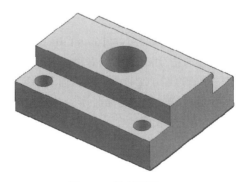

图2-10 整理图形

单击【保存】按钮■将文件存盘。

## 2.1.5 实体图形导出

在主菜单里执行【文件】|【导出】|【STEP】命令，在系统弹出的【导出至STEP选项】对话框里，选取【文件】选项卡，选取【导出自】的选项为"显示部件"复选框。【STEP文件】为"C：\Temp\upbook-2-1.stp"。单击【确定】按钮，如图2-11所示。

**图2-11 导出参数**

单击【确定】按钮。在系统弹出的【未选择对象】对话框里单击【确定】按钮。完成图形的转换，转换的文件名为upbook-2-1.stp。把该文件复制到D：\ch02文件夹里。

# 2.2 实例3之数控编程

## 2.2.1 图纸分析及刀路规划

### （1）分析图纸

零件图纸如图2-1所示，材料为铝，外围表面粗糙度为$Ra6.3\mu m$，工程图纸中的尺寸均为自由公差，所以CNC仅需要按照3D模型图加工到位，即精加工余量为0。

### （2）制定加工工艺

由于该零件没有倒扣部位，可以用普通的三轴铣床一次装夹就可以加工出来。具体工艺如下：

① 开料：毛料大小为160×130×55的铝板料，比图纸多留出一些材料。

② 普通铣：用普通铣床先粗铣六方，然后再精铣六方，尺寸为150×120×50，要确保平行面的平行度在0.02以内，垂直面的垂直度在0.02以内。

③ 数控铣：加工台阶外形。在三轴机床上采用虎钳夹持，露出虎钳表面的距离要大于22mm，要校平表面，使其与机床工作台的$XY$平面平行，平行度在0.02以内，拉直侧面为$X$轴，四边分中为加工零点。以上操作的误差应该在0.02以内，以保证图纸中的对称度公差。

### （3）制定数控铣工步规划

① 开粗刀路K020A，使用刀具为ED16平底刀，余量为0.3，层深为1.0。

② 精加工K020B，使用刀具为ED16平底刀，余量为0。

③ 普通钻孔K020C，使用刀具为DR15.5钻头，余量为0。

④ 攻螺纹孔K020D，使用刀具为M16丝锥，余量为0。

## 2.2.2　数控编程准备

工艺实施步骤为：数控编程、后置处理、数控仿真、数控加工、检验合格并交付。

### （1）读取主模型文件

先在D盘根目录建立文件夹D：\ch02，然后把第2.1.5节转换的文件upbook-2-1.stp复制到D：\ch02文件夹里。

启动PowerMILL2012软件，执行【文件】|【输入模型文件】命令，在系统弹出的【输入模型】对话框里，选取【文件类型】为 `STEP (*.stp;*.step)`，选取模型文件upbook-2-1.stp，关闭【信息】窗口，图形区显示出如图2-12所示的模型文件图形。

### （2）分析模型尺寸

在主工具栏里单击【测量器】按钮，在系统弹出的对话框里选取【直线】选项卡，名称变为【测量直线】对话框。通过测量四边形两个对角点的坐标，分析得知坐标系 st319位于图形顶部的四边分中即对称中心位置。修改 st319名称为"1"。该坐标系与世界坐标系相同。

先不要退出对话框，现在介绍圆弧测量方法。在【测量直线】对话框里选取【圆形】选项卡，对话框变为【测量圆形】对话框，如图2-13所示。

图2-12　读取模型

图2-13　测量圆形

在图形上的孔边缘选取3个点，测量结果如图2-14所示。半径为7.75，直径为15.5，这是螺纹底孔尺寸。

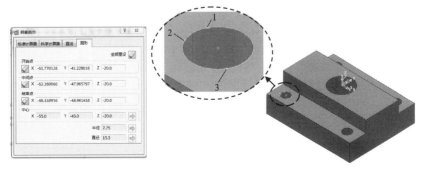

图2-14　测量圆形半径

### 2.2.3　建立刀路程序文件夹

本节主要任务是：建立4个空的刀具路径程序文件夹。

用鼠标右键单击【资源管理器】中的【刀具路径】树枝，在弹出的快捷菜单中选择【产生文件夹】命令，再次右击【文件夹1】|【重新命名】并修改文件夹名称为"K020A"。用同样的方法生成其他程序文件夹，如图2-15所示。

**图2-15　创建文件夹**

### 2.2.4　建立刀具

① 创建平底刀。ED16平底刀参数如图2-16所示。

② 创建钻头DR15.5。用鼠标右击【资源管理器】中的【刀具】树枝，在弹出的快捷菜单里选择【产生刀具】命令，再在弹出的快捷菜单中选择【钻头】命令，系统弹出了【钻孔刀具】对话框，在【刀尖】选项卡中设定参数。【名称】为"DR15.5"，【直径】为"15.5"，【长度】自动变为"77.5"，【刀具编号】为"2"，【槽数】为"2"，如图2-17所示。

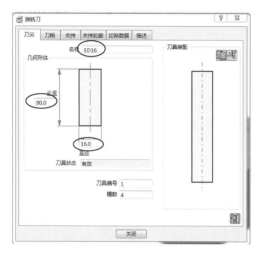

**图2-16　ED16平底刀参数**

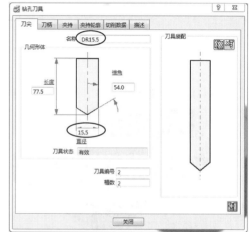

**图2-17　定义钻头**

单击【关闭】按钮。

③ 创建丝锥M16。用鼠标右击【资源管理器】中的【刀具】树枝，在弹出的快捷菜单里选择【产生刀具】命令，再在弹出的快捷菜单中选择【螺纹铣削】命令，系统弹出了【螺纹铣削刀具】对话框，在【刀尖】选项卡中设定参数。【名称】为"M16"，【直径】为"16"，【长度】自动变为"80"，【节距】为"2.5"，【刀具编号】为"3"，【槽数】为"1"，如图2-18所示。

单击【关闭】按钮。

### 2.2.5　设公共安全参数

公共安全参数包括：安全高度、开始点及结束点。

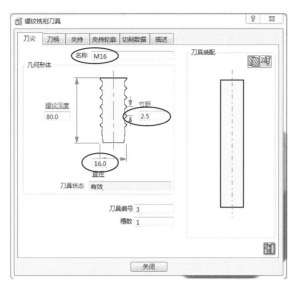

图2-18 定义丝锥

## （1）设安全高度

在综合工具栏中单击【快进高度】按钮 🛠，弹出【快进高度】对话框。在【几何形体】栏中设置【安全区域】为"平面"，【用户坐标系】为"1"，单击【计算】按钮，此时【安全Z高度】数值变为10，【开始Z高度】为5。单击【接受】按钮。与如图1-29所示相同。

## （2）设开始点及结束点

在综合工具栏中单击【开始点及结束点】按钮 🛠，弹出【开始点及结束点】对话框。在【开始点】选项卡中，设置【使用】的下拉菜单为"第一点安全高度"。切换到【结束点】选项卡，用同样的方法设置。单击【接受】按钮。与如图1-30所示相同。

## （3）文件夹存盘

在主工具栏里单击【保存项目】按钮 🔲，输入项目名称为"upbook-2-1a"。这个项目文件主要是以参考线为加工元素的编程。

再执行【文件】|【执行项目为】命令，输入项目名称为"upbook-2-1"。 这个项目文件主要是以曲面为加工元素的编程。

# 2.2.6 在程序文件夹K020A中建立开粗刀路

本节主要任务是：用多种编程方法进行开粗刀路的编制。

**方法一**（以参考线为加工元素的编程方法）：利用二维曲线区域清除对圆孔进行开粗；利用二维曲线轮廓对台阶面一侧进行开粗；利用二维曲线轮廓对台阶面另外一侧进行开粗。

**方法二**（以曲面为加工元素的编程方法）：利用模型区域清除进行开粗。

先将K020A程序文件夹激活。确认打开项目文件为upbook-2-1。

## （1）利用二维曲线区域清除对圆孔进行开粗

① 产生参考线1 在左侧导航器里右击 参考线，在弹出的快捷菜单里选取【产生参考线】命令，在【参考线】树枝之下产生空的参考线1。在图形上选取顶部曲面，右击 ，

在弹出的快捷菜单里选取【插入】|【模型】命令。在右侧的查看工具栏里单击◎，把曲面图形隐藏。选取四边形，在键盘上按删除按钮Delete，把四边形删除，剩下圆形参考线，如图2-19所示。

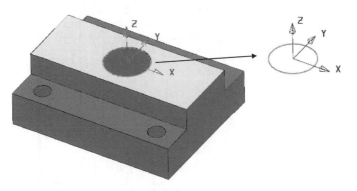

图2-19　生成参考线1

② 进入"曲线区域清除"刀路策略对话框　在综合工具栏中单击【刀具路径策略】按钮◎，弹出【策略选取器】对话框，选取【2.5维区域清除】选项卡，然后选择【二维曲线区域清除】选项，单击【接受】按钮。系统弹出【曲线区域清除】对话框。默认的刀具路径名称为"1"，现在修改【刀具路径名称】为"a0"。

③ 定义坐标系　定义用户坐标系为"1"，该坐标系与世界坐标系一致。

④ 设定毛坯　在【曲线区域清除】对话框的左侧栏里，选取█毛坯，在【由…定义】下拉列表框中选择"方框"选项，【坐标系】为"世界坐标系"，单击【计算】按钮，如图2-20所示。单击右侧屏幕的【毛坯】按钮◎，可以关闭其显示。

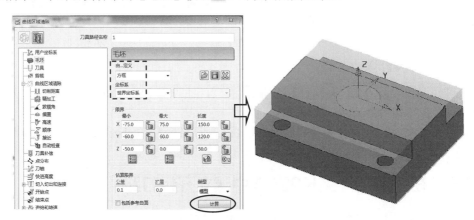

图2-20　生成毛坯

⑤ 定义刀具　在【曲线区域清除】对话框的左侧栏里，选取█刀具，选取刀具为ED16。

⑥ 定义剪裁参数　在【曲线区域清除】对话框的左侧栏里，选取█剪裁，参数按照默认。即【裁剪】为"保留内部"，在毛坯栏【剪裁】为【按毛坯边缘裁剪刀具中心】选项█。

⑦ 定义参考线　在【曲线区域清除】对话框的左侧栏里，选取█曲线区域清，在【曲

线定义】栏里，选取参考线1。单击【交互修改加工段】按钮 ![icon]，观察刀具应该在内侧，如果不是这样就要单击 ![icon] 来调整，如图2-21所示。

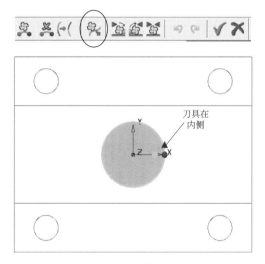

**图2-21　调整加工侧**

⑧ 定义切削参数　设置【下限】为"–50"，【公差】为"0.1"，【曲线余量】为"0.3"，【行距】为"6"，【样式】为"偏置"，【切削方向】为"顺铣"，如图2-22所示。

**图2-22　设置切削参数**

⑨ 定义切削距离参数　在【曲线区域清除】对话框的左侧栏里，选取 ![icon] 切削距离，设置【垂直范围】为"限界"，【下切步距】为"1.0"，如图2-23所示。

在 ![icon] 精加工、![icon] 拔模角、![icon] 偏置、![icon] 高速、![icon] 顺序、![icon] 自动检查、![icon] 点分布里按照默认设置。![icon] 接近、![icon] 刀具补偿里不选取复选框参数。

⑩ 定义刀轴参数　在【曲线区域清除】对话框的左侧栏里，选取 ![icon] 刀轴，设置如图1-38所示参数。【刀轴】为"垂直"。

图2-23　定义切削距离

⑪ 定义快进高度参数　在【曲线区域清除】对话框的左侧栏里，选取  快进高度，对于【用户坐标系】为"1"，单击【计算】按钮。与如图1-39所示相同。

⑫ 定义切入切出和连接参数　在【曲线区域清除】对话框的左侧栏里，选取  切入，【第一选择】为"斜向"，单击【斜向选项】按钮，在【斜向切入选项】对话框里设置【最大左斜角】为"3"，【高度】为"0.5"，如图2-24所示。

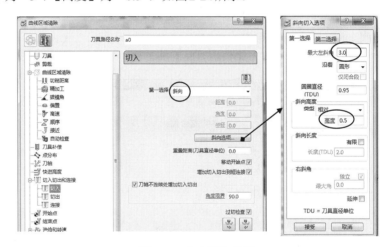

图2-24　定义切入参数

设  切出的【第一选择】参数为"无"。

在【曲线区域清除】对话框的左侧栏里，选取  连接，设置连接参数如图2-25所示。

⑬ 定义进给和转速参数　在【曲线区域清除】对话框的左侧栏里，选取  进给和转速，按如图1-42所示设置参数。

⑭ 计算刀路　在【曲线区域清除】对话框里，单击【计算】按钮。生成刀路a0如图2-26所示。

### （2）利用二维曲线轮廓对台阶面一侧进行开粗

① 产生参考线2　在左侧导航器里右击  参考线，在弹出的快捷菜单里选取【产生参考线】命令，在【参考线】树枝之下产生空的参考线2。在图形上选取顶部曲面，右击  > 2，在弹出的快捷菜单里选取【曲线编辑器】命令。在弹出的参考线工具栏里单击【连续直线】按钮  ，然后在图形上选择点1和点2，单击Esc键结束直线绘制。单击【接受

改变】按钮 √，完成参考线2的绘制，如图2-27所示。

图2-25　定义连接参数

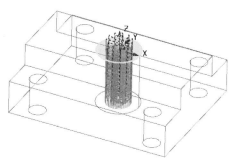

图2-26　生成刀路a0

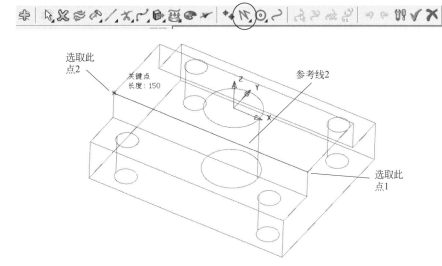

图2-27　绘制参考线2

　　② 进入"曲线轮廓"刀路策略对话框　在综合工具栏中单击【刀具路径策略】按钮 ，弹出【策略选取器】对话框，选取【2.5维区域清除】选项卡，然后选择【二维曲线轮廓】选项，单击【接受】按钮。系统弹出【曲线轮廓】对话框。默认的刀具路径名称为"1"，现在修改【刀具路径名称】为"a1"。

　　③ 定义坐标系　定义用户坐标系为"1"，该坐标系与世界坐标系一致。

　　④ 设定毛坯　在【曲线轮廓】对话框的左侧栏里，选取 毛坯，在【由…定义】下拉列表框中选择"方框"选项，【坐标系】为"世界坐标系"，单击【计算】按钮，如图2-20所示。单击右侧屏幕的【毛坯】按钮，可以关闭其显示。

　　⑤ 定义刀具　在【曲线轮廓】对话框的左侧栏里，选取 刀具，选取刀具为ED16。

　　⑥ 定义剪裁参数　在【曲线轮廓】对话框的左侧栏里，选取 剪裁，参数按照默认。即【裁剪】为"保留内部"，在毛坯栏【剪裁】为【按毛坯边缘裁剪刀具中心】选项。

⑦ 定义参考线　在【曲线轮廓】对话框的左侧栏里，选取  曲线轮廓，在【曲线定义】栏里，选取参考线2。单击【交互修改加工段】按钮，观察刀具应该在材料的外侧，如果不是这样就要单击来调整，如图2-28所示。单击【接受改变完成编辑】按钮 √ 。

⑧ 定义切削参数　设置【下限】为 "–19.9"，【公差】为 "0.1"，【曲线余量】为 "0.3"，【切削方向】为 "顺铣"，如图2-29所示。

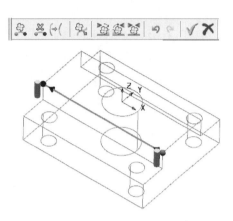

图2-28　调整加工侧

图2-29　设置切削参数

⑨ 定义切削距离参数　在【曲线轮廓】对话框的左侧栏里，选取 切削距离，设置【垂直范围】为 "限界"，【下切步距】为 "1"，【行距】为 "6"，【毛坯宽度】为 "30"，如图2-30所示。

图2-30　定义切削距离

小提示

　　在PowerMILL对话框如果有蓝色划线参数，例如如图2-30所示的【毛坯宽度】，可以单击这个参数文字，在弹出的工具栏里选取相应的测量工具来定义参数。本例就可以单击【毛坯宽度】，在弹出的工具栏里选取【两点间距离】按钮，然后在图形上选取如图2-31所示的直线两个端点。这时系统就会返回到【曲线轮廓】对话框，在【毛坯宽度】参数栏里设置了参数 "30"。

在  精加工、 拔模角、 偏置、 高速、 顺序、 自动检查、 点分布 里按照默认设置。 接近、 刀具补偿 里不选取复选框参数。

⑩ 定义刀轴参数　在【曲线轮廓】对话框的左侧栏里，选取 刀轴，设置如图1-38所示参数。【刀轴】为"垂直"。

⑪ 定义快进高度参数　在【曲线轮廓】对话框的左侧栏里，选取 快进高，对于【用户坐标系】为"1"，单击【计算】按钮。与如图1-39所示相同。

⑫ 定义切入切出和连接参数　在【曲线轮廓】对话框的左侧栏里，选取 切入，【第一选择】为"延伸移动"，设置【距离】为"10"，如图2-32所示。

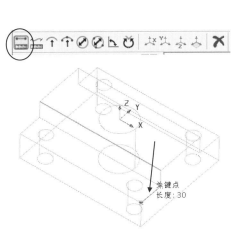

图2-31　通过测量定义参数

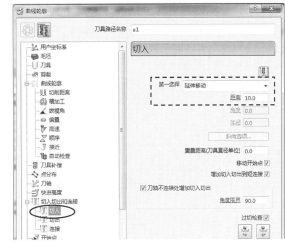

图2-32　定义切入参数

设 切出的【第一选择】参数为"无"。

在【曲线轮廓】对话框的左侧栏里，选取 连接，设置连接参数如图2-33所示。

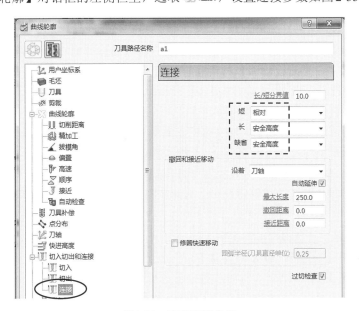

图2-33　定义连接参数

⑬ 定义进给和转速参数　在【曲线轮廓】对话框的左侧栏里，选取 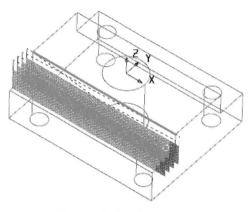 进给和转速，按如图 1-42 所示设置参数。

⑭ 计算刀路　在【曲线轮廓】对话框里，单击【计算】按钮。生成刀路 a1 如图 2-34 所示。

### （3）利用二维曲线轮廓对台阶面另外一侧进行开粗

① 产生参考线 3　在左侧导航器里右击 参考线，在弹出的快捷菜单里选取【产生参考线】命令，在【参考线】树枝之下产生空的参考线 3。在图形上选取顶部曲面，右击 ⚲ > 3，在弹出的快捷菜单选取【曲线编辑器】命令。在弹出的参考线工具栏里单击【连续直线】按钮 ，然后在图形上选择点 3 和点 4，单击 Esc 键结束直线绘制。单击【接受改变】按钮 ，完成参考线 3 的绘制，如图 2-35 所示。

图2-34　生成刀路a1

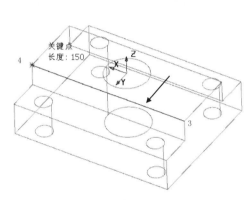

图2-35　创建参考线3

② 进入"曲线轮廓"刀路策略对话框　在综合工具栏中单击【刀具路径策略】按钮 ，弹出【策略选取器】对话框，选取【2.5维区域清除】选项卡，然后选择【二维曲线轮廓】选项，单击【接受】按钮。系统弹出【曲线轮廓】对话框。默认的刀具路径名称为"1"，现在修改【刀具路径名称】为"a2"。

③ 定义坐标系　定义用户坐标系为"1"，该坐标系与世界坐标系一致。

④ 设定毛坯　在【曲线轮廓】对话框的左侧栏里，选取 毛坯，在【由…定义】下拉列表框中选择"方框"选项，【坐标系】为"世界坐标系"，单击【计算】按钮，如图 2-20 所示。单击右侧屏幕的【毛坯】按钮 ，可以关闭其显示。

⑤ 定义刀具　在【曲线轮廓】对话框的左侧栏里，选取 刀具，选取刀具为 ED16。

⑥ 定义剪裁参数　在【曲线轮廓】对话框的左侧栏里，选取 剪裁，参数按照默认。即【裁剪】为"保留内部"，在毛坯栏【剪裁】为【按毛坯边缘裁剪刀具中心】选项 。

⑦ 定义参考线　在【曲线轮廓】对话框的左侧栏里，选取 曲线区域清除，在【曲线定义】栏里，选取参考线 3。单击【交互修改加工段】按钮 ，观察刀具应该在材料的外侧，如果不是这样就要单击 来调整，如图 2-36 所示。单击【接受改变完成编辑】按钮 。

⑧ 定义切削参数　设置【下限】为"-19.9"，【公差】为"0.1"，【曲线余量】为"0.3"，【切削方向】为"顺铣"。与如图 2-29 所示相同。

⑨ 定义切削距离参数　在【曲线轮廓】对话框的左侧栏里，选取 切削距离，设置【垂直范围】为"限界"，【下切步距】为"1"，【行距】为"6"，【毛坯宽度】为"30"。与如图

2-30所示相同。

在精加工、拔模角、偏置、高速、顺序、自动检查、点分布里按照默认设置。接近、刀具补偿里不选取复选框参数。

⑩ 定义刀轴参数　在【曲线轮廓】对话框的左侧栏里，选取刀轴，设置如图1-38所示参数。【刀轴】为“垂直”。

⑪ 定义快进高度参数　在【曲线轮廓】对话框的左侧栏里，选取快进高度，对于【用户坐标系】为“1”，单击【计算】按钮。与如图1-39所示相同。

⑫ 定义切入切出和连接参数　在【曲线轮廓】对话框的左侧栏里，选取切入，【第一选择】为“延伸移动”，设置【距离】为“10”。与如图2-32所示相同。

设切出的【第一选择】参数为“无”。

在【曲线轮廓】对话框的左侧栏里，选取连接，设置连接参数，与如图2-33所示相同。

⑬ 定义进给和转速参数　在【曲线轮廓】对话框的左侧栏里，选取进给和转速，按如图1-42所示设置参数。

⑭ 计算刀路　在【曲线轮廓】对话框里，单击【计算】按钮。生成刀路a2如图2-37所示。

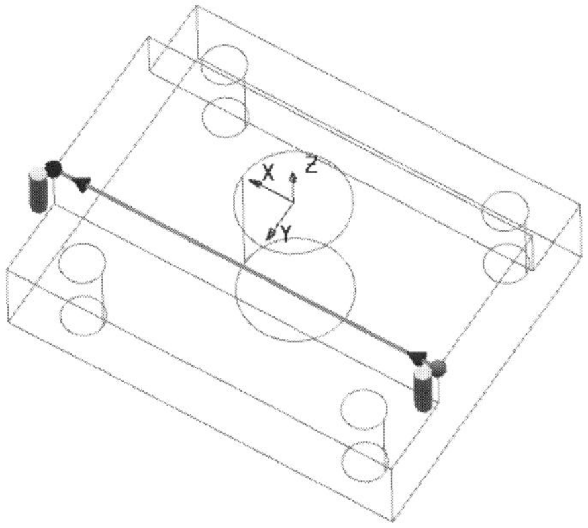


**图2-36　调整加工侧**

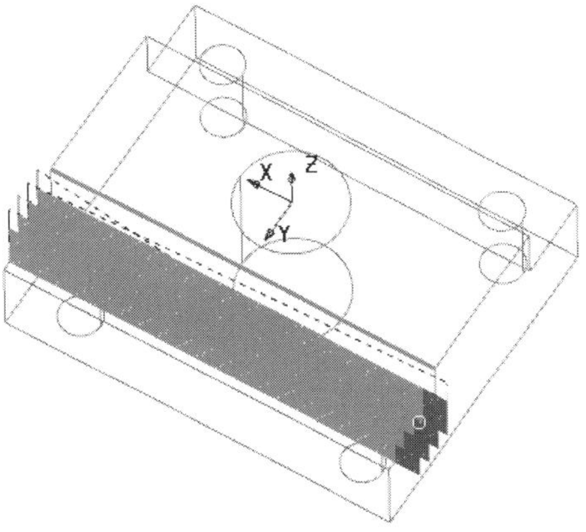


**图2-37　生成刀路a2**

⑮ 文件存盘　在主工具栏里单击【保存项目】按钮，检查项目名称应该为“upbook-2-1”。

### （4）利用模型区域清除进行开粗

第（1）、（2）、（3）步完全可以进行完整的开粗，本次刀路只是为了说明另外一些编程方法。打开项目文件“upbook-2-1a”。激活文件夹K020A。

① 进入“模型区域清除”刀路策略对话框　在综合工具栏中单击【刀具路径策略】按钮，弹出【策略选取器】对话框，选取【三维区域清除】选项卡，然后选择【模型区域清除】选项，单击【接受】按钮。系统弹出【模型区域清除】对话框。默认的刀具路径名称为“1”，现在修改【刀具路径名称】为“a3”。

② 定义坐标系　定义用户坐标系为“1”，该坐标系与世界坐标系一致。

③ 设定毛坯　在【模型区域清除】对话框的左侧栏里，选取毛坯，在【由…定义】下拉列表框中选择“方框”选项，【坐标系】为“世界坐标系”，单击【计算】按钮。与如

图2-20所示相同。单击右侧屏幕的【毛坯】按钮，可以关闭其显示。

④ 定义刀具　在【模型区域清除】对话框的左侧栏里，选取 刀具，选取刀具为ED16。

⑤ 定义剪裁参数　在【模型区域清除】对话框的左侧栏里，在毛坯栏【剪裁】为【按毛坯边缘裁剪刀具中心】选项 。

⑥ 定义切削参数　在【模型区域清除】对话框的左侧栏里，选取【模型区域清除】选项，设置【样式】为"偏置模型"，【区域】为"任意"，【公差】为"0.1"，单击【余量】按钮 ，设置【侧面余量】为"0.3"，【底面余量】为"0.1"，【行距】为"6"，【下切步距】为"1"，如图2-38所示。

**图2-38　定义切削参数**

【偏置】、【壁精加工】、【不安全段移去】、【平坦面加工】、【高速】、【顺序】、【接近】以及【自动检查】参数按照系统的默认来设置。【刀具补偿】、【点分布】参数也按照系统默认来设置。

⑦ 定义高速参数　在【模型区域清除】对话框的左侧栏里，选取【高速】选项，按如图2-39所示设置参数。不选取任何选项。

**图2-39　设置高速参数**

⑧ 定义刀轴参数　在【模型区域清除】对话框的左侧栏里，选取【刀轴】选项，设置【刀轴】为"垂直"。

⑨ 定义快进高度参数　在【模型区域清除】对话框的左侧栏里，选取【快进高度】选项，按如图1-39所示设置。

⑩ 定义切入切出和连接参数　在【模型区域清除】对话框的左侧栏里，选取【切入切出和连接】选项，按如图1-112所示设置。

⑪ 设定开始点参数　设定【开始点】参数为"第一点安全高度"。

⑫ 设定结束点参数　设定【结束点】参数为"最后一点安全高度"。

⑬ 设定进给和转速　转速为2500r/min，开粗的进给速度为1500mm/min，如图1-113所示。

⑭ 计算刀路　在【模型区域清除】对话框底部，单击【计算】按钮，计算出的刀路a3如图2-40所示。

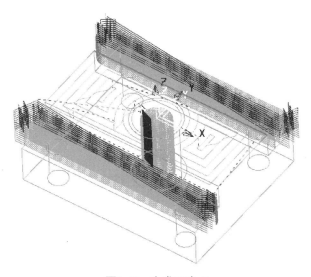

图2-40　生成刀路a3

知识拓展

本例有5个孔，仅希望对中间的$\phi$40孔进行开粗，其余四个孔因为直径小于刀具直径而被忽略。如果希望中间孔也不生成刀路，就需要在【模型区域清除】对话框里选取 不安全段移去，设置【分界值】大于（40-16）/16=1.5，如图2-41所示。

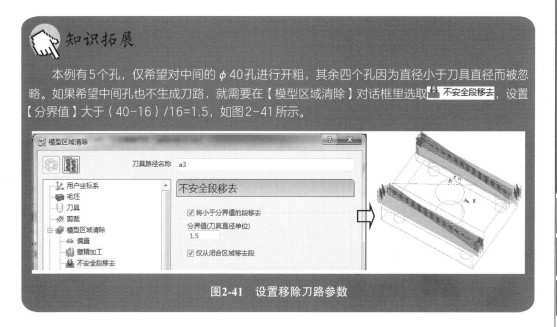

图2-41　设置移除刀路参数

⑮ 文件存盘　在主工具栏里单击【保存项目】按钮🖫，检查项目名称应该为"upbook-2-1a"。

## 2.2.7　在程序文件夹K020B中建立精加工刀路

本节主要任务是：对型面精加工，利用二维曲线轮廓对中间圆孔进行精加工；利用二维曲线轮廓对台阶平面进行精加工；利用二维曲线轮廓对台阶另外一侧水平面进行精加工；利用二维曲线轮廓对台阶侧面进行精加工；利用二维曲线轮廓对台阶另外一个侧面进行精加工。以上编程方法都是基于参考线进行加工。

打开项目文件"upbook-2-1"，将K020B程序文件夹激活。

### （1）利用二维曲线轮廓对中间圆孔进行精加工

方法：复制刀路修改参数，加工策略为曲线轮廓。

① 复制刀路　在左侧的资源管理器的K020A文件夹里选取a1刀路，右击鼠标，在弹出的快捷菜单里选取【编辑】|【复制刀具路径】命令，这样在文件夹K020B里就出现了a1_1刀路，修改名称为b0。激活刀路b0，如图2-42所示。

② 修改切削参数　右击刚复制出来的刀路b0，在弹出的快捷菜单里选取【设置】命令，在系统弹出的【曲线轮廓】对话框里，单击【打开表格，编辑刀具路径】按钮🔩。选取　曲线轮廓，修改【曲线定义】为"1"，要检查刀具偏置方向。【下限】为"-50"，【公差】为"0.01"，【曲线余量】为"0"，如图2-43所示。

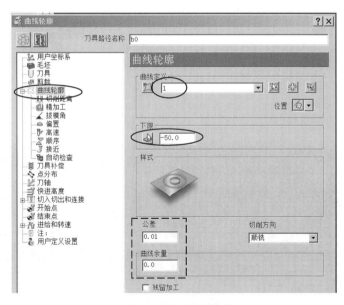

图2-42　复制刀路　　　　　　　　　　　　　图2-43　修改切削参数

③ 修改层深参数　选取 切削距离，修改【垂直范围】为"限界"，【下切步距】为"15"，这个数要比刀刃长度短，如图2-44所示。

④ 修改精加工参数　选取 精加工，勾选【壁精加工】复选框，设定【最后行距】为"0.1"，取消选取【仅最后路径】复选框，如图2-45所示。

⑤ 修改切入切出和连接参数　在【曲线轮廓】对话框的左侧栏里，选取 切入，【第一选择】为"水平圆弧"，【距离】为"0"，【角度】为"90"度，【半径】为"2"，【重叠距

离】为"0.02"，实际距离为0.02×16=0.32。单击【切出和切入相同】按钮 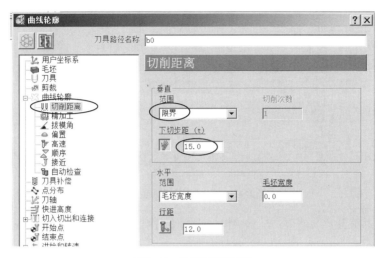。选取 连接，【短】为"相对"，【长】为"掠过"，【缺省】为"掠过"，如图2-46所示。

**图2-44 定义切削距离**

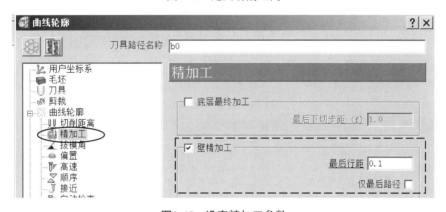

**图2-45 设定精加工参数**

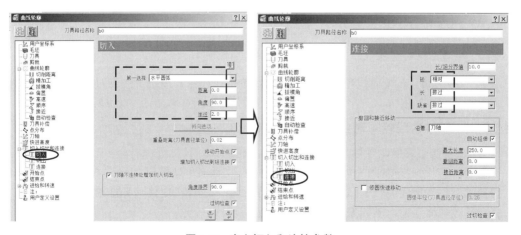

**图2-46 定义切入和连接参数**

选取 切入切出和连接，结果如图2-47所示。

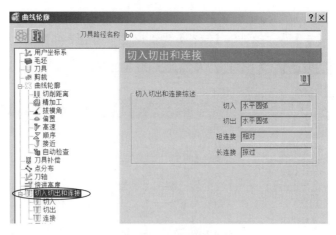

图2-47 切入切出和连接参数

⑥ 修改进给参数 选取 进给和转速，修改【切削进给率】为"1000"mm/min，【下切进给率】为"500"mm/min，如图2-48所示。

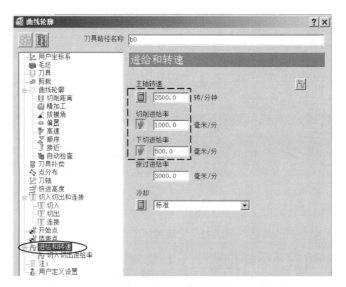

图2-48 定义进给和转速

⑦ 计算刀路 在【曲线轮廓】对话框里，单击【计算】按钮。生成刀路b0如图2-49所示。单击【取消】按钮。

**（2）利用二维曲线轮廓对台阶平面进行精加工**

方法：复制刀路修改参数，加工策略为曲线轮廓。

① 复制刀路 在左侧的资源管理器的K020A文件夹里选取a1刀路，右击鼠标，在弹出的快捷菜单里选取【编辑】|【复制刀具路径】命令，这样在文件夹K020B里就出现了a1_1刀路，修改名称为b1。激活刀路b1，如图2-50所示。

② 定义裁剪参数 右击刚复制出来的刀路b1，在弹出的快捷菜单里选取【设置】命令，在系统弹出的【曲线轮廓】对话框里，单击【打开表格，编辑刀具路径】按钮 。选取 剪裁，在【Z限界】栏里，选取【最大】复选框，设置参数为"–19.5"，如图2-51所示。

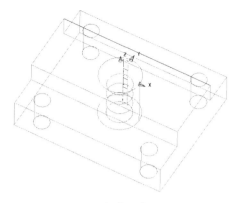

图2-49  生成刀路b0

图2-50  复制刀路

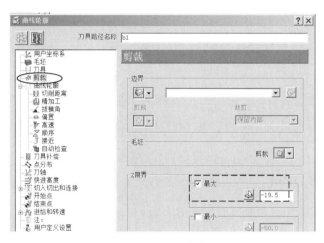

图2-51  定义剪裁参数

③ 修改切削参数  选取白 **曲线轮廓**，检查【曲线定义】应该为 "2"，修改【下限】为 "–20"，【曲线余量】为 "0.35"，如图2-52所示。

图2-52  定义切削参数

④ 修改进给参数 选取  进给和转速，修改【切削进给率】为"1000"mm/min，【下切进给率】为"500"mm/min。与如图2-48所示相同。

⑤ 计算刀路 在【曲线轮廓】对话框里，单击【计算】按钮。生成刀路b1如图2-53所示。单击【取消】按钮。

### （3）利用二维曲线轮廓对台阶另外一侧水平面进行精加工

方法：复制刀路修改参数，加工策略为曲线轮廓。

① 复制刀路 在左侧的资源管理器的K020B文件夹里选取b1刀路，右击鼠标，在弹出的快捷菜单里选取【编辑】【复制刀具路径】命令，这样在文件夹K020B里就出现了新刀路，修改名称为b2。激活刀路b2，如图2-54所示。

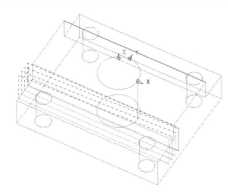

图2-53 生成刀路b1  　　　　　　　　　　图2-54 复制刀路

② 修改切削参数 右击刚复制出来的刀路b2，在弹出的快捷菜单里选取【设置】命令，在系统弹出的【曲线轮廓】对话框里，单击【打开表格，编辑刀具路径】按钮 。选取  曲线轮廓，修改【曲线定义】为"3"，如图2-55所示。

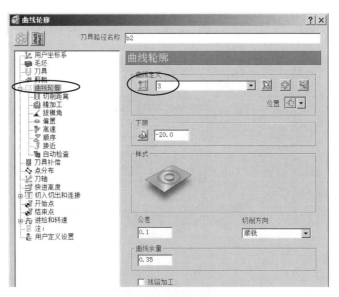

图2-55 修改曲线定义参数

③ 计算刀路 在【曲线轮廓】对话框里，单击【计算】按钮。生成刀路b2如图2-56所

示。单击【取消】按钮。

**（4）利用二维曲线轮廓对台阶侧面进行精加工**

方法：复制刀路修改参数，加工策略为曲线轮廓。

① 复制刀路　在左侧的资源管理器的K020B文件夹里选取刚生成的b2刀路，右击鼠标，在弹出的快捷菜单里选取【编辑】|【复制刀具路径】命令，这样在文件夹K020B里就出现了新刀路，修改名称为b3。激活刀路b3，如图2-57所示。

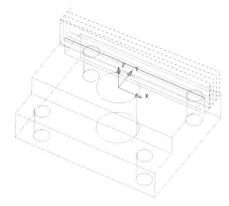

图2-56　生成刀路b2　　　　　　　　　　　　图2-57　复制刀路

② 修改切削参数　右击刚复制出来的刀路b3，在弹出的快捷菜单里选取【设置】命令，在系统弹出的【曲线轮廓】对话框里，单击【打开表格，编辑刀具路径】按钮🔲。选取🔲曲线轮廓，检查【曲线定义】应该为"3"，修改【公差】为"0.01"，【曲线余量】为"0"，如图2-58所示。

图2-58　修改切削参数

③ 修改切削参数　选取 ⅠⅠ 切削距离，修改【行距】为"30"，如图2-59所示。

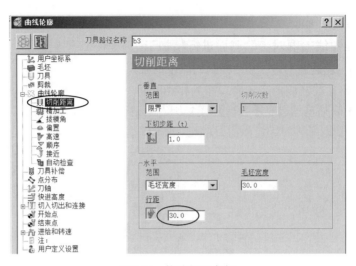

**图2-59 修改行距参数**

④ 修改精加工参数 选取 精加工，勾选【底层最终加工】复选框，设定【最后下切步距】为"1"，选取【壁精加工】复选框，设定【最后行距】为"0.1"，选取【仅最后路径】复选框，如图2-60所示。

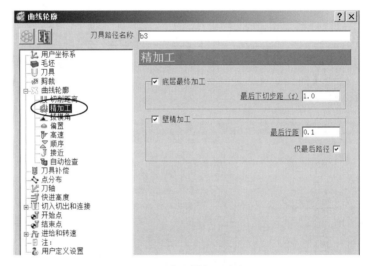

**图2-60 定义精加工参数**

⑤ 计算刀路 在【曲线轮廓】对话框里，单击【计算】按钮。生成刀路b3如图2-61所示。单击【取消】按钮。

**（5）利用二维曲线轮廓对台阶另外一个侧面进行精加工**

方法：复制刀路修改参数，加工策略为曲线轮廓。

① 复制刀路 在左侧的资源管理器的K020B文件夹里选取刚生成的b3刀路，右击鼠标，在弹出的快捷菜单里选取【编辑】|【复制刀具路径】命令，这样在文件夹K020B里就出现了新刀路，修改名称为b4。激活刀路b4，如图2-62所示。

② 修改切削参数 右击刚复制出来的刀路b4，在弹出的快捷菜单里选取【设置】命令，在系统弹出的【曲线轮廓】对话框里，单击【打开表格，编辑刀具路径】按钮。选

取白 ⊠ 曲线轮廓，修改【曲线定义】为"2"，如图2-63所示。

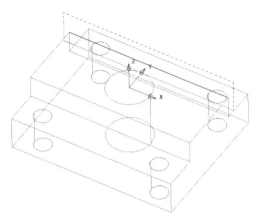

图2-61　生成刀路b3

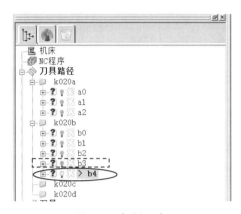

图2-62　复制刀路

③ 计算刀路　在【曲线轮廓】对话框里，单击【计算】按钮。生成刀路b4如图2-64所示。单击【取消】按钮。

图2-63　修改曲线

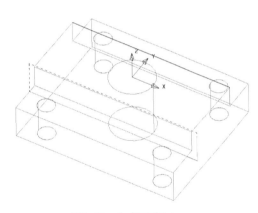

图2-64　生成刀路b4

④ 文件存盘　在主工具栏里单击【保存项目】按钮█，检查项目名称应该为"upbook-2-1"。

 **知识拓展**

以上是以参考线为加工元素的数控编程方法。除此之外，还可以利用以曲面作为加工对象的方法进行数控编程：

① 利用平行平坦面精加工对台阶水平面进行精加工。主要参数如图2-65所示。生成刀路如图2-66所示。另外使用平行平坦面和平行精加工策略同样可以对这个部位进行精加工。详细参数设置可以参考项目文件upbook-2-1a。

② 利用等高精加工对台阶侧面进行精加工。主要参数如图2-67所示。生成刀路如图2-68所示。

图2-65  偏置平坦面精加工参数

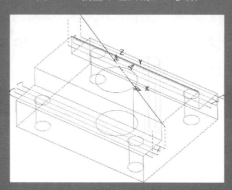

图2-66  生成刀路b5

图2-67  设置参数

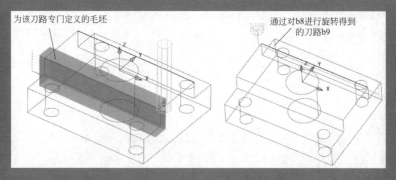

为该刀路专门定义的毛坯

通过对b8进行旋转得到的刀路b9

图2-68  生成侧面精加工刀路

③ 利用等高精加工对中间圆孔进行精加工。主要参数如图2-69所示。生成刀路如图2-70所示。以上基于曲面进行精加工。

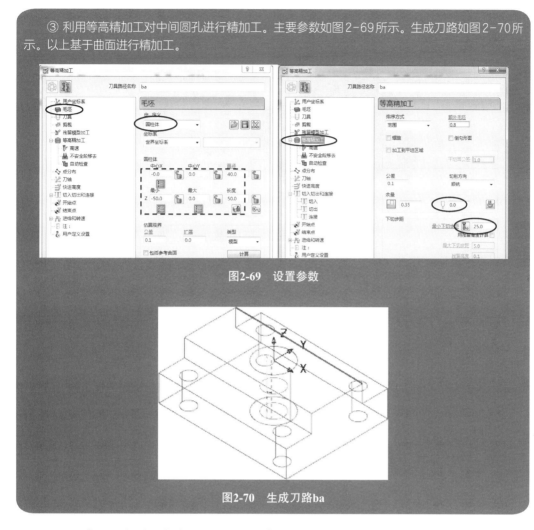

图2-69　设置参数

图2-70　生成刀路ba

## 2.2.8　在程序文件夹K020C中建立钻孔加工刀路

本节主要任务是：建立2个钻孔加工刀路，①对一侧台阶面上的两个孔进行加工；②对另外一侧台阶面上的两个孔进行加工。

先将K020C程序文件夹激活，再把坐标系1激活。

### （1）对一侧台阶面上的两个孔进行加工

① 创建孔特征　在图形上选取孔的侧面，在左侧资源管理器里右击 🖰 🗗 **特征设置**，在弹出的快捷菜单里选取【识别模型中的孔】命令，按如图2-71所示设置参数。

单击【应用】按钮，结果如图2-72所示。生成孔特征1。在资源管理器右击 ❋ 🌰 > 1，在弹出的快捷菜单里选取【激活】命令，使该特征不要再激活。

同理，在图形上选取另外一侧的两个孔的侧面，在左侧资源管理器里右击 🖰 🗗 **特征设置**，在弹出的快捷菜单里选取【定义特征设置】命令，按如图2-71所示设置参数。单击【应用】按钮，生成孔特征2，如图2-73所示。

② 进入"钻孔"刀路策略对话框　在综合工具栏中单击【刀具路径策略】按钮 ⬜，弹出【策略选取器】对话框，选取【钻孔】选项卡，然后选择【钻孔】选项，单击【接受】

按钮。系统弹出【钻孔】对话框。默认的刀具路径名称为"1",现在修改【刀具路径名称】为"c0"。

图2-71　设置特征1参数

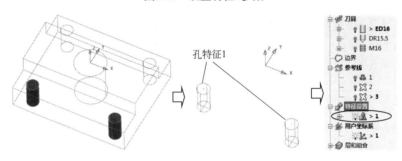

图2-72　生成孔特征1

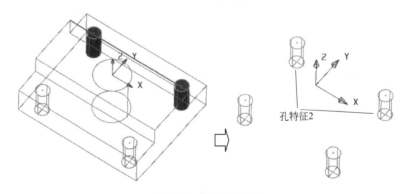

图2-73　生成孔特征2

③ 定义孔特征　在【钻孔】对话框的左侧栏里,选取 孔,【特征设置】为"1",如图2-74所示。

④ 定义坐标系　定义用户坐标系为"1",该坐标系与世界坐标系一致。

⑤ 设定毛坯　在【钻孔】对话框的左侧栏里,选取 毛坯,在【由…定义】下拉列表框中选择"方框"选项,【坐标系】为"世界坐标系",单击【计算】按钮。与如图2-20所示相同。

⑥ 定义刀具　在【钻孔】对话框的左侧栏里,选取 刀具,选取刀具为DR15.5,如图2-75所示。

⑦ 定义钻孔参数　在【钻孔】对话框的左侧栏里,选取 钻孔,按如图2-76所示设置参数。

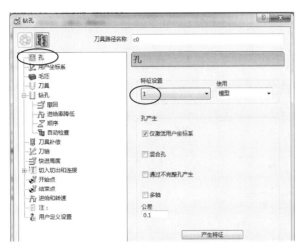

图2-74 定义孔特征

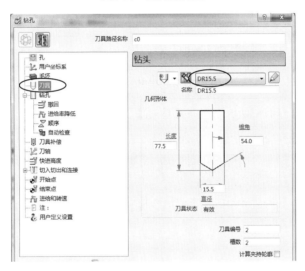

图2-75 定义刀具

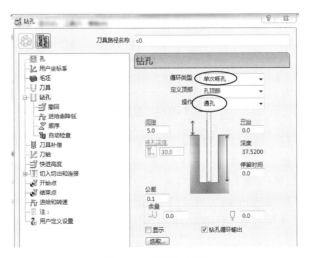

图2-76 定义孔参数

⑧ 定义刀轴参数　在【钻孔】对话框的左侧栏里，选取 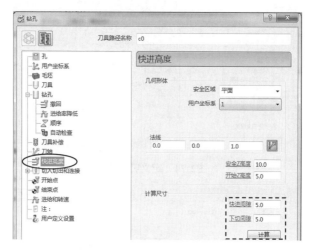 刀轴，设置如图1-38所示参数。【刀轴】为"垂直"。

⑨ 定义快进高度参数　在【钻孔】对话框的左侧栏里，选取 快进高度，对于【用户坐标系】为"1"，单击【计算】按钮，如图2-77所示。

图2-77　定义快进高度参数

⑩ 定义切入切出和连接参数　在【钻孔】对话框的左侧栏里，设置切入切出均为"无"，选取 连接，按如图2-78所示设置参数。

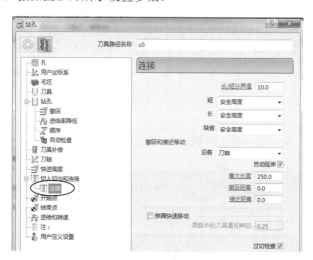

图2-78　定义连接参数

⑪ 设定开始点参数　设定【开始点】参数为"第一点安全高度"。

⑫ 设定结束点参数　设定【结束点】参数为"最后一点安全高度"。

⑬ 设定进给和转速　在【钻孔】对话框的左侧栏里选取 进给和转速，设置转速为500r/min，进给速度为50mm/min，如图2-79所示。

⑭ 计算刀路　在【钻孔】对话框底部，单击【计算】按钮，计算出的刀路c0如图2-80所示。

图2-79 设置进给和转速参数    图2-80 生成刀路c0

## （2）对另外一侧台阶面上的两个孔进行加工

① 进入"钻孔"刀路策略对话框 在综合工具栏中单击【刀具路径策略】按钮 🌑，弹出【策略选取器】对话框，选取【钻孔】选项卡，然后选择【钻孔】选项，单击【接受】按钮。系统弹出【钻孔】对话框。默认的刀具路径名称为"1"，现在修改【刀具路径名称】为"c1"。

② 定义孔特征 在【钻孔】对话框的左侧栏里，选取 🔲 孔，【特征设置】为"2"，如图2-81所示。

图2-81 定义孔特征2

③ 定义坐标系 定义用户坐标系为"1"，该坐标系与世界坐标系一致。

④ 设定毛坯 在【钻孔】对话框的左侧栏里，选取 🟫 毛坯，在【由…定义】下拉列表框中选择"方框"选项，【坐标系】为"世界坐标系"，单击【计算】按钮。与如图2-20所示相同。

⑤ 定义刀具 在【钻孔】对话框的左侧栏里，选取 🔱 刀具，选取刀具为DR15.5。与如图2-75所示相同。

⑥ 定义钻孔参数 在【钻孔】对话框的左侧栏里，选取 钻孔，按如图2-76所示设置参数。

⑦ 定义刀轴参数 在【钻孔】对话框的左侧栏里，选取 刀轴，设置如图1-38所示参数。【刀轴】为"垂直"。

⑧ 定义快进高度参数 在【钻孔】对话框的左侧栏里，选取 快进高度，对于【用户坐标系】为"1"，单击【计算】按钮，如图2-77所示。

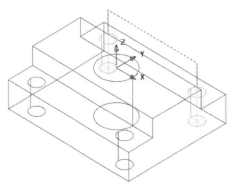

**图2-82 生成刀路c1**

⑨ 定义切入切出和连接参数 在【钻孔】对话框的左侧栏里，设置切入切出均为"无"，选取 连接，按如图2-78所示设置参数。

⑩ 设定开始点参数 设定【开始点】参数为"第一点安全高度"。

⑪ 设定结束点参数 设定【结束点】参数为"最后一点安全高度"。

⑫ 设定进给和转速 在【钻孔】对话框的左侧栏里选取 进给和转速，设置转速为500r/min，进给速度为50mm/min。与如图2-79所示相同。

⑬ 计算刀路 在【钻孔】对话框底部，单击【计算】按钮，计算出的刀路c1如图2-82所示。

## 2.2.9 在程序文件夹K020D中建立攻螺纹孔路

本节主要任务是：建立2个钻孔加工刀路，①对一侧台阶面上的两个孔进行加工；②对另外一侧台阶面上的两个孔进行加工。

先将K020D程序文件夹激活，再把坐标系1激活。

**（1）对一侧台阶面上的两个孔进行加工**

① 进入"钻孔"刀路策略对话框 在综合工具栏中单击【刀具路径策略】按钮 ，弹出【策略选取器】对话框，选取【钻孔】选项卡，然后选择【钻孔】选项，单击【接受】按钮。系统弹出【钻孔】对话框。默认的刀具路径名称为"1"，现在修改【刀具路径名称】为"d0"。

② 定义孔特征 在【钻孔】对话框的左侧栏里，选取 孔，【特征设置】为"1"，与如图2-74所示相同。

③ 定义坐标系 定义用户坐标系为"1"，该坐标系与世界坐标系一致。

④ 设定毛坯 在【钻孔】对话框的左侧栏里，选取 毛坯，在【由…定义】下拉列表框中选择"方框"选项，【坐标系】为"世界坐标系"，单击【计算】按钮。与如图2-20所示相同。

⑤ 定义刀具 在【钻孔】对话框的左侧栏里，选取 刀具，选取刀具为M16，如图2-83所示。

⑥ 定义钻孔参数 在【钻孔】对话框的左侧栏里，选取 钻孔，按如图2-84所示设置参数。

⑦ 定义刀轴参数 在【钻孔】对话框的左侧栏里，选取 刀轴，设置如图1-38所示参数。【刀轴】为"垂直"。

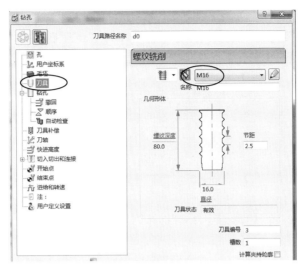

图2-83　定义刀具

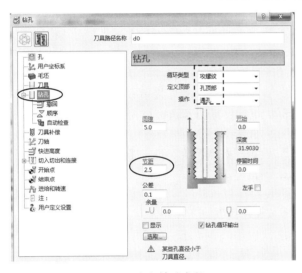

图2-84　定义钻孔参数

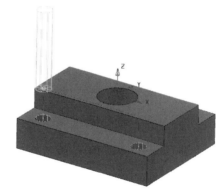

图2-85　生成刀路d0

⑧ 定义快进高度参数　在【钻孔】对话框的左侧栏里，选取 快进高度，对于【用户坐标系】为"1"，单击【计算】按钮。与如图2-77所示相同。

⑨ 定义切入切出和连接参数　在【钻孔】对话框的左侧栏里，设置切入切出均为"无"，选取 连接，按如图2-78所示设置参数。

⑩ 设定开始点参数　设定【开始点】参数为"第一点安全高度"。

⑪ 设定结束点参数　设定【结束点】参数为"最后一点安全高度"。

⑫ 设定进给和转速　在【钻孔】对话框的左侧栏里选取 进给和转速，设置转速为500r/min，进给速度为50mm/min。与如图2-79所示相同。

⑬ 计算刀路　在【钻孔】对话框底部，单击【计算】按钮，计算出的刀路d0如图2-85所示。

### （2）对另外一侧台阶面上的两个孔进行加工

① 进入"钻孔"刀路策略对话框　在综合工具栏中单击【刀具路径策略】按钮 ，弹出

【策略选取器】对话框,选取【钻孔】选项卡,然后选择【钻孔】选项,单击【接受】按钮。系统弹出【钻孔】对话框。默认的刀具路径名称为"1",现在修改【刀具路径名称】为"d1"。

② 定义孔特征 在【钻孔】对话框的左侧栏里,选取—🔵 孔,【特征设置】为"2",与如图2-81所示相同。

③ 定义坐标系 定义用户坐标系为"1",该坐标系与世界坐标系一致。

④ 设定毛坯 在【钻孔】对话框的左侧栏里,选取—◼ 毛坯,在【由…定义】下拉列表框中选择"方框"选项,【坐标系】为"世界坐标系",单击【计算】按钮。与如图2-20所示相同。

⑤ 定义刀具 在【钻孔】对话框的左侧栏里,选取—⛃ 刀具,选取刀具为M16。与如图2-83所示相同。

⑥ 定义钻孔参数 在【钻孔】对话框的左侧栏里,选取—⬛ 钻孔,按如图2-84所示设置参数。

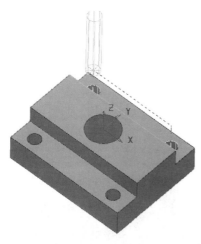

图2-86 生成刀路d1

⑦ 定义刀轴参数 在【钻孔】对话框的左侧栏里,选取⬗ 刀轴,设置如图1-38所示参数。【刀轴】为"垂直"。

⑧ 定义快进高度参数 在【钻孔】对话框的左侧栏里,选取⬛ 快进高度,对于【用户坐标系】为"1",单击【计算】按钮。如图2-77所示。

⑨ 定义切入切出和连接参数 在【钻孔】对话框的左侧栏里,设置切入切出均为"无",选取⬛ 连接,按如图2-78所示设置参数。

⑩ 设定开始点参数 设定【开始点】参数为"第一点安全高度"。

⑪ 设定结束点参数 设定【结束点】参数为"最后一点安全高度"。

⑫ 设定进给和转速 在【钻孔】对话框的左侧栏里选取⬛ 进给和转速,设置转速为500r/min,进给速度为50mm/min。与如图2-79所示相同。

⑬ 计算刀路 在【钻孔】对话框底部,单击【计算】按钮,计算出的刀路d1如图2-86所示。

## 2.3 后置处理方法和步骤

这里所说的后置处理是指把刀路线条图形转化为数控机床能识别的数控程序的过程。

### (1)设置后处理输出参数

在工具栏里执行【工具】|【选项】命令,系统弹出了【选项】对话框。选择【NC程序】下的【输出】选项,修改为如图2-87所示的参数。单击【接受】按钮。

### (2)检查输出的坐标系

本例将使用坐标系1作为输出的加工坐标系,该坐标系位于零件的四边分中顶部。

图2-87　设定选项参数

### （3）复制NC文件夹

先将【刀具路径】中的文件夹，通过【复制为NC程序】命令复制到【NC程序】树枝中。方法是在屏幕左侧的【资源管理器】中，选择【刀具路径】中的K020A文件夹，单击鼠标右键，在弹出的快捷菜单中选择【复制为NC程序】，这时会发现在【NC程序】树枝中出现了新的文件夹　k020a。用同样的方法可以将其他文件夹复制到【NC程序】中，如图2-88所示。

图2-88　复制刀路

### （4）初步后处理生成CUT文件

在左侧资源管理器里，右击【NC程序】树枝里的　k020a，在弹出的快捷菜单里选取【设置】命令，在系统弹出的【NC程序】对话框里，选取【输出用户坐标系】为"1"，按如图2-89所示设置参数，单击【写入】按钮。用同样的方法对其他文件夹进行输出。请注意CUT文件输出的目录文件夹位置，以便后续进行后处理时能找到相应的文件。同样方法对其他文件夹进行输出。在主工具栏里单击【保存项目】按钮，对项目文件夹存盘。

### （5）复制后处理器

把本书提供的三轴机床后处理器文件upbook-3x.pmoptz复制到C:\Users\Public\Documents\PostProcessor 2011 (x64) Files\Generic目录里。

### （6）启动后处理器

启动后处理软件PostProcessor 2011 (x64)。右击【New】命令，在弹出的对话框里选取后处理器upbook-3x.pmoptz。右击 CLDATA Files ，把第（4）步输出的刀位文件选中，如图2-90所示。

### （7）后处理生成NC文件

在如图2-90所示的对话框里，右击 CLDATA Files ，在弹出的快捷菜单里选取

【Process All】命令，如图2-91所示。

图2-89　设置输出参数

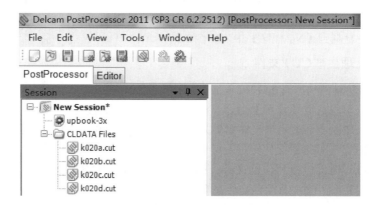

图2-90　调入刀位文件

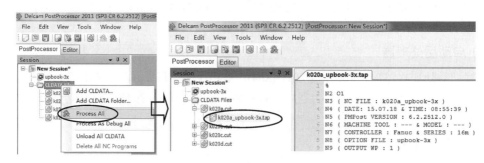

图2-91　后处理生成NC文件

# 2.4 典型数控机床钻孔编程代码

## （1）钻孔通用指令格式

FANUC系统常用的钻孔循环指令编程代码有13个：G73、G74、G76、G80～G89，其中G80为取消固定循环指令，其余均为加工不同类型孔的指令。指令格式为：

G90/G91 G98/G99 G_ X_ Y_ Z_ R_ P_ Q_ L_ F_；

说明如下：

① G90为绝对值编程，G91为相对值编程。

② G98/G99为孔加工完成后，自动退刀时抬刀高度，G98表示自动抬高至初始平面高度，G99表示自动抬高至安全平面高度（即R安全平面）。

③ G_为G73、G74、G76、G80～G89的任何一个指令。

④ X_ Y_是孔中心位置坐标数值。

⑤ Z_是孔底部位置或者孔的深度，当采用G91编程时，是相当于R平面的增量。

⑥ R_为安全平面高度，当采用G91编程时，是相当于初始平面的增量。

⑦ P_为刀具在孔底的停留时间，单位为ms，即P1000为1s。

⑧ Q_为深孔加工（G73、G83）时，每次的下钻进给深度；镗孔（G76、G87）时刀具的横向偏移量。Q为正值。

⑨ L_为重复次数。L0只记忆加工参数，不执行加工。只调用一次时，L1可以省略。

⑩ F_为钻孔的进给速度。

## （2）浅孔指令格式

G81 X_ Y_ Z_ R_ F_；

G82 X_ Y_ Z_ R_ P_ F_；为锪孔指令，有暂停指令P。

## （3）深孔指令格式

G73 X_ Y_ Z_ R_ Q_ F_；为高速深孔加工指令。

G83 X_ Y_ Z_ R_ Q_ F_；为一般深孔加工指令。每次进给后，刀具抬高至安全平面。

## （4）螺纹孔指令格式

G74 X_ Y_ Z_ R_ F_；为左螺纹加工指令，进给速度$F$=转速×导程/分钟。

G84 X_ Y_ Z_ R_ F_；为右螺纹加工指令，进给速度$F$=转速×导程/分钟。

本例转速S为500r/min，导程=螺距=2.5mm，则攻螺纹时进给速度的计算公式为：$F$=500×2.5=1250（mm/min）。在后处理时，这个进给速度的数据自动计算。例如"k020d_upbook-3x.tap"的语句为：N36 G84 G99 Z-51.903 R-15. F1250。

知识拓展

　　螺纹导程的含义是当螺纹旋转一圈，沿着轴向前进的距离。对于单线螺纹的螺距就等于导程，对于多线螺纹来说，导程＝螺纹线数 × 螺距。螺距是相邻两个螺牙沿着轴向的距离。 本例为单线螺纹，导程＝螺距。

### （5）镗孔加工指令格式

　　G85/G86 X_ Y_ Z_ R_ F_；为粗镗孔指令。

　　G88/G89 X_ Y_ Z_ R_ P_ F_；为粗镗孔指令。

　　G76  X_ Y_ Z_ R_ Q_ P_  F_；为精镗孔指令。

　　G87  X_ Y_ Z_ R_ Q_ P_  F_；为精镗孔指令。

## 2.5　本章总结及思考练习与参考答案

　　本章重点讲解钻孔编程方法，学习时请注意以下问题。

　　① PowerMILL 钻孔编程要先创建孔特征，然后设定参数进行编程。

　　② 结合相关资料，熟悉第 2.4 节有关钻孔的指令，本章第 2.2.8 节，钻孔指令是 G81。本章第 2.2.9 节，钻孔指令是 G84。请认真分析后处理生成的 NC 程序。

　　③ G84 指令的 F 值，在 FANUC 里是导程/转。实际应用时最好查阅一下机床的编程说明书。有些机床可能不是这样。

──── 思考练习 ────

　　1. 认真查看钻孔后处理生成的钻孔指令，对照第 2.4 节内容深刻体会。

　　2. 如果在机床钻孔加工中出现断刀现象，作为操作员应该如何处理？

──── 参考答案 ────

　　1. 答案略。

　　2. 答：一般会拆下工件，交给相关人员，在电火花机床上进行放电加工，把断裂钻头取出。

# 03

第3章

第 1 部分　入门篇

Part one

曲面造型与编程

本章重点讲解以下要点：

① 依据工程图纸进行造型，主要介绍规律曲线的造型方法。

② 数控编程部分：PowerMILL 的三维区域清除策略、曲面精加工。

③ 数控程序后处理。

# 3.1 实例4之实体造型训练

本节任务：按图3-1所示的图纸加工出铝零件。本节首先用UG绘制图形，然后下一节用PowerMILL进行数控编程。通过本例的学习让初学者对于UG造型方法会进一步提高与巩固。

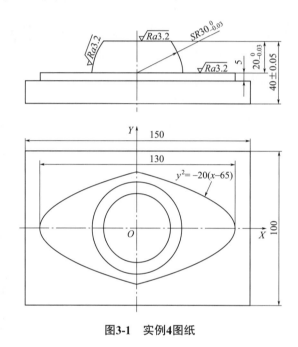

图3-1 实例4图纸

## 3.1.1 图纸分析及绘图步骤

### （1）图纸公差处理

图3-1所示的造型难点在于方程曲线的绘制。图中$y^2=-20(x-65)$为曲线方程，是抛物线，在UG造型时就要用到规律曲线功能。

### （2）绘图步骤

该图纸可以采用实体绘图的方法进行，主要是拉伸体和旋转体造型。

① 绘制底座150×100×15拉伸体。

② 绘制底座抛物线。

③ 绘制抛物线拉伸体与第一个实体合并。

④ 绘制旋转体，与之前的实体进行合并。

## 3.1.2 绘制底座

① 启动UG NX11软件，单击 按钮，输入文件名为upbook-3-1，进入【建模】模块。

注意默认的绘图工作目录是C：\temp，文件存盘生成的图形文件存在这个目录中。

② 从主菜单里执行【插入】【草图】命令，系统自动选择$XY$平面为绘图平面，单击【确定】按钮，进入草图状态，如图3-2所示。

图3-2　自动选取草图平面

③ 单击 ▱ 矩形(R)... 按钮，绘制矩形$150×100$的草图，并标注尺寸，结果如图3-3所示。单击 完成草图 按钮。

④ 单击 拉伸按钮，选择上述草图，在系统弹出的【拉伸】对话框里展开【方向】栏，使图形指示拉伸方向的箭头朝上，输入距离【开始】【距离】为"−25"，【结束】【距离】为"−40"，单击【确定】按钮。绘制拉伸体，结果如图3-4所示。

⑤ 在目录树里右击刚产生的特征 ☑ 拉伸 (2)，在弹出的快捷菜单里选取 将草图设为内部，这样就可以把草图隐藏起来。

图3-3　标注图形

图3-4　创建拉伸体

## 3.1.3　创建方程曲线

### （1）UG曲线绘制方法讨论

UG里根据方程建立规律曲线的方法是：

① 理解参数关系式中 $t$ 的含义是大于等于 0 而小于等于 1 的实数。

② 函数自变量的范围要用含有 $t$ 的参数来表示。本例第一象限的自变量为 $xt$，其范围为 [0，65]，在 UG 的关系式中表示为 $xt=65*t$。

③ 曲线方程函数要用 UG 里的函数表达式表示，本例 $y^2=-20(x-65)$ 用 UG 表示为 $yt=\mathrm{sqrt}(\mathrm{abs}(-20*(xt-65)))$。

### （2）启动表达式对话框

在主工具栏里选取【工具栏】选项卡，单击【表达式】按钮 $\overline{\text{表达式}}$，系统弹出【表达式】对话框，如图3-5所示。

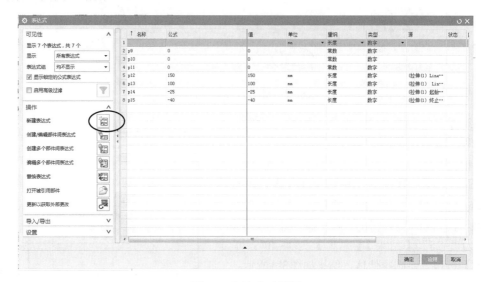

图3-5　表达式对话框

### （3）输入参数表达式

在图3-5所示的【表达式】对话框里，单击【新建表达式】按钮，观察鼠标光标在【名称】栏里闪烁，在此输入"t"，然后在【公式】栏里双击，输入"1"，如图3-6所示。在这一栏里定义参数。

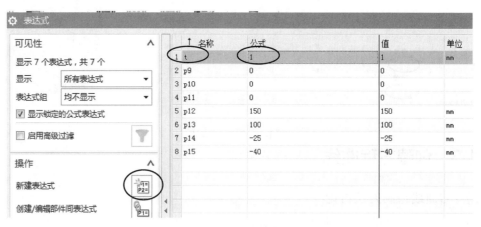

图3-6　输入参数

## （4）输入*xt*表达式

在图3-6所示的【表达式】对话框里，单击【新建表达式】按钮 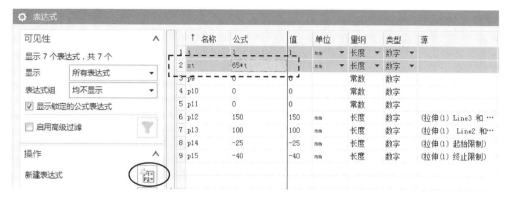，观察鼠标光标在【名称】栏里闪烁，在此输入"xt"，然后在【公式】栏里双击，输入"65*t"，如图3-7所示。在这一栏里定义自变量。

图3-7　定义自变量

## （5）输入*yt*表达式

在图3-7所示的【表达式】对话框里，单击【新建表达式】按钮 ，观察鼠标光标在【名称】栏里闪烁，在此输入"yt"，然后在【公式】栏里双击，输入"sqrt(abs(-20*(xt-65)))"，如图3-8所示。在这一栏里定义因变量。单击【确定】按钮。

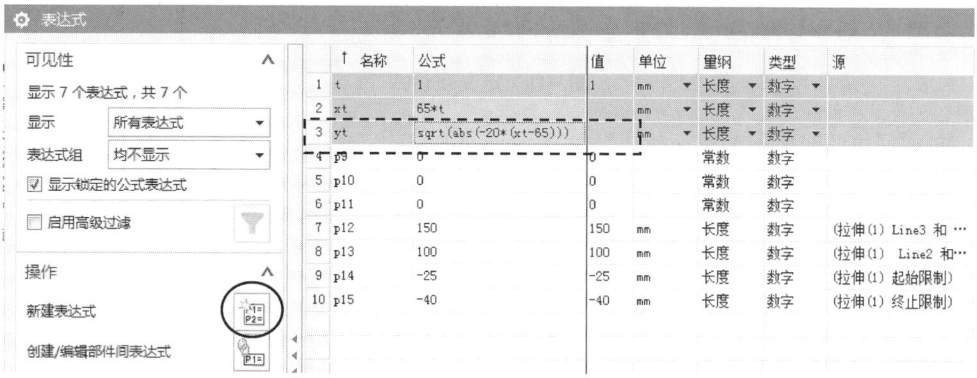

图3-8　定义因变量

## （6）绘制规律曲线

在主菜单里执行【插入】|【曲线】|【规律曲线】命令，按如图3-9所示设置参数。单击【确定】按钮。生成曲线如图3-10所示。

其他三个曲线可以通过图形变换的方法得到，请读者自行完成。本节为了说明规律曲线的用法，特意再使用修改表达式来生成其他曲线。

## （7）定义*xt1*和*yt1*

与上述第（4）步相同，新建表达式，自变量名称为"xt1"，公式为"-65*t"。与上述第（5）步相同，新建表达式，自变量名称为"yt1"，公式仍为"sqrt(abs(-20*(xt-65)))"，如图

3-11 所示。

图3-9　定义规律曲线　　　　　　　　图3-10　生成规律曲线

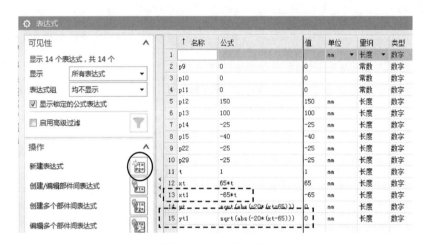

图3-11　定义表达式

生成规律曲线如图3-12所示。

图3-12　定义规律曲线

### （8）定义*xt2*和*yt2*

与上述第（4）步相同，新建表达式，自变量名称为"xt2"，公式为"-65*t"。与上述第（5）步相同，新建表达式，自变量名称为"yt2"，公式为"-sqrt(abs(-20*(xt-65)))"，如图3-13所示。

生成规律曲线如图3-14所示。

**（9）定义*xt3*和*yt3***

与上述第（4）步相同，新建表达式，自变量名称为"xt3"，公式为"65*t"。与上述第（5）步相同，新建表达式，自变量名称为"yt3"，公式为"-sqrt(abs(-20*(xt-65)))"，如图3-15所示。

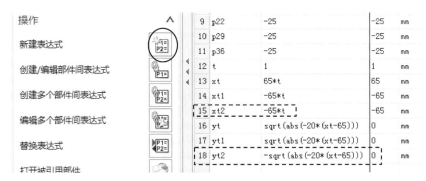

| 操作 | | 9 | p22 | -25 | -25 | mm |
|---|---|---|---|---|---|---|
| 新建表达式 | | 10 | p29 | -25 | -25 | mm |
| 创建/编辑部件间表达式 | | 11 | p36 | -25 | -25 | mm |
| 创建多个部件间表达式 | | 12 | t | 1 | 1 | |
| 编辑多个部件间表达式 | | 13 | xt | 65*t | 65 | mm |
| 替换表达式 | | 14 | xt1 | -65*t | -65 | mm |
| 打开被引用部件 | | 15 | xt2 | -65*t | -65 | mm |
| | | 16 | yt | sqrt(abs(-20*(xt-65))) | 0 | mm |
| | | 17 | yt1 | sqrt(abs(-20*(xt-65))) | 0 | mm |
| | | 18 | yt2 | -sqrt(abs(-20*(xt-65))) | 0 | mm |

**图3-13 定义表达式**

**图3-14 定义规律曲线**

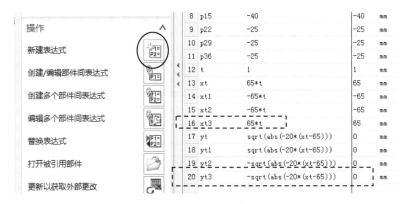

| 操作 | | 8 | p15 | -40 | -40 | mm |
|---|---|---|---|---|---|---|
| 新建表达式 | | 9 | p22 | -25 | -25 | mm |
| 创建/编辑部件间表达式 | | 10 | p29 | -25 | -25 | mm |
| 创建多个部件间表达式 | | 11 | p36 | -25 | -25 | mm |
| 编辑多个部件间表达式 | | 12 | t | 1 | 1 | |
| 替换表达式 | | 13 | xt | 65*t | 65 | mm |
| 打开被引用部件 | | 14 | xt1 | -65*t | -65 | mm |
| 更新以获取外部更改 | | 15 | xt2 | -65*t | -65 | mm |
| | | 16 | xt3 | 65*t | 65 | mm |
| | | 17 | yt | sqrt(abs(-20*(xt-65))) | 0 | mm |
| | | 18 | yt1 | sqrt(abs(-20*(xt-65))) | 0 | mm |
| | | 19 | yt2 | -sqrt(abs(-20*(xt-65))) | 0 | mm |
| | | 20 | yt3 | -sqrt(abs(-20*(xt-65))) | 0 | mm |

**图3-15 定义表达式**

生成规律曲线如图3-16所示。

## 3.1.4 创建抛物线拉伸体

选取图3-16所示的抛物线就可以创建柱体。方法如下：

单击 拉伸按钮，选择图3-16所示的抛物线，在系统弹出的【拉伸】对话框里展开【方向】栏，使图形指示拉伸方向的箭头朝上，输入距离，【开始】【距离】为"0"，【结束】

【距离】为"5",【布尔】为"合并",选取底座拉伸体为合并对象,单击【确定】按钮。绘制拉伸体,结果如图3-17所示。

图3-16　定义规律曲线

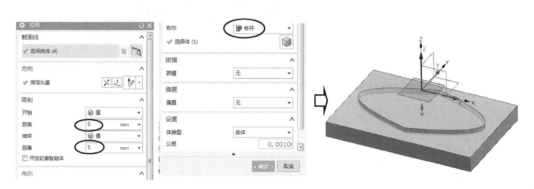

图3-17　生成抛物线拉伸体

## 3.1.5　创建旋转体

### （1）创建截面

从主菜单里执行【插入】|【草图】命令,系统自动选择XZ平面为绘图平面,单击【确定】按钮,进入草图状态,如图3-18所示。绘制如图3-19所示的草图,单击 完成草图 按钮。

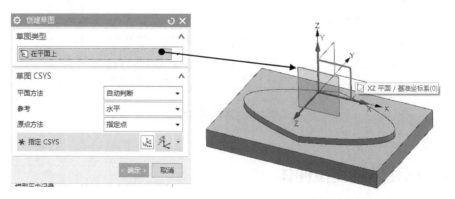

图3-18　创建草图

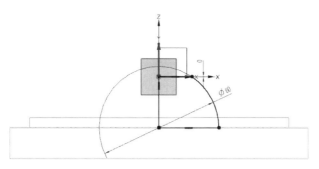

图3-19　创建草图

### （2）创建旋转体

① 单击 旋转 按钮，选取图3-19所示的截面线，【轴】的【指定矢量】为"ZC"，指定点为（0，0，0），【开始】【角度】为"0"度，【结束】【角度】为"360"度，【布尔】为"合并"，如图3-20所示。

图3-20　设置旋转参数

② 单击【确定】按钮。生成旋转体。

③ 在目录树里右击刚产生的特征 旋转 (7)，在弹出的快捷菜单里选取将草图设为内部，这样就可以把草图隐藏起来，如图3-21所示。

## 3.1.6　实体图形整理

按Ctrl+B组合键，选择实体，将其隐藏。然后再按Shift+Ctrl+B组合键，将实体显示，曲线隐藏，如图3-22所示。

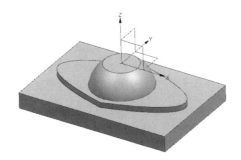

图3-21　生成旋转体

图3-22　整理图形

单击【保存】按钮🖫将文件存盘。

## 3.1.7 实体图形导出

在主菜单里执行【文件】|【导出】|【STEP】命令，在系统弹出的【导出至STEP选项】对话框里，选取【文件】选项卡，选取【导出自】的选项为"显示部件"复选框。【STEP文件】为"C：\Temp\upbook-3-1.stp"。单击【确定】按钮，如图3-23所示。

**图3-23 导出参数**

单击【确定】按钮。在系统弹出的【未选择对象】对话框里单击【确定】按钮。完成图形的转换，转换的文件名为upbook-3-1.stp。把该文件复制到D：\ch02文件夹里。

# 3.2 实例4之数控编程

## 3.2.1 图纸分析及刀路规划

**（1）分析图纸**

零件图纸如图3-1所示，材料为铝，外围表面粗糙度为$Ra3.2\mu m$，所以CNC仅需要按照3D模型图加工到位，即精加工余量为0。

**（2）制定加工工艺**

该零件可以用普通的三轴铣床一次装夹就可以加工出来。具体工艺如下：

① 开料：毛料大小为$160\times110\times45$的铝板料。

② 普通铣：用普通铣床先粗铣六方，然后再精铣六方，尺寸为$150\times100\times40$，要确保平行面的平行度在0.02以内，垂直面的垂直度在0.02以内。

③ 数控铣：加工台阶外形。在三轴机床上采用虎钳夹持，露出虎钳表面的距离要大于25mm，要校平表面。

**（3）制定数控铣工步规划**

① 开粗刀路K030A，使用刀具为ED16平底刀，余量为0.3，层深为1.0。

② 平面精加工K030B，使用刀具为ED16平底刀，余量为0。

③ 球面精加工 K030C，使用刀具为 BD4R2 球头刀，余量为 0。

④ 清角精加工 K030D，使用刀具为 ED4 平底刀，余量为 0。

## 3.2.2　数控编程准备

工艺实施步骤为：数控编程、后置处理、数控仿真、数控加工、检验合格并交付。

### （1）读取主模型文件

先在 D 盘根目录建立文件夹 D：\ch03，然后把第 3.1.7 节转换的文件 upbook-3-1.stp 复制到 D：\ch03 文件夹里。

启动 PowerMILL2012 软件，执行【文件】|【输入模型文件】命令，在系统弹出的【输入模型】对话框里，选取【文件类型】为 `STEP (*.stp;*.step)`，选取模型文件 upbook-3-1.stp，关闭【信息】窗口，图形区显示如图 3-24 所示的模型文件图形。

### （2）分析模型及修改坐标系名称

在主工具栏里单击【测量器】按钮，在系统弹出的对话框里选取【直线】选项卡，名称变为【测量直线】对话框。通过测量四边形两个对角点的坐标，分析得知坐标系 st319 位于图形顶部的四边分中即对称中心位置。修改 st319 名称为 "1"。该坐标系与世界坐标系相同。

## 3.2.3　建立刀路程序文件夹

本节主要任务是：建立 4 个空的刀具路径程序文件夹。

用鼠标右键单击【资源管理器】中的【刀具路径】树枝，在弹出的快捷菜单中选择【产生文件夹】命令，再次右击【文件夹 1】|【重新命名】并修改文件夹名称为 K030A。用同样的方法生成其他程序文件夹，如图 3-25 所示。

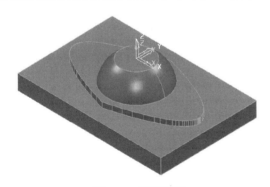

图 3-24　读取模型

图 3-25　创建文件夹

## 3.2.4　建立刀具

① 创建平底刀 ED16，参数与第 2 章相关内容（图 2-16）相同。

② 创建球头刀 BD4R2，参数如图 3-26 所示。

③ 创建平底刀 ED4，参数如图 3-27 所示。

单击【关闭】按钮。

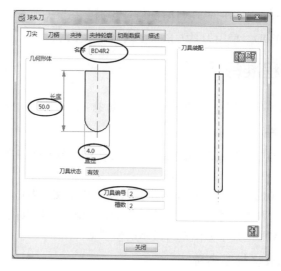

图3-26　设置BD4R2刀具参数

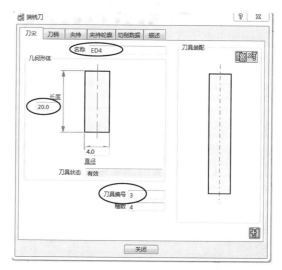

图3-27　设置平底刀ED4参数

## 3.2.5　设公共安全参数

公共安全参数包括：安全高度、开始点及结束点。

### （1）设安全高度

在综合工具栏中单击【快进高度】按钮 ，弹出【快进高度】对话框。在【几何形体】栏中设置【安全区域】为"平面"，【用户坐标系】为"1"，单击【计算】按钮，此时【安全Z高度】数值变为10，【开始Z高度】为5。单击【接受】按钮。与图1-29所示相同。

### （2）设开始点及结束点

在综合工具栏中单击【开始点及结束点】按钮 ，弹出【开始点及结束点】对话框。在【开始点】选项卡中，设置【使用】的下拉菜单为"第一点安全高度"。切换到【结束点】选项卡，用同样的方法设置。单击【接受】按钮。与图1-30所示相同。

**（3）文件夹存盘**

在主工具栏里单击【保存项目】按钮，输入项目名称为"upbook-3-1"。

## 3.2.6 在程序文件夹K030A中建立开粗刀路

本节主要任务是：建立1个普通三轴加工的开粗刀具路径，策略名称为模型区域清除。先将K030A程序文件夹激活。

**（1）进入"模型区域清除"刀路策略对话框**

在综合工具栏中单击【刀具路径策略】按钮，弹出【策略选取器】对话框，选取【三维区域清除】选项卡，然后选择【模型区域清除】选项，单击【接受】按钮。系统弹出【模型区域清除】对话框。默认的刀具路径名称为"1"，现在修改【刀具路径名称】为"a0"。

**（2）定义坐标系**

定义用户坐标系为"1"，该坐标系与建模坐标系一致，如图3-28所示。

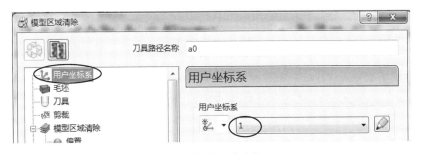

**图3-28 指定用户坐标系**

**（3）设定毛坯**

在【模型区域清除】对话框的左侧栏里，选取 ![img]毛坯，在【由…定义】下拉列表框中选择"方框"选项，单击【计算】按钮，如图3-29所示。单击右侧屏幕的【毛坯】按钮![img]，可以关闭其显示。

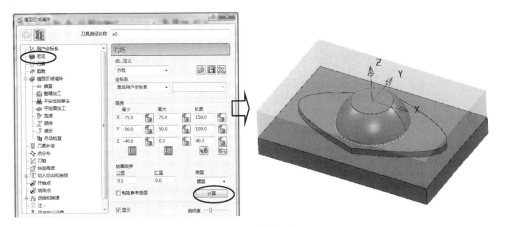

**图3-29 建立毛坯**

## （4）定义刀具

定义刀具为ED16平底刀，如图3-30所示。

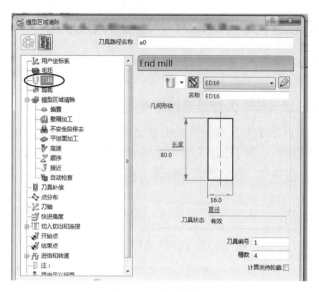

图3-30　定义刀具

## （5）设定裁剪参数

定义剪裁参数如图3-31所示。因为已经定义了限制刀路范围的毛坯，此处可以不再重复用定义。

图3-31　定义剪裁参数

## （6）设定切削参数

这里设置【样式】为"偏置模型"，【切削方向】【轮廓】为"顺铣"，【区域】为"任意"，【公差】为0.1，【侧面余量】为"0.3"，【底部余量】为"0.2"，【行距】为"8"，【下切步距】为"1.5"，如图3-32所示。这里公差数值给的数据较大，是因为余量很大，也是为了系统计算刀路速度加快，另外生成的NC程序较短，在机床上加工时可以提高切削速度，提高加工效率。

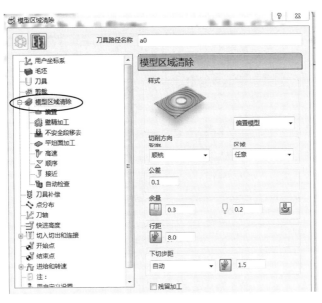

图3-32　设置切削参数

【偏置】、【壁精加工】、【不安全段移去】、【平坦面加工】、【高速】、【顺序】、【接近】以及【自动检查】参数按照系统的默认来设置。【刀具补偿】、【点分布】参数也按照系统默认来设置。

**（7）定义刀轴参数**

本刀路为三轴加工刀路，【刀轴】为"垂直"。

**（8）定义快进高度参数**

为了提高加工效率，在安全的前提下尽可能减小安全高度参数，按如图3-33所示设置。

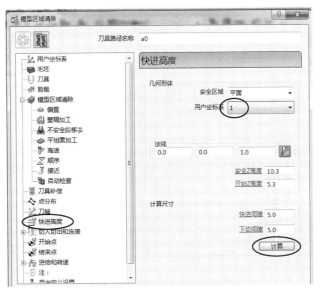

图3-33　定义快进高度参数

（9）定义切入切出和连接参数

按如图3-34所示设置，图中没有出现的【切出】参数设置为"无"。

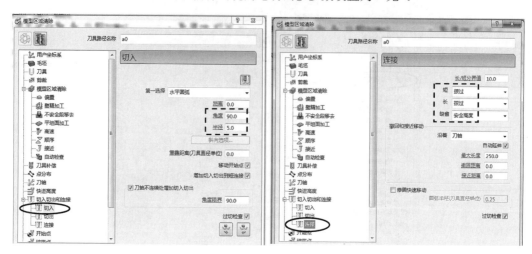

图3-34　定义切入切出和连接参数

（10）设定开始点参数

设定【开始点】参数为"第一点安全高度"。

（11）设定结束点参数

设定【结束点】参数为"最后一点安全高度"。

（12）设定进给和转速

转速为3500r/min，开粗的进给速度为1500mm/min,如图3-35所示。

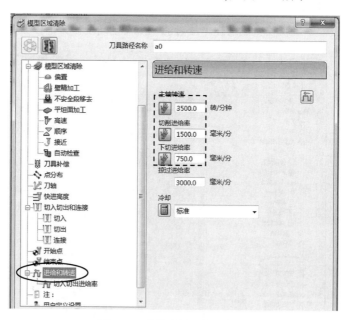

图3-35　设置进给和转速参数

## （13）计算刀路

各项参数设定完以后检查无误就可以在【模型区域清除】对话框底部，单击【计算】按钮，计算出的刀路a0如图3-36所示。

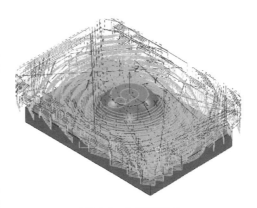

图3-36　生成刀路a0

## 3.2.7　在程序文件夹K030B中建立外形精加工刀路

本节主要任务是：创建3个刀路，对所有水平面进行光刀；对球台阶面外形进行光刀；对抛物线外形台阶面进行光刀。

根据加工工艺的一般要求，粗加工完成以后紧接着应该对基准面进行加工。本次要加工的水平面就是基准面。

首先把程序文件夹K030B激活。

### （1）对所有水平面进行光刀

① 进入"平行平坦面精加工"刀路策略对话框　在综合工具栏中单击【刀具路径策略】按钮 🐚，弹出【策略选取器】对话框，选取【精加工】选项卡，然后选择【平行平坦面精加工】选项 🗂 平行平坦面精加工，单击【接受】按钮。系统弹出【平行平坦面精加工】对话框。默认的刀具路径名称为"1"，现在修改【刀具路径名称】为"b0"。

② 定义坐标系　定义用户坐标系为"1"，该坐标系与建模坐标系一致，如图3-37所示。

图3-37　定义坐标系

③ 设定毛坯　在【模型区域清除】对话框的左侧栏里，选取 🟦 毛坯，在【由…定义】下拉列表框中选择"方框"选项，单击【计算】按钮。

④ 定义刀具为ED16平底刀。

⑤ 设定裁剪参数　定义剪裁参数如图3-31所示。

⑥ 设定切削参数　这里设置【公差】为0.1，【切削方向】为"任意"，【侧面余量】为"0.3"，【底部余量】为"0"，【行距】为"5"，如图3-38所示。

⑦ 定义刀轴参数　本刀路为三轴加工刀路，【刀轴】为"垂直"。

⑧ 定义快进高度参数　为了提高加工效率，在安全的前提下尽可能减小安全高度参数，按如图3-33所示设置。

⑨ 定义切入切出和连接参数　按如图3-34所示设置。图中没有出现的【切出】参数设置为"无"。

⑩ 设定开始点参数　设定【开始点】参数为"第一点安全高度"。

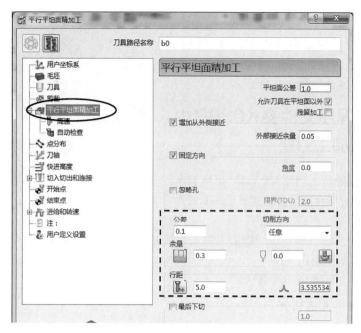

**图3-38 设置切削参数**

⑪ 设定结束点参数 设定【结束点】参数为"最后一点安全高度"。

⑫ 设定进给和转速 转速为3500r/min，开粗的进给速度为1000mm/min，如图3-39所示。

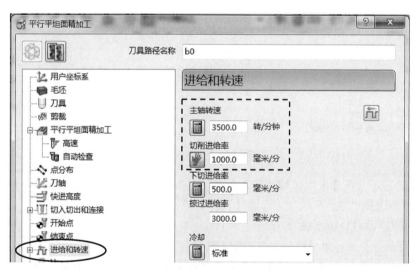

**图3-39 定义进给速度和转速**

⑬ 计算刀路 各项参数设定完以后检查无误就可以在【平行平坦面精加工】对话框底部，单击【计算】按钮，计算出的刀路b0如图3-40所示。

**（2）对球台阶面外形进行光刀**

方法：采用参考线精加工策略。

① 产生参考线1 在左侧导航器里右击  **参考线**，在弹出的快捷菜单里选取【产生参考

线】命令，在【参考线】树枝之下产生空的参考线1。在图形上选取圆球台阶水平面，右击 💡🐝 > 1，在弹出的快捷菜单里选取【插入】|【模型】命令。在右侧的查看工具栏里单击🔘，把曲面图形隐藏，如图3-41所示。

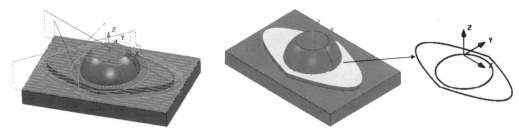

图3-40　生成刀路b0　　　　　　　　　图3-41　生成参考线

选取外围4条抛物线，在键盘上按删除键Delete，将其删除，剩下圆形参考线，如图3-42所示。

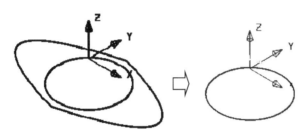

图3-42　删除外围线条

② 进入"曲线轮廓"刀路策略对话框　在综合工具栏中单击【刀具路径策略】按钮🍥，弹出【策略选取器】对话框，选取【2.5维区域清除】选项卡，然后选择【二维曲线轮廓】选项，单击【接受】按钮。系统弹出【曲线轮廓】对话框。默认的刀具路径名称为"1"，现在修改【刀具路径名称】为"b1"。

③ 定义坐标系　定义用户坐标系为"1"，该坐标系与世界坐标系一致。

④ 设定毛坯　在【曲线轮廓】对话框的左侧栏里，选取 📦 毛坯，在【由…定义】下拉列表框中选择"方框"选项，【坐标系】为"世界坐标系"，单击【计算】按钮。

⑤ 定义刀具　在【曲线轮廓】对话框的左侧栏里，选取 🔧 刀具，选取刀具为ED16。

⑥ 定义剪裁参数　在【曲线轮廓】对话框的左侧栏里，选取 🔪 剪裁，参数按照默认。即【裁剪】为"保留内部"，在毛坯栏【剪裁】为【按毛坯边缘裁剪刀具中心】选项 🔘。

⑦ 定义参考线　在【曲线轮廓】对话框的左侧栏里，选取 ✖ 曲线轮廓，在【曲线定义】栏里，选取参考线1。单击【交互修改加工段】按钮 🖼，观察刀具应该在圆球材料的外侧，如果不是这样就要单击 🔄 来调整，如图3-43所示。单击【接受改变完成编辑】按钮 ✔。

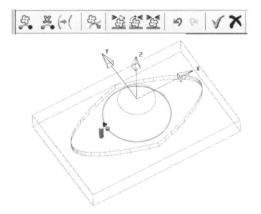

图3-43　调整加工侧

⑧ 定义切削参数　设置【下限】为"–20"，【公差】为"0.01"，【曲线余量】为"0"，【切削方向】为"顺铣"，如图3-44所示。

**图3-44　设置切削参数**

⑨ 定义切削距离参数　在【曲线轮廓】对话框的左侧栏里，选取 切削距离，设置【行距】为"0.1"，【毛坯宽度】为"0.3"，如图3-45所示。

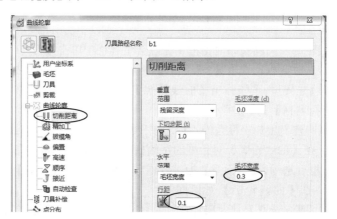

**图3-45　定义切削距离**

在 精加工、 拔模角、 偏置、 高速、 顺序、 自动检查、 点分布里按照默认设置。 接近、 刀具补偿里不选取复选框参数。

⑩ 定义刀轴参数　在【曲线轮廓】对话框的左侧栏里，选取 刀轴，设置【刀轴】为"垂直"。

⑪ 定义快进高度参数　在【曲线轮廓】对话框的左侧栏里，选取 快进高度，【用户坐标系】为"1"，单击【计算】按钮。

⑫ 定义切入切出和连接参数　在【曲线轮廓】对话框的左侧栏里，选取 切入，【第一选择】为"水平圆弧"，设置【角度】为"90"，【半径】为"5"，【重叠距离】为"0.05"，如图3-46所示。

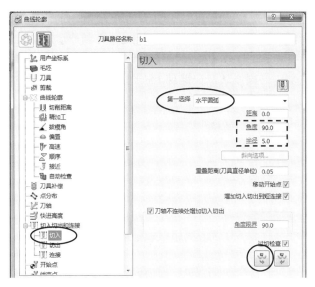

**图3-46  定义切入参数**

单击【切出和切入相同】按钮。

在【曲线轮廓】对话框的左侧栏里，选取 连接，设置连接参数如图3-47所示。

**图3-47  定义连接参数**

⑬ 定义进给和转速参数　在【曲线轮廓】对话框的左侧栏里，选取 进给和转速，转速为3500r/min，进给速度为1000mm/min，与如图3-39所示相同。

⑭ 计算刀路　在【曲线轮廓】对话框里，单击【计算】按钮。生成刀路b1如图3-48所示。

**（3）对抛物线外形台阶面进行光刀**

方法：仍采用参考线精加工策略。

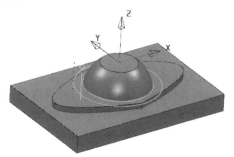

**图3-48  生成刀路b1**

① 产生参考线2　在左侧导航器里右击 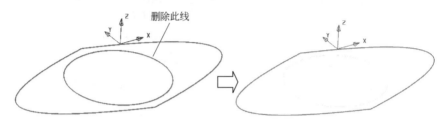 参考线，在弹出的快捷菜单里选取【产生参考线】命令，在【参考线】树枝之下产生空的参考线2。在图形上选取圆球台阶水平面，右击 ⑨≋ > 2，在弹出的快捷菜单里选取【插入】|【模型】命令。在右侧的查看工具栏里单击◎，把曲面图形隐藏。选取内圈圆线条，在键盘上按删除键Delete，将其删除，剩下4条抛物线为本次创建的参考线，如图3-49所示。

删除此线

图3-49　生成参考线2

② 进入"曲线轮廓"刀路策略对话框　在综合工具栏中单击【刀具路径策略】按钮 ◎，弹出【策略选取器】对话框，选取【2.5维区域清除】选项卡，然后选择【二维曲线轮廓】选项，单击【接受】按钮。系统弹出【曲线轮廓】对话框。默认的刀具路径名称为"1"，现在修改【刀具路径名称】为"b2"。

③ 定义坐标系　定义用户坐标系为"1"，该坐标系与世界坐标系一致。

④ 设定毛坯　在【曲线轮廓】对话框的左侧栏里，选取 ■ 毛坯，在【由…定义】下拉列表框中选择"方框"选项，【坐标系】为"世界坐标系"，单击【计算】按钮。

⑤ 定义刀具　在【曲线轮廓】对话框的左侧栏里，选取 ■ 刀具，选取刀具为ED16。

⑥ 定义剪裁参数　在【曲线轮廓】对话框的左侧栏里，选取 ■ 剪裁，参数按照默认。即【裁剪】为"保留内部"，在毛坯栏【剪裁】为【按毛坯边缘裁剪刀具中心】选项 ■。

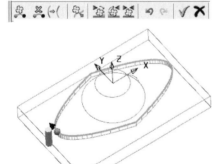

图3-50　调整加工侧

⑦ 定义参考线　在【曲线轮廓】对话框的左侧栏里，选取 ■ 曲线轮廓，在【曲线定义】栏里，选取参考线2。单击【交互修改加工段】按钮 ■，观察刀具应该在抛物线轮廓材料的外侧，如果不是这样就要单击【反转加工侧】按钮 ■ 来调整，如图3-50所示。单击【接受改变完成编辑】按钮 ✓。

⑧ 定义切削参数　设置【下限】为"-25"，【公差】为"0.01"，【曲线余量】为"0"，【切削方向】为"顺铣"，如图3-51所示。

⑨ 定义切削距离参数　在【曲线轮廓】对话框的左侧栏里，选取 ■ 切削距离，设置【行距】为"0.1"，【毛坯宽度】为"0.3"，如图3-52所示。

在 ■ 精加工、■ 拔模角、■ 偏置、■ 高速、■ 顺序、■ 自动检查、■ 点分布里按照默认设置。■ 接近、■ 刀具补偿里不选取复选框参数。

⑩ 定义刀轴参数　在【曲线轮廓】对话框的左侧栏里，选取 ■ 刀轴，设置【刀轴】为"垂直"。

⑪ 定义快进高度参数　在【曲线轮廓】对话框的左侧栏里，选取 ■ 快进高度，【用户坐

标系】为"1"，单击【计算】按钮。

图3-51  设置切削参数

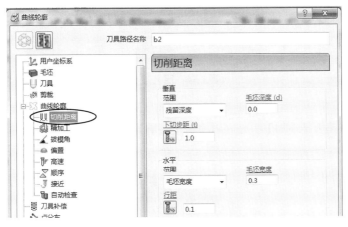

图3-52  定义切削距离

⑫ 定义切入切出和连接参数  在【曲线轮廓】对话框的左侧栏里，选取 切入，【第一选择】为"水平圆弧"，设置【角度】为"90"，【半径】为"5"，【重叠距离】为"0.05"。与如图3-46所示相同。

单击【切出和切入相同】按钮。

在【曲线轮廓】对话框的左侧栏里，选取 连接，设置连接参数，与如图3-47所示相同。

⑬ 定义进给和转速参数  在【曲线轮廓】对话框的左侧栏里，选取 进给和转速，转速为3500r/min，进给速度为1000mm/min。

⑭ 计算刀路  在【曲线轮廓】对话框里，单击【计算】按钮。生成刀路b2如图3-53所示。

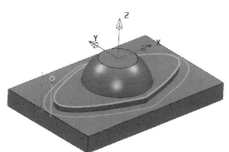

图3-53  生成刀路b2

### 3.2.8　在程序文件夹K030C中建立球面精加工刀路

本节主要任务是：建立1个刀路，对球面精加工。

先将K030C程序文件夹激活，再把坐标系1激活。

因为本次要加工的球面是单一曲面且比较规则，所以采用曲面精加工策略。

① 创建加工边界　在图形区域模型里选取球面。在左侧资源管理器里右击 ○ 边界，在弹出的快捷菜单里选取【定义边界】|【已选曲面】命令，系统弹出【已选曲面】对话框，如图3-54所示。

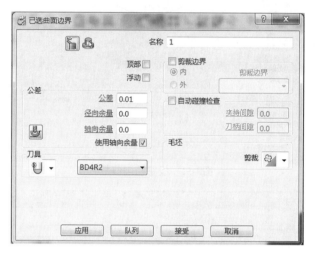

图3-54　定义边界

设置【公差】为"0.01"，【径向余量】为"0"，【轴向余量】为"0"，【刀具】为BD4R2球头刀。单击【应用】按钮，再点击【取消】按钮，生成边界如图3-55所示。

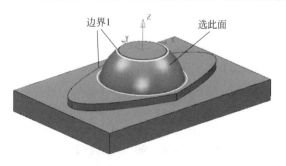

图3-55　生成边界线1

② 进入"曲面精加工"刀路策略对话框　在综合工具栏中单击【刀具路径策略】按钮 ◈ ，弹出【策略选取器】对话框，选取【精加工】选项卡，然后选择【曲面精加工】选项，单击【接受】按钮，系统弹出【曲面精加工】对话框。默认的刀具路径名称为"1"，现在修改【刀具路径名称】为"c0"。

③ 定义用户坐标系为"1"，该坐标系与建模坐标系一致。

④ 毛坯定义　在【曲面精加工】对话框的左侧栏里，选取 ■ 毛坯，在【由…定义】下拉列表框中选择"方框"选项，单击【计算】按钮。

⑤ 定义刀具为BD4R2球头刀，如图3-56所示。

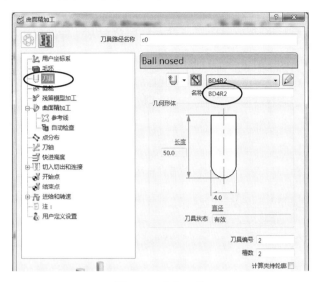

**图3-56　定义刀具**

⑥ 定义剪裁　在【曲面精加工】对话框的左侧栏里，选取 ![icon] **剪裁**，设置【边界】为"1"，【裁剪】为"保留内部"，如图3-57所示。

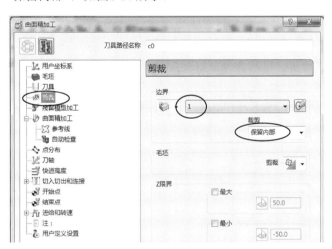

**图3-57　定义裁剪参数**

⑦ 定义曲面精加工参数　曲面精加工切削参数按如图3-58所示设置。定义【曲面单位】为"距离"，【公差】为"0.01"，【余量】为"0"，【残留高度】为"0.001"，系统自动计算的【行距】为"0.089432"。

【参考线】按如图3-59所示设置。

⑧ 定义刀轴参数　本刀路为三轴加工刀路，【刀轴】为"垂直"。

⑨ 定义快进高度参数　为了提高加工效率，在安全的前提下尽可能减小安全高度参数，按如图3-33所示设置。

⑩ 定义切入切出和连接参数　【切入】和【切出】参数设置为"无"。【连接】参数按如图3-60所示设置。

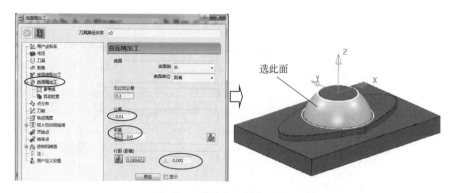

图3-58 设置曲面精加工参数

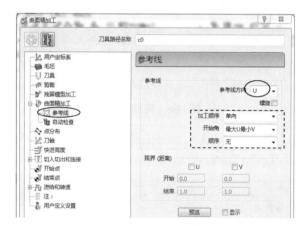

图3-59 设定参考线参数

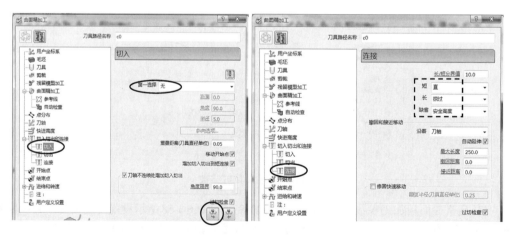

图3-60 定义切入切出和连接参数

⑪ 设定开始点参数　设定【开始点】参数为"第一点安全高度"。

⑫ 设定结束点参数　设定【结束点】参数为"最后一点安全高度"。

⑬ 设定进给和转速　转速为5500r/min，开粗的进给速度为1500mm/min，如图3-61所示。

⑭ 计算刀路　在【曲面精加工】对话框底部单击【计算】按钮，计算出的刀路c0如图3-62所示。单击【取消】按钮。

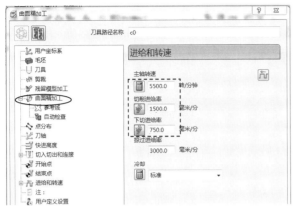

图3-61　定义进给和转速

图3-62　生成刀路c0

## 3.2.9　在程序文件夹K030D中建立清角精加工

本节主要任务是：建立1个刀路，对球面进行清角精加工。

先将K030D程序文件夹激活，再把坐标系1激活。

由于BD4R2球头刀加工圆球面时底部有一部分区域无法加工，所以本次将采用等高精加工策略用平底刀进行加工。

① 进入"等高精加工"刀路策略对话框　在综合工具栏中单击【刀具路径策略】按钮，弹出【策略选取器】对话框，选取【精加工】选项卡，然后选择【等高精加工】选项，单击【接受】按钮，系统弹出【等高精加工】对话框。默认的刀具路径名称为"1"，现在修改【刀具路径名称】为"d0"。

② 定义用户坐标系为"1"，该坐标系与建模坐标系一致。

③ 毛坯定义　在【等高精加工】对话框的左侧栏里，选取 毛坯，在【由…定义】下拉列表框中选择"方框"选项，单击【计算】按钮。

④ 定义刀具为ED4平底刀，如图3-63所示。

图3-63　定义刀具

⑤ 定义剪裁 在【等高精加工】对话框的左侧栏里，选取 ✍ **剪裁**，设置【Z限界】【最大】为"−17.5"，【最小】为"−20"，如图3-64所示。

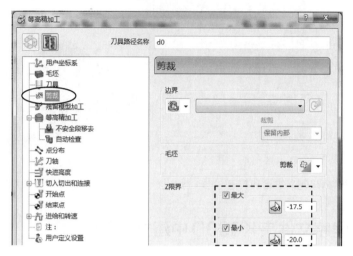

**图3-64 定义裁剪参数**

⑥ 定义等高精加工参数 等高精加工切削参数按如图3-65所示设置。选取【螺旋】复选框，【公差】为"0.01"，【切削方向】为"顺铣"，【余量】为"0"，【最小下切步距】为"0.05"。

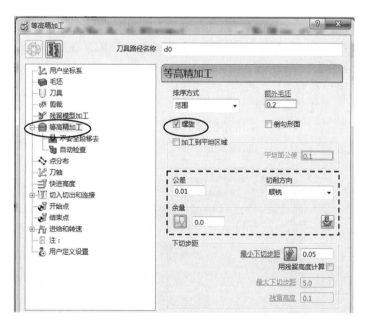

**图3-65 定义等高精加工参数**

⑦ 定义刀轴参数 本刀路为三轴加工刀路，【刀轴】为"垂直"。

⑧ 定义快进高度参数 为了提高加工效率，在安全的前提下尽可能减小安全高度参数，按如图3-33所示设置。

⑨ 定义切入切出和连接参数 【切入】和【切出】参数设置为"曲面法向圆弧"。【连接】参数按如图3-66所示设置。

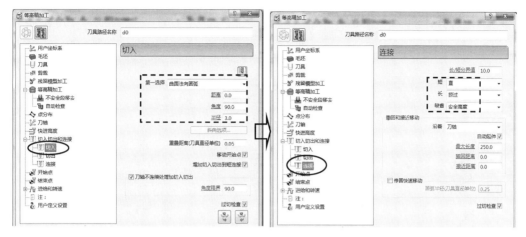

**图3-66  定义切入切出和连接参数**

⑩ 设定开始点参数  设定【开始点】参数为"第一点安全高度"。

⑪ 设定结束点参数  设定【结束点】参数为"最后一点安全高度"。

⑫ 设定进给和转速  转速为5500r/min，开粗的进给速度为1500mm/min，如图3-61所示。

⑬ 计算刀路  在【等高精加工】对话框底部单击【计算】按钮，计算出的刀路d0如图3-67所示。单击【取消】按钮。

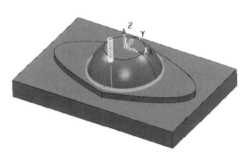

**图3-67  生成刀路d0**

# 3.3  后置处理方法和步骤

## （1）设置后处理输出参数

在工具栏里执行【工具】|【选项】命令，系统弹出了【选项】对话框。选择【NC程序】下的【输出】选项，修改为如图3-68所示的参数。单击【接受】按钮。

## （2）检查输出的坐标系

本例将使用坐标系1作为输出的加工坐标系，该坐标系位于零件的四边分中顶部。

## （3）复制NC文件夹

在屏幕左侧的【资源管理器】中，选择【刀具路径】中的K030A文件夹，单击鼠标右键，在弹出的快捷菜单中选择【复制为NC程序】，这时会发现在【NC程序】树枝中出现了新的文件夹 k030a。用同样的方法可以将其他文件夹复制到【NC程序】中，如图3-69所示。

## （4）初步后处理生成CUT文件

在左侧资源管理器里，右击【NC程序】树枝里的 k030a，在弹出的快捷菜单里选取【设置】命令，在系统弹出的【NC程序】对话框里，选取【输出用户坐标系】为"1"，按如图3-70所示设置参数，单击【写入】按钮。用同样的方法对其他文件夹进行输出。在主工具栏里单击【保存项目】按钮📋，对项目文件夹存盘。

**图3-68　设定选项参数**　　　　　　　　　　　　　　　**图3-69　复制刀路**

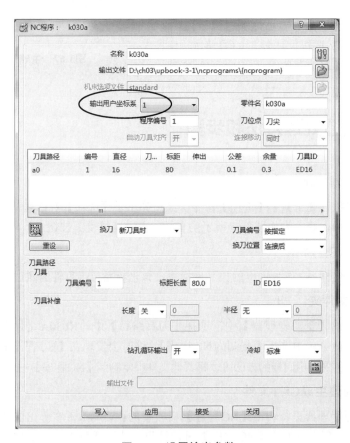

**图3-70　设置输出参数**

### （5）复制后处理器

把本书提供的三轴机床后处理器文件upbook-3x.pmoptz复制到C:\Users\Public\Documents\PostProcessor 2011 (x64) Files\Generic 目录里。

### （6）启动后处理器

启动后处理软件PostProcessor 2011 (x64)。右击【New】命令，在弹出的对话框里选取后处理器upbook-3x.pmoptz。右击 🗀 CLDATA Files，把第（4）步输出的刀位文件选中，如图3-71所示。

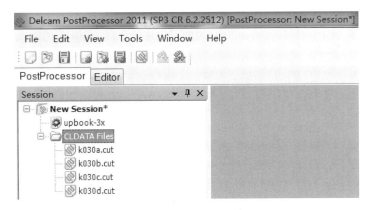

图3-71　调入刀位文件

### （7）后处理生成NC文件

在如图3-71所示的对话框里，右击 🗀 CLDATA Files，在弹出的快捷菜单里选取【Process All】命令，如图3-72所示。

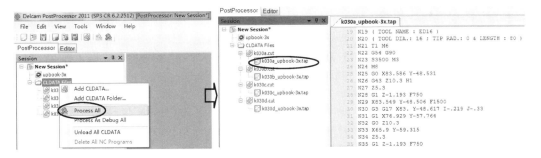

图3-72　后处理生成NC文件

## 3.4　机床钻孔指令

### （1）钻孔通用指令格式

FANUC系统常用的钻孔循环指令编程代码有13个：G73、G74、G76、G80 ～ G89，其中G80为取消固定循环指令，其余均为加工不同类型孔的指令。指令格式为：

G90/G91 G98/G99 G_ X_ Y_ Z_ R_ P_ Q_ L_ F_；

说明如下：

① G90 为绝对值编程，G91 为相对值编程。

② G98/G99 为孔加工完成后自动退刀时抬刀高度，G98 表示自动抬高至初始平面高度，G99 表示自动抬高至安全平面高度（即 R 安全平面）。

③ G_ 为 G73、G74、G76、G80 ～ G89 的任何一个指令。

④ X_ Y_ 是孔中心位置坐标数值。

⑤ Z_ 是孔底部位置或者孔的深度，当采用 G91 编程时，是相当于 R 平面的增量。

⑥ R_ 为安全平面高度，当采用 G91 编程时，是相当于初始平面的增量。

⑦ P_ 为刀具在孔底的停留时间，单位为 ms，即 P1000 为 1s。

⑧ Q_ 为深孔加工（G73、G83）时每次的下钻进给深度；镗孔（G76、G87）时刀具的横向偏移量。Q 为正值。

⑨ L_ 为重复次数。L0 只记忆加工参数，不执行加工。只调用一次时，L1 可以省略。

⑩ F_ 为钻孔的进给速度。

### （2）浅孔指令格式

G81 X_ Y_ Z_ R_ F_ ；

G82 X_ Y_ Z_ R_ P_ F_ ；为锪孔指令，有暂停指令 P。

### （3）深孔指令格式

G73 X_ Y_ Z_ R_ Q_ F_ ；为高速深孔加工指令。

G83 X_ Y_ Z_ R_ Q_ F_ ；为一般深孔加工指令。每次进给后，刀具抬高至安全平面。

### （4）螺纹孔指令格式

G74 X_ Y_ Z_ R_ F_ ；为左螺纹加工指令，进给速度 F 为导程/转。

G84 X_ Y_ Z_ R_ F_ ；为右螺纹加工指令，进给速度 F 为导程/转。

### （5）镗孔加工指令格式

G85/G86 X_ Y_ Z_ R_ F_ ；为粗镗孔指令。

G88/G89 X_ Y_ Z_ R_ P_ F_ ；为粗镗孔指令。

G76 X_ Y_ Z_ R_ Q_ P_ F_ ；为精镗孔指令。

G87 X_ Y_ Z_ R_ Q_ P_ F_ ；为精镗孔指令。

## 3.5 本章总结及思考练习与参考答案

本章重点讲解钻孔编程方法，学习时请注意以下问题。

① PowerMILL 钻孔编程要先创建孔特征，然后设定参数进行编程。

② 结合相关资料，熟悉第 3.4 节有关钻孔的指令，本章第 3.3.8 节，钻孔指令是 G81。本章第 3.3.9 节，钻孔指令是 G84。请认真分析后处理生成的 NC 程序。

③ G84 指令的 F 值，在 FANUC 里是导程/转。实际应用时最好查阅一下机床的编程说明书。有些机床可能不是这样。

1.认真查看钻孔后处理生成的钻孔指令,对照第3.4节内容深刻体会。

2.如果在机床钻孔加工中出现断刀现象,作为操作员应该如何处理?

参考答案

1.答案略。

2.答：一般会拆下工件,交给相关人员,在电火花机床上进行放电加工,把断裂钻头取出。

04

第4章

第1部分 入门篇

Part one

PowerMILL造型

本章重点讲解以下要点：
① PowerMILL边界线造型特点。
② PowerMILL参考线造型特点。
③ PowerMILL辅助曲面造型特点。

# 4.1 PowerMILL边界线

PowerMILL的边界线是封闭的图形，其目的是限制刀具的加工范围，使刀路更能符合加工实际的需要。边界在PowerMILL数控编程中非常重要，尤其是曲面加工，它不像其他软件如UG、MasterCAM等有专门选取加工面功能，而是要选取加工曲面的边界线来计算刀路。要准确加工曲面必须先做出准确的边界线。

## 4.1.1 边界重要参数含义

在【资源管理器】里右击 ♡ 边界，系统弹出快捷菜单，如图4-1所示。将鼠标停留在各个图标，鼠标指针旁及图形区下方都会显示出该命令的功能说明，据此可以详细了解其含义。

图4-1　边界菜单图解

右击 ♡ 边界，系统弹出快捷菜单，选取【工具栏】选项可以把边界线的工具栏在界面里显示出来。在该工具栏的左侧选项栏，集合了11种创建边界线的选项。每一个选项，工具栏的内容有对应的变化，如图4-2所示。同样的菜单内容也会出现在各个策略的【剪裁】参数栏里。

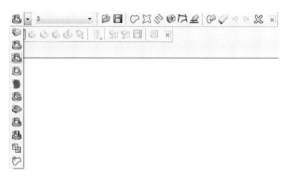

图4-2　边界线工具栏

① 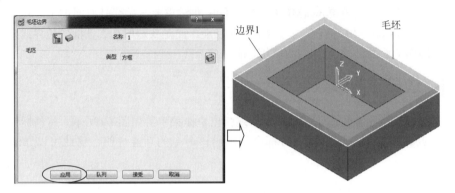，产生一毛坯边界，英文名称是Block Boundary。根据毛坯的轮廓来定义边界线。

例如：打开本书提供的图形项目文件upbook-4-1，在【资源管理器】里右击○边界，系统弹出快捷菜单，选取【定义边界】|【毛坯】命令，系统弹出【毛坯边界】对话框，单击【应用】按钮，生成毛坯边界1，如图4-3所示，该边界与毛坯形状有关。单击【接受】按钮。

**图4-3　生成毛坯边界线1**

② ，产生一残留边界，英文名称是Rest Boundary。在角落处大刀未能加工到的残留区域，据此生成的轮廓边界。

例如：打开本书提供的图形项目文件upbook-4-1，在【资源管理器】里右击○边界，系统弹出快捷菜单，选取【定义边界】|【残留】命令，系统弹出【残留边界】对话框，设置【刀具】为"ED8"，【参考刀具】为"ED30R5"，单击【应用】按钮，生成残留边界2，如图4-4所示。单击【接受】按钮。

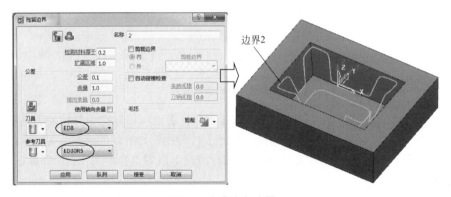

**图4-4　生成残留边界2**

③ ，产生已选曲面边界，英文名称是Selected Surface Boundary。系统会根据刀具参数、余量参数，结合加工模型区域，把过切的区域排除掉，把相邻的曲面作为干涉面来创建加工边界。

例如：打开本书提供的图形项目文件upbook-4-1，在【资源管理器】里右击○边界，系统弹出快捷菜单，选取【定义边界】|【已选曲面】命令，系统弹出【已选曲面边界】对话框，设置【刀具】为"ED8"，在图形上选取要加工的曲面，单击【应用】按钮，生成曲面边界3，如图4-5所示。单击【接受】按钮。

④ ，产生浅滩边界，英文名称是Shallow Boundary。生成用于加工平缓面区域的边

界。系统会根据定义的坡度角度【上限角】和【下限角】来判断，小于该角度就是平缓区域，否则为陡峭区域。

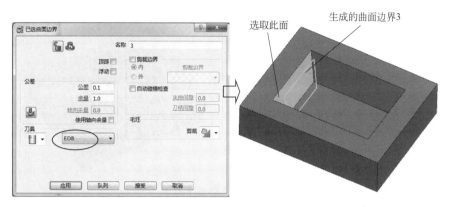

图4-5　生成曲面边界3

例如：打开本书提供的图形项目文件upbook-4-1，在【资源管理器】里右击 边界，系统弹出快捷菜单，选取【定义边界】|【浅滩】命令，系统弹出【浅滩边界】对话框，设置【刀具】为"BD8R4"，【上限角】为"30"度，【下限角】为"0"度，单击【应用】按钮，生成浅滩边界4，如图4-6所示。单击【接受】按钮。

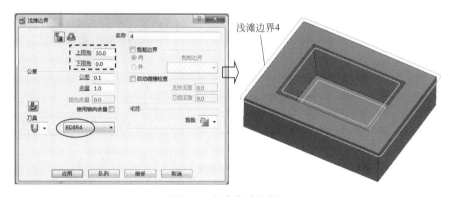

图4-6　生成浅滩边界4

对话框中的【上限角】是指曲面的切向矢量与水平面的夹角的最大值。【下限角】是指曲面的切向矢量与水平面的夹角的最小值。

⑤ 🔲，产生轮廓边界，英文名称是Silhouette Boundary。按照所用刀具来计算的最大轮廓边界。

例如：打开本书提供的图形项目文件upbook-4-1，在【资源管理器】里右击 边界，系统弹出快捷菜单，选取【定义边界】|【轮廓】命令，系统弹出【轮廓边界】对话框，设置【刀具】为"ED8"，勾选【在模型上】复选框，单击【应用】按钮，生成轮廓边界5，如图4-7所示。单击【接受】按钮。

⑥ 🔲，产生无碰撞边界，英文名称是Collision Safe Boundary。按照所用刀具以及刀柄尺寸，结合模型的加工区域来计算的无碰撞轮廓边界。

例如：打开本书提供的图形项目文件upbook-4-1，在【资源管理器】里右击 边界，系统弹出快捷菜单，选取【定义边界】|【无碰撞】命令，系统弹出【无碰撞边界】对话框，

设置【刀具】为"BD6R3"，设置【夹持间隙】为"1"，【刀柄间隙】为"1"，单击【应用】按钮，生成无碰撞边界7，如图4-8所示。单击【接受】按钮。

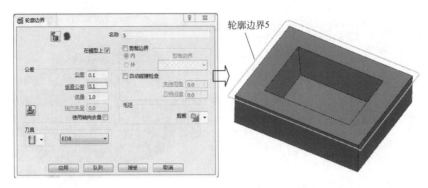

图4-7　生成轮廓边界5

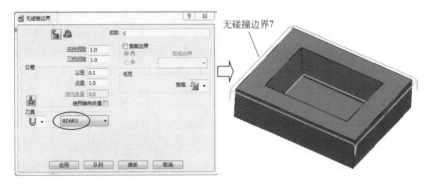

图4-8　生成无碰撞边界7

⑦ ，产生残留模型的残留边界，英文名称是Stock Model Rest Boundary。根据指定的残留模型、刀具路径，结合本次刀具来计算的边界。

例如：打开本书提供的图形项目文件upbook-4-1，在【资源管理器】里右击 边界，系统弹出快捷菜单，选取【定义边界】|【残留模型残留边界】命令，系统弹出【残留模型残留边界】对话框，设置【刀具】为"BD6R3"，设置【残留模型】为"1"，单击【应用】按钮，生成残留模型残留边界7，如图4-9所示。单击【接受】按钮。

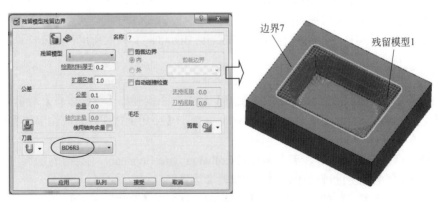

图4-9　生成残留模型残留边界7

生成这个边界之前要先生成残留模型1。本例创建方法是：先生成了模型区域清除策略1，激活这个刀路。然后，在【资源管理器】里右击【残留模型】树枝，在弹出的快捷菜单里选取【生成残留模型】命令，这时生成了一个空的残留模型1，右击这个残留模型1，在弹出的快捷菜单里选取【应用】|【激活刀具路径在先】命令。这样就生成了残留模型1。

⑧ 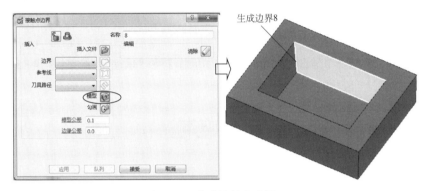，产生接触点边界，英文名称是Contact Point Boundary。根据指定曲面的外轮廓来计算的边界。该边界与所用的刀具无关。

例如：打开本书提供的图形项目文件upbook-4-1，在【资源管理器】里右击 ♡ 边界，系统弹出快捷菜单，选取【定义边界】|【接触点边界】命令，系统弹出【接触点边界】对话框，在图形上选取要加工的曲面，单击【模型】 按钮，生成接触点边界8，如图4-10所示。单击【接受】按钮。

图4-10　生成接触点边界8

⑨ ，产生由一接触点转换的边界，英文名称是Contact Conversion Boundary。将与刀具无关的接触点边界转换为指定的刀具的边界。

例如：打开项目文件upbook-4-1，在【资源管理器】里右击 ♡ 边界，系统弹出快捷菜单，选取【定义边界】|【由接触点转换的边界】命令，系统弹出【由接触点转换的边界】对话框，选取【接触点边界】为"8"，【刀具】为"BD6R3"，生成边界9，如图4-11所示。单击【接受】按钮。

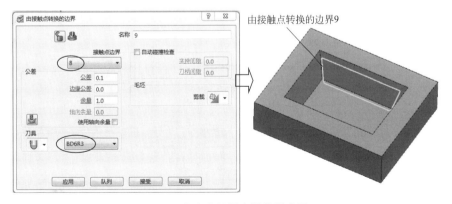

图4-11　生成由接触点转换的边界9

⑩ ，产生布尔操作的边界，英文名称是Boolean Operation Boundary。将多个边界进行合并、裁剪等操作来编辑边界。

例如：打开本书提供的图形项目文件upbook-4-2，在【资源管理器】里右击 边界，系统弹出快捷菜单，选取【定义边界】|【布尔操作】命令，系统弹出【布尔操作边界】对话框，【边界A】为"1"，【边界B】为"2"，【布尔操作】为"求和"，单击【应用】按钮，生成布尔操作边界3，如图4-12所示。单击【接受】按钮。

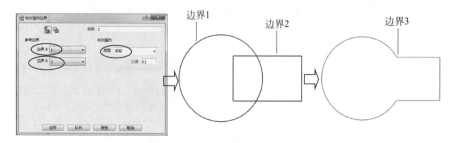

**图4-12　边界之间进行布尔操作**

这里的边界1和边界2是事先创建的。【布尔操作】为"求差"，结果如图4-13所示。

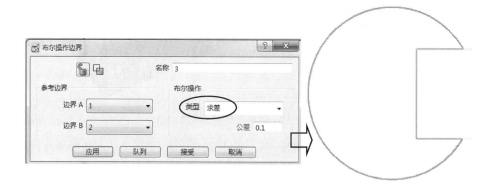

**图4-13　生成求差的布尔操作边界**

【布尔操作】为"求交"，结果如图4-14所示。

**图4-14　生成求交边界**

⑪ 　，产生用户定义的边界，英文名称是User Defined Boundary。可以通过【插入文件】把用其他软件产生的曲线调入PowerMILL作为边界。也可以把其他边界、参考线、刀具路径插入成为边界线。还可以点击【模型】按钮把曲面的边界线作为边界线。单击【勾画】可以用绘图命令绘制边界线，如图4-15所示。

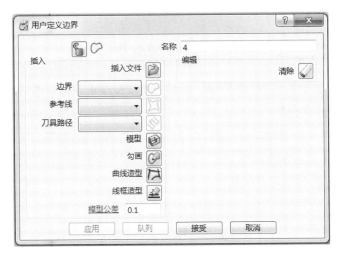

图4-15　用户定义边界对话框

## 4.1.2　插入边界重要参数含义

如图4-2所示的边界线的工具栏其他按钮参数含义如下：

① 📂，插入边界文件。可以把图形文件插入到激活的边界里。该图形文件可以是其他软件绘制的曲线，可以接受igs、dgk、step等文件。

② ▣，保存边界。可以把当前激活的边界保存为dgk、pic或者dxf等格式的文件。

③ ♡，插入边界。可以把本图形里的其他边界插入到当前激活的边界。

④ ◻，插入参考线。可以把本图形里的其他参考线插入到当前激活的边界。

⑤ ◈，插入刀具路径。可以把本图形里激活的刀具路径插入到当前激活的边界。

⑥ ◉，插入模型。可以把本图形里的模型曲面插入到当前激活的边界。

⑦ ◮，曲线造型。启动PowerSHAPE软件进行曲线造型来创建边界线。

⑧ ◮，线框造型。启动PowerSHAPE软件进行曲线造型来创建边界线。

⑨ ◠，曲线编辑器。可以启动PowerMILL里曲线编辑器来创建边界线。

⑩ ✔，清除边界线。

⑪ ↩，撤销编辑。

⑫ ✂，删除边界。

## 4.2　PowerMILL 参考线

参考线可以是开放的，也可以是封闭的，它可以起到控制刀具路径纹理变化的独特作用。可以使加工刀路优化，使PowerMILL生成的刀具路径更具有灵活性和实用性，而应用于加工实践之中。用参考线做2D加工刀路，可以更灵活地加工工件。有些策略还必须用参考线作为加工图素，例如：镶嵌参考线精加工、流线精加工、参考线精加工、投影曲线精加工、线框SWARF精加工等策略，所以熟悉参考线的造型方法及编辑方法对于PowerMILL数控编程的应用非常重要。

## 4.2.1 参考线工具栏里的重要参数含义

在【资源管理器】里右击 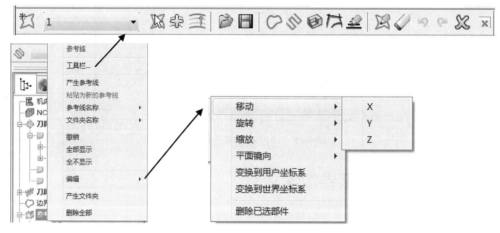 参考线，系统弹出快捷菜单，选取【工具栏】命令，系统出现如图4-16所示的工具栏。

图4-16 参考线工具栏

① 🟦 1，生成一参考线，或者激活某参考线。

② 🟦，激活已选参考线。

③ ✚，选取要增加到激活参考线的曲线。可以把图形上的线条转化为参考线。

图4-17 参考线生成器对话框

④ 🗍，自动参考线。选取这个命令，系统会弹出相应的【参考线生成器】对话框，如图4-17所示。可以对已经选的参考线进行偏置等操作生成新的参考线。

⑤ 📂，打开参考线数据文件，可以把外部图形读入进来成为新参考线的一部分。

⑥ 🖫，把当前激活的参考线存为图形文件。

⑦ ♡，把边界线作为激活参考线的一部分。

⑧ 📎，把刀具路径作为激活参考线的一部分。

⑨ 📦，将图形模型插入到激活的参考线。

⑩ 📐，曲线造型器，启动PowerSHAP软件来绘制复合参考线。

⑪ 📐，线框造型器，启动PowerSHAP软件来绘制参考线。

⑫ 🟦，曲线编辑器。打开激活参考线的曲线编辑器。

⑬ ✓，清空激活的参考线。

⑭ ✖，删除激活的参考线。

## 4.2.2  曲线编辑器重要参数含义

在【资源管理器】里右击**参考线**，系统弹出快捷菜单，选取【产生参考线】命令。这时在参考线的目录树里就会默认生成空的参考线，**> 1**，再右击该参考线1，在弹出的快捷菜单里选取【曲线编辑器】，系统显示出如图4-18所示的工具栏。

**图4-18　曲线编辑器工具栏**

① ，获取曲线，通过模型、参考线或者边界线获取曲线到当前元素。可以根据已有的模型来创建参考线。

例如：打开本书提供的图形项目文件upbook-4-3，如果要在该图形上创建参考线，做法是：在【资源管理器】里右击**参考线**，选取【产生参考线】，再右击该参考线1，选取【曲线编辑器】，在工具栏里，单击按钮，在图形上选取要创建参考线的顶面曲面，在系统弹出的【获取】对话框里单击【接收获取的曲线】按钮。再在【曲线编辑器】工具栏里单击【接受改变】按钮，完成参考线的创建，如图4-19所示。

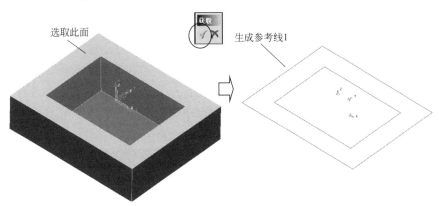

选取此面　　　获取　　生成参考线1

**图4-19　生成参考线1**

② ，把鼠标放置在下三角符号处，会显示出多种选项。表示选取全部，表示选取切换，表示选取闭合的图线。

③ ，删除所选的图素。

④ ，反向已选几何元素。

⑤ ，按点裁剪，选取曲线的那一端，点击曲线上的一点，将曲线裁剪到该点，也可以拖动曲线的末端来延伸或者裁剪它。，表示交互裁剪曲线，鼠标选取的部分为要裁剪掉的部分。

例如：打开本书提供的图形项目文件upbook-4-4，该项目文件已经创建了4条线，如果要裁剪曲线，做法是：在【资源管理器】里右击参考线1，选取【曲线编辑器】，在工具栏里，单击【按点裁剪】按钮，在图形上选取线1的左端，向右拖动鼠标，效果如图4-20所示。再次单击按钮就可以结束裁剪，在图形区空白处单击鼠标左键就可以完成裁剪。如果向左拖动鼠标，就是把该线进行延伸。

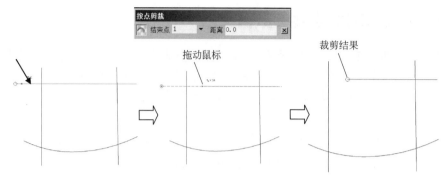

图4-20　按点裁剪

对曲线延伸有两种效果，如图4-21、图4-22所示。

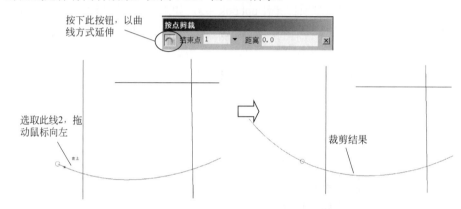

图4-21　对曲线延伸

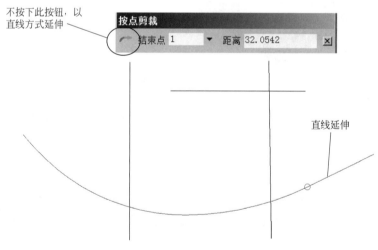

图4-22　延伸方式

接着再练习一下【交互裁剪曲线】功能🗲。在【曲线编辑器】工具栏里，选取【交互裁剪曲线】按钮🗲，然后在图形上选取要裁剪的部分，效果如图4-23所示。

⑥ ╱，使用笔直连接两曲线的末端。～，使用切向连续曲线连接两端。▭，通过连接末端闭合连接任何已选段。

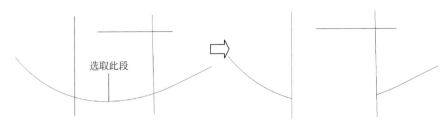

选取此段

**图4-23 交互裁剪曲线**

接着第⑤步再练习一下连接功能，效果如图4-24所示。

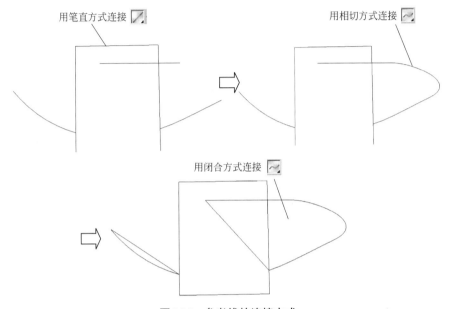

用笔直方式连接

用相切方式连接

用闭合方式连接

**图4-24 参考线的连接方式**

再在【曲线编辑器】工具栏里单击【接受改变】按钮，完成参考线的创建。

⑦ ，切削几何元素，在曲线上点击作为小刀的光标，这样就可以在该点分割曲线，也可以沿曲线拖动光标移去孔。

，分割已选段为单独部分。该功能可以帮助提取参考线的某一部分。

，合并已选段，如果可能闭合它，该功能可以把很多单独的参考线合并成为一整段，在参考线精加工刀路里，减少跳刀次数。

，合并拾取段，选取一段和相邻合并。该功能也可以把很多单独的参考线合并成为一整段，有利于优化刀路。

⑧ ，样条拟合，选取将进行样条拟合的段，然后输入或者选取所需的拟合公差。 ，修圆，选取将进行修圆的段，然后输入或者选取所需的拟合公差。 ，选取将进行多边形化的段，然后输入或者选取所需的拟合公差。

⑨ 变换工具。

，移动变换，选取将移动的几何元素，通过输入或者拖放重新定位原点，然后输入移动坐标。

，旋转几何元素，选取将要旋转的几何元素，通过输入或者拖放重新定位原点，使用主编辑平面按钮选取旋转轴，然后输入旋转角度。

　　 ，镜像几何元素，选取将要镜像的几何元素，然后选取镜像轴或拖动一用户定义镜像直线。选取镜像方式 。

　　 ，缩放几何元素，选取将要缩放的几何元素，通过输入或者拖放重新定位原点，然后输入缩放系数。

　　 ，偏置几何元素，选取将要偏置的几何元素，然后输入偏置距离。

　　 ，多重变换，产生多个几何元素变换。

　　 ，变换到激活用户坐标系，把图形从世界坐标系变换到激活用户坐标系里。

　　 ，变换到世界坐标系，把图形从激活用户坐标系变换到世界坐标系里。

　　⑩ ，投影，沿激活用户坐标系Z轴负方向向下投影参考线到模型，此操作需要已有一个模型以及毛坯和激活刀具。

　　 ，水平投影已选，水平投影已选的曲线到激活用户坐标系的XY平面。

　　 ，镶嵌，产生一新的参考元素，它是此参考线的镶嵌版本，其全部段均已到其所属曲面，且可以共享曲面法线等信息。在镶嵌线精加工刀路里所用的参考线必须是这种参考线。

　　⑪ ，改变颜色，改变已选段的颜色，如果没有选取段，则产生颜色。

　　⑫ ，方向指示。

　　⑬ ，产生点，通过点取或手工输入坐标产生一点。

　　⑭ ，连续直线，输入单个连接直线的点，双击最后一点完成或者使用工具栏选项。

　　 ，单个直线，输入每一条直线的两个点。

　　 ，矩形，点击矩形的两个对角点。

　　⑮ ，生成圆，输入中心点。

　　 ，产生一个通过中心、半径和跨的圆弧。输入中心点，然后输入圆周上的一个点，最后输入定义圆弧跨的点。

　　 ，产生一通过3点/几何元素的圆弧。输入开始、末端和中间几何元素产生一圆弧。几何元素可以为点、线、圆弧或者圆圈。

　　 ，倒圆角，点击两条曲线（直线、圆弧或者圆圈）产生圆倒角圆弧，将裁剪原始曲线，也可点击复合曲线，在全部直线不连续处倒圆角。

　　 ，产生一未裁剪的圆倒圆弧，点击两条曲线（直线、圆弧或圆圈），不进行裁剪产生圆倒角圆弧，但总是裁剪复合曲线。

　　⑯ ，产生一Bezier曲线，通过点取或者手工输入坐标产生一Bezier曲线。

　　 对Bezier曲线进行编辑。

　　⑰ ，撤销上一曲线的操作。

　　⑱ ，曲线参数编辑器选项。主要可以设置公差。

　　⑲ ，接受改变。

　　⑳ ，取消改变。

## 4.2.3　参考线综合练习

　　本节任务：根据如图4-25所示模型创建直纹面边缘的参考线，以便使用SWARF线框进行精加工。

【方法1】：根据已有的曲面的外边缘先创建整体参考线，再通过分割及组合的方法来创建所需要的参考线。

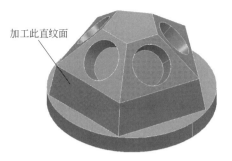

图4-25　参考线实例

① 打开本书提供的图形项目文件upbook-4-5，如图4-25所示。

② 在【资源管理器】里右击 参考线，选取【产生参考线】，这时在参考线的目录树里就会默认生成空的参考线 ⋈ > 1，再右击该参考线1，选取【曲线编辑器】，在工具栏里，单击按钮 ➕，在图形上选斜面，在系统弹出的【获取】对话框里单击【接受获取的曲线】按钮 ✓，如图4-26所示。

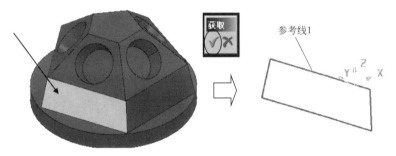

图4-26　生成参考线1

③ 为了适应SWARF线框精加工策略的要求，每一条参考线应该是单段。为此必须对参考线进行编辑。选取曲线，再点击【分割已选段】按钮 ⋈，这样一条完整的参考线被分割为4段线，现在删除多余的3条线。先选取其中3条线，单击 ✗，结果如图4-27所示。单击【接受改变】按钮 ✓。

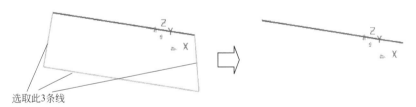

选取此3条线

图4-27　删除多余参考线

④ 同样的方法，生成另外一条参考线2，结果如图4-28所示。

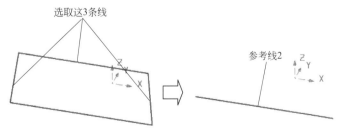

选取这3条线

参考线2

图4-28　删除上部分参考线

参考线1和2在模型的位置如图4-29所示。项目文件存盘。

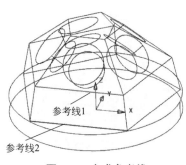

图4-29 生成参考线

【方法2】：这样的参考线，除了以上方法外，还可以用直接创建直线的方法进行。

① 打开本书图形项目文件upbook-4-5。

② 在【资源管理器】里右击 参考线，选取【产生参考线】，这时在参考线的目录树里就会默认生成空的参考线 > 3，再右击该参考线3，选取【曲线编辑器】，在工具栏里，单击【单个直线】按钮，在图形上选取第1点及第2点，如图4-30所示。单击【接受改变】按钮。

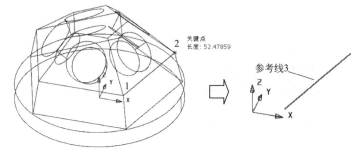

图4-30 生成参考线3

③ 在【资源管理器】里右击 参考线，选取【产生参考线】，这时在参考线的目录树里就会默认生成空的参考线 > 4，再右击该参考线4，选取【曲线编辑器】，在工具栏里，单击【单个直线】按钮，在图形上选取第3点及第4点，如图4-31所示。单击【接受改变】按钮。

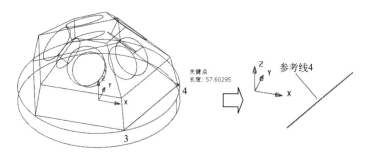

图4-31 生成参考线4

参考线3和4在模型的位置如图4-32所示。项目文件存盘。

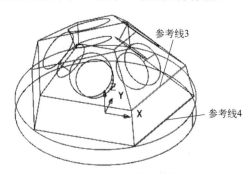

图4-32 生成参考线

# 4.3 PowerMILL 辅助曲面

在模型比较复杂或者剖面比较多的情况下，要生成合理高效的数控程序，就必须添加辅助曲面，减少不合理跳刀现象发生。PowerMILL进行数控编程的辅助曲面可以有以下方法：利用PowerMILL本身提供的功能产生平面；利用其他专业的CAD软件（如UG、PowerSHAPE、SolidWorks等）进行曲面设计，然后输入PowerMILL进行数控编程。

在PowerMILL目录树右击 ⬛ 模型，在弹出的快捷菜单里，选取【产生平面】命令，系统弹出相应的菜单，如图4-33所示。

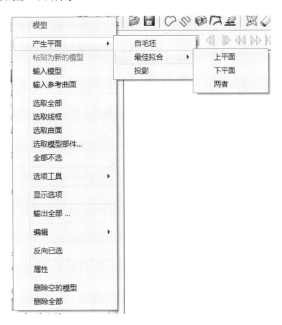

**图4-33 模型菜单**

## （1）自毛坯

选取【自毛坯】命令，系统可以根据所对应的毛坯的最大外形，再依据激活的坐标系的Z值来定义四边界平面，这个平面与激活的用户坐标系的XY平面平行。

## （2）最佳拟合

选取【最佳拟合】命令，系统可以根据激活的边界线的外形来生成多边形平面。

如果选取【上平面】命令，则生成的有界平面位于边界线的最高位置。

如果选取【下平面】命令，则生成的有界平面位于边界线的最低位置。

如果选取【两者】命令，则生成的有界平面位于边界线的中间位置。

如果边界线是与激活的用户坐标系的XY平面平行，以上三种情况生成的平面是一样的。

## （3）输入模型

选取【输入模型】命令，系统可以读取其他CAD软件生成的图形，但是要有相应格式的图形转化器，比如 🔶 Exchange 2014 R4 (64-bit)。

## 4.4  本章总结及思考练习与参考答案

本章重点讲解PowerMILL造型方法，学习时请注意以下问题。

① 灵活运用边界线是学好PowerMILL进行数控编程的核心技术，不但要掌握常用的边界线创建方法，而且灵活运用边界线的编辑修改方法，使所创建的边界线与要加工的模型和要优化的刀路相一致。如果刀路创建完成了，还可以用边界线对刀路进行裁剪优化。

② 参考线是优化刀路的重要功能，有些刀路还必须用参考线才能创建成功。要掌握参考线的创建和修改优化方法。

③ 平面的曲面功能仅提供了平面的创建，如果能灵活运用也可以使刀路编程过程更加高效。

———— 思考练习 ————

1.PowerMILL的边界线和参考线有何区别和联系？

2.PowerMILL平面造型时与用户坐标系有何关系？

———— 参考答案 ————

1.答：PowerMILL的边界线是封闭图形，而参考线可以是开放的图形。这种图形用途和作用是不一样的，边界线一般用来限制刀路的范围，而参考线一般用来影响刀路的纹理走向。但是这两种图形可以互相转化。

2.答：PowerMILL生成的平面一般是与激活的用户坐标系的$XY$平面平行的。

Pa

PowerMILL造型与数控加工全实例教程

PowerMILL

rt two

第2部分

进阶篇

这部分内容包括第5~8章，特点是主要加工零件不需要数控编程员绘制，但是要加入辅助线和辅助面才能优化刀路。

# 05

# 三轴数控编程（实例5）

本章以电话机面壳前模为例，着重讲解以下要点：

① 模具加工工艺的规划。

② 模具编程图形的处理。

③ 模具各个部位的加工特点。

④ 参考线和边界线在数控编程中的灵活运用。

⑤ 模具粗加工、残留清角加工及精加工的数控编程方法。

# 5.1 模具工件数控加工概述

模具是现代工业生产中用于注塑、吹塑、挤出、压铸或者锻压成形、冶炼、冲压等方法得到所需产品的各种模子和工具。也就是说，模具是用来制作成形物品的工具，这种工具由各种零件构成，不同类型的模具是由不同的零件构成的。模具一般由模架和模芯两部分组成。在模芯上加工出产品的反形状成为空腔，在这个空腔填充材料就成为产品。

因为用模具生产来制造产品，这种工艺方法可以大大提高生产率、降低生产成本、提高产品质量，因此得到了广泛的应用。

模具制造流程是：设计部门根据产品图设计出模具图、模具车间根据模具图纸采购模具的标准件（例如模具架）及模芯钢材、模具车间的数控编程员根据模具图进行数控编程、工人对模芯材料进行必要的加工、CNC操作员在数控机床上对模芯材料进行数控铣加工、CNC加工不出的模具部位就进行EDM电火花加工、模具抛光、模具装配、试模、根据客户要求改模、再次试模、直到产品符合客户要求，产品合格就认为模具合格、将模具或者产品交付客户。可见数控编程及加工是模具制造流程中比较重要的关键工序。

本章以电话机面壳的注塑模具中的前模为例，说明PowerMILL在三轴铣加工中的应用。

## 5.1.1 模具的结构术语

前模，教科书叫定模，有人也叫母模，是产品外表面主要的成形型腔，是不可以下顶针孔并且不允许有夹线的模具部分。一般的前模会有以下结构部分，加工有不同的要求，如图5-1所示。

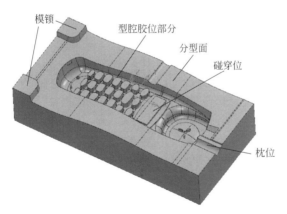

模锁　型腔胶位部分　分型面　碰穿位　枕位

**图5-1　前模部位名称图解**

① 型腔胶位部分，是主要的塑胶成形部分，其形状是产品的反形状。

② 分型面部分，也叫PL（Part Line）面或分模面，是模具的封胶位部分，整个分型面能够和后模、滑块（也叫行位）等其他模件使模具型腔部分形成一个封闭的空间。

③ 水口位，也叫流道，是热的塑胶料从注塑机注射到前模型腔的通道。如果是复杂异型的，一般需要CNC加工，如果是简单形状一般由制模师傅自己完成。

④ 冷却水道或加热管道，是模具能够保持足够的热平衡而开设的冷却水或装加发热电阻丝管的通道。这些管道一般由制模师傅自己完成。

## 5.1.2　模具各结构部位的数控加工要求

根据产品结构的不同，分模面分为高低分模面、斜分模面（合模时易滑动，一般需要留模锁或子口）、曲面分模面、侧面穿孔分模面（也叫插穿位）、平面穿孔分模面、斜面方孔分模面、侧面柱位分模面（有时也做成行位）及侧面凸片分模面等形式。

① 分模面，加工精度要求较高，一般公差应在0.03以下，否则易形成空隙，注塑时易露胶而"走披锋"。分模面精加工余量一般为0。

② 模锁部分，一般是前模和后模的配合位置，配合公差一般为间隙配合，配合间隙一般为0.02～0.05。但是实际加工时一般余量为0，然后由工人师傅在装配时进行修模。

对于碰穿位及插穿位加工时不能过切，编程时要根据实际加工误差来给定补偿余量。这部分一般要给定余量为0.03～0.10。多余的这部分余量主要用于模具师傅装配模具时进行修模。

③ 型腔部分，也叫胶位部分。如果产品外形复杂，往往不能直接加工到位，大部分情况下需要用电极（也叫铜公）EDM（电火花）进一步加工。所以，前模型腔部分数控加工时大多数情况下，只需要开粗及清角，不需要光刀，但必须留足够的余量。型腔粗加工余量一般为0.3mm。如果数控加工能加工到位，要全部加工到位，加工不到的才用铜公清角。精加工余量一般为0～0.03。

## 5.2　前模加工工艺规划

相对于前几章内容，本章介绍的模具工件加工的难点在于事先要制定合理的加工工艺。本章加工工艺如下：

① 开料尺寸：250×120×55。

② 材料：钢S136H，预硬至290～330HB。

主要化学成分：C 0.38%，Si 0.8%，Cr 13.6%，Mn 0.5%，V 0.3%。钢材特性：热变形小，纯度高，抛光性能好，抗锈防酸能力好。多用于制造注塑PVC、PP、PPMA等材料的模具。

③ 加工要求：胶位部分留0.15～0.35的余量，PL分模面精加工余量为0，枕位面精加工余量为0，碰穿位精加工余量为0.05。

④ 装夹方案：本例的模具工件可以采用虎钳进行装夹。

⑤ 数控加工工步为：

a. 程序文件夹K05A，粗加工，也叫开粗。用ED16R0.8飞刀，余量为0.3。

b. 程序文件夹K05B，二次型腔开粗。用ED8平底刀，余量为0.35。

c. 程序文件夹K05C，三次型腔开粗。用ED4平底刀，余量为0.4。

d. 程序文件夹K05D，分模面半精加工。用BD8R4球头刀，余量为0.1。

e. 程序文件夹K05E，分模面精加工。用BD8R4球头刀，余量为0。

f. 程序文件夹K05F，枕位面、模锁面、碰穿面精加工。用BD4R2球头刀加工，余量为0～0.05。

g. 程序文件夹K05G，镜片位碰穿面精加工。用ED4平底刀，余量为0.03。

## 5.3 图形处理

作为模具数控编程员，一般都会接收设计部门根据产品图而设计出的模具图。产品及模具复杂一点的，设计部门都会使用专门的分模软件进行3D分模设计。设计图形经过评审就会以igs、step等格式发给模具制造车间进行数控编程。这些图形一般要经过处理才能用于数控编程。图形处理包括：读取图形、调整曲面方向、变换图形定义编程的加工坐标系、删除多余的曲面或者修补辅助面、创建参考线及边界线、定义刀具、定义文件夹等。

### 5.3.1 输入模型

**（1）进入PowerMILL软件**

输入二维码中的文件upbook-5-1.igs（扫文前二维码下载该素材文件）。

操作方法：在下拉菜单条中选择【文件】|【输入模型】命令，在【文件类型】选择"*.igs*"，再选择upbook-5-1.igs，即可以输入图形文件，如图5-2所示。

**（2）整理图形**

使图形中的全部面的方向朝向一致。操作方法：框选全部面，单击鼠标的右键，在弹出的快捷菜单中选择【定向已选曲面】命令，使其全部面朝向一致，如图5-3所示。

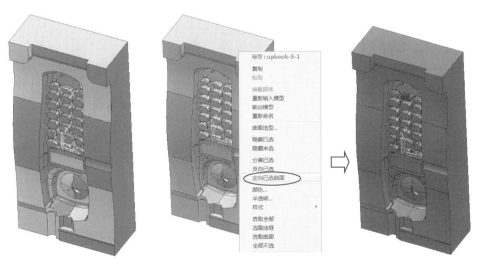

图5-2　输入模型　　　　　　　　　　图5-3　曲面方向调整

观察图形得知，按钮位还有一部分曲面没有调整好，那么就要用同样的方法进行调整。选取红色曲面，单击鼠标的右键，在弹出的快捷菜单中选择【反向已选】命令，使其全部面朝向外部，如图5-4所示。

**（3）变换图形确定加工坐标系**

对于模具加工来说，坐标系一般要求定在外形四边分中为X0、Y0，最高面为Z0的位置，而且Z轴方向应该是出模的方向，X方向应该是工件较长的方向，而图5-3所示的图形却不是这样，这就需要对图形进行变换，使图形的坐标系符合要求。

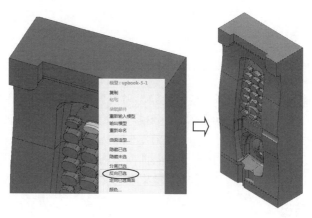

图5-4　反向已选曲面

① 旋转图形　先将图形沿着X轴旋转270°，然后沿着Z轴旋转90°。

在左侧的资源管理器里，展开【模型】树枝，右击⊞● upbook-5-1，在弹出的快捷菜单里选取【编辑】|【变换】命令，在系统弹出的【变换模型】对话框的【旋转】栏里，【角度】为 "270"，再单击按钮 <sup></sup>，如图5-5所示。

再次在左侧的资源管理器里右击⊞● upbook-5-1，在弹出的快捷菜单里选取【编辑】|【变换】命令，在系统弹出的【变换模型】对话框的【旋转】栏里，【角度】为 "90"，再单击按钮 <sup></sup>，如图5-6所示。

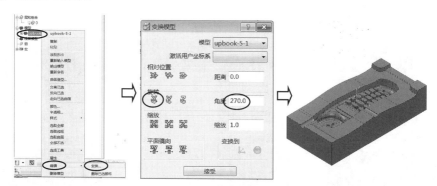

图5-5　沿着X轴进行旋转

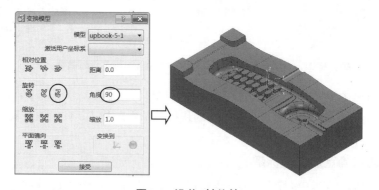

图5-6　沿着Z轴旋转

② 平移图形　先测量最高点的Z坐标值，然后根据此数沿着Z轴平移图形。

在主工具栏里单击【测量器】按钮 ▦ ，然后在图形上选取模锁顶面的一个角点，如图5-7所示。

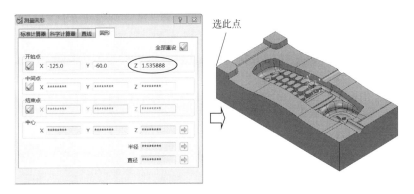

图5-7　测量点坐标

再次在左侧的资源管理器里右击 ⊞🔩 upbook-5-1，在弹出的快捷菜单里选取【编辑】|【变换】命令，在系统弹出的【变换模型】对话框的【相对位置】栏里，【距离】为"-1.535888"，再单击按钮 ⤵，如图5-8所示。单击【接受】按钮。

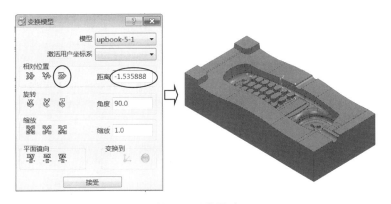

图5-8　平移图形

　　此处测量Z值还可以通过复制及粘贴的方法进行设定。在【测量圆形】对话框里选取Z栏参数，按鼠标右键，在弹出的快捷菜单里选取【复制】按钮，再在【变换模型】对话框的【距离】栏里，按鼠标右键，在弹出的快捷菜单里选取【复制】按钮。

经过创建毛坯，分析其数据得知，坐标系符合要求。

项目文件存盘，名称为"upbook-5-1"。

## 5.3.2　使用模板文件建立数控程序文件夹及刀具

前面几章已经介绍了刀具数控程序文件夹及刀具的创建方法，本章再介绍另外一种方法，这就是使用模板文件。

## （1）PowerMILL里的模板文件的创建方法

启动PowerMILL，在空项目文件里创建一系列数控程序文件夹及刀具。

文件夹的创建方法可以参考第1.2.3节的相关内容。也可以根据车间的工作习惯来对数控程序进行命名。

刀具的创建方法可以参考第1.2.4节等相关内容。可以根据车间实际刀具来建立一系列刀具，这样就形成了刀库文件。

将项目文件存成模板文件。方法是：在主菜单里执行【文件】|【保存模板对象】命令，输入模板文件名称即可。

本书为了方便读者练习，给大家提供了一个模板文件"2012版刀库文件.ptf"（素材文件中）。

## （2）使用模板文件建立数控程序文件夹

这里所说的"数控程序文件夹"也叫刀路文件夹。PowerMILL里数控程序文件夹主要用于复杂图形的数控编程，它可以有条理地管理数控程序。一般来说，一个数控程序文件夹可以包含一组加工刀路，后处理可以生成一个数控程序刀路文件。这就要求这个文件夹的工序策略里所用的刀具的刀号相同，即是同一把刀，不能出现换刀现象。

本节主要任务是：根据5.2节加工工艺规划，建立6个空的数控程序文件夹。

打开项目文件"upbook-5-1"，读取模板文件。方法是：在主菜单里执行【插入】|【模板对象】命令，输入模板文件"2012版刀库文件.ptf"。观察左侧的资源管理器可以看到已经有了文件夹，如图5-9所示。

修改文件夹的名称。右击 k040a，在弹出的快捷菜单里选取【重新命名】命令，输入文件夹名称为K050A，用同样的方法对其他文件夹进行修改，如图5-10所示。

图5-9　插入模板文件

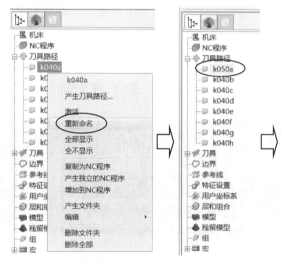

图5-10　修改文件夹名称

## （3）使用模板文件建立刀具

第（2）步已经插入了模板文件"2012版刀库文件.ptf"，展开【刀具】树枝 刀具，如图5-11所示为刀库的数据。这里面已经包含了本次所用的刀具ED16R0.8飞刀、ED4、ED8、BD8R4及BD4R2。

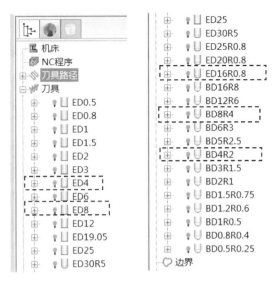

**图5-11　刀库数据**

# 5.4　在程序文件夹K050A中建立开粗刀路

主要任务是：建立1个刀具路径，使用ED16R0.8飞刀对型腔开粗。

首先将K050A程序文件夹激活。

**（1）进入"模型区域清除"刀路策略对话框**

在综合工具栏中单击【刀具路径策略】按钮🔘，弹出【策略选取器】对话框，选取【三维区域清除】选项卡，然后选择【模型区域清除】选项，单击【接受】按钮。系统弹出【模型区域清除】对话框。默认的刀具路径名称为"1"，现在修改【刀具路径名称】为"a0"。

**（2）定义坐标系**

定义用户坐标系为"无"，该坐标系与建模坐标系一致。

**（3）定义毛坯**

在【模型区域清除】对话框的左侧栏里，选取 🔲 毛坯，在【由…定义】下拉列表框中选择"方框"选项，【坐标系】为"世界坐标系"，单击【计算】按钮，如图5-12所示。单击右侧屏幕的【毛坯】按钮🔵，可以关闭其显示。

**（4）定义刀具**

在【模型区域清除】对话框的左侧栏里，选取 🔲 刀具，选取刀具为ED16R0.8。

**（5）定义剪裁参数**

在【模型区域清除】对话框的左侧栏里，在【毛坯】栏，【剪裁】为【按毛坯边缘剪裁刀具中心】选项 🔲，如图5-13所示。

**（6）定义切削参数**

在【模型区域清除】对话框的左侧栏里，选取【模型区域清除】选项，设置【样式】

为"偏置模型",【区域】为"任意",【公差】为"0.03",单击【余量】按钮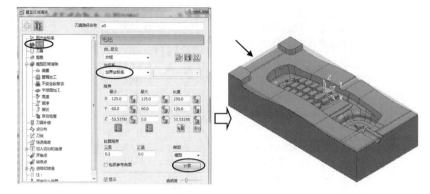,设置【侧面余量】为"0.3",【底面余量】为"0.2",【行距】为"8",【下切步距】为"0.3",如图5-14所示。

**图5-12 定义毛坯**

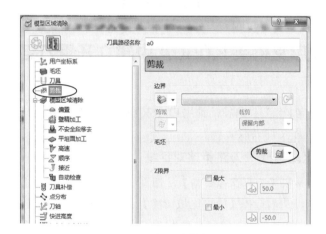

**图5-13 定义剪裁参数**

**图5-14 定义切削参数**

**（7）定义偏置参数**

在【模型区域清除】对话框的左侧栏里，选取【模型区域清除】下面的【偏置】选项，设置参数如图5-15所示。

**图5-15　设置偏置参数**

**（8）定义不安全段参数**

在【模型区域清除】对话框的左侧栏里，选取【模型区域清除】下面的【不安全段移去】选项，设置参数如图5-16所示。这样设置是为了防止出现顶刀现象。

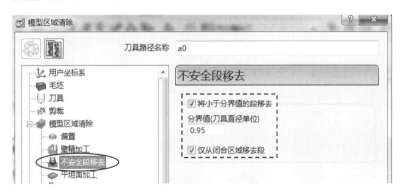

**图5-16　设置不安全段参数**

**（9）定义平坦面加工参数**

在【模型区域清除】对话框的左侧栏里，选取【模型区域清除】下面的【平坦面加工】选项，设置参数如图5-17所示。这样设置是为了使刀具从料外下刀。

**（10）定义高速加工参数**

在【模型区域清除】对话框的左侧栏里，选取【模型区域清除】下面的【高速】选项，设置参数如图5-18所示。

【顺序】、【接近】以及【自动检查】参数按照系统的默认来设置。【刀具补偿】、【点分布】参数也按照系统默认来设置。

图5-17 定义平坦面精加工

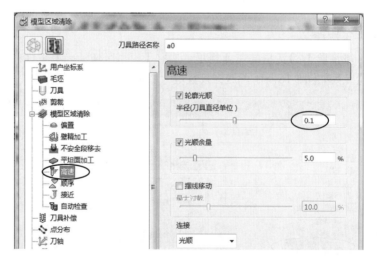

图5-18 定义高速参数

## （11）定义刀轴参数

在【模型区域清除】对话框的左侧栏里，选取【刀轴】选项，设置【刀轴】为"垂直"，如图5-19所示。

## （12）定义快进高度参数

在【模型区域清除】对话框的左侧栏里，选取【快进高度】选项，按如图5-20所示设置。

## （13）定义切入切出和连接参数

在【模型区域清除】对话框的左侧栏里，选取【切入切出和连接】选项，按如图5-21所示设置。

图5-19 定义刀轴参数

图5-20 定义快进高度参数

图5-21 定义切入参数

**（14）设定开始点参数**

设定【开始点】参数为"第一点安全高度"。

**（15）设定结束点参数**

设定【结束点】参数为"最后一点安全高度"。

**（16）设定进给和转速**

转速为2500r/min，开粗的进给速度为2500mm/min，如图5-22所示。

图5-22　定义进给率和转速　　　　　　　　图5-23　生成开粗刀路

**（17）计算刀路**

在【模型区域清除】对话框底部，单击【计算】按钮，计算出的刀路a0如图5-23所示。

## 5.5　在程序文件夹K050B中建立二次开粗刀路

主要任务是：建立1个刀具路径，使用ED8合金平底刀对型腔进行二次开粗。这种刀路要求仅对ED16R0.8加工的角落残留部分进行加工，而不需要全面加工。

首先将K050B程序文件夹激活。

**（1）进入"模型区域清除"刀路策略对话框**

在综合工具栏中单击【刀具路径策略】按钮 ◎，弹出【策略选取器】对话框，选取【三维区域清除】选项卡，然后选择【模型区域清除】选项，单击【接受】按钮。系统弹出【模型区域清除】对话框。默认的刀具路径名称为"1"，现在修改【刀具路径名称】为"b0"。

**（2）定义坐标系**

定义用户坐标系为"无"，该坐标系与建模坐标系一致。

**（3）定义毛坯**

在【模型区域清除】对话框的左侧栏里，选取 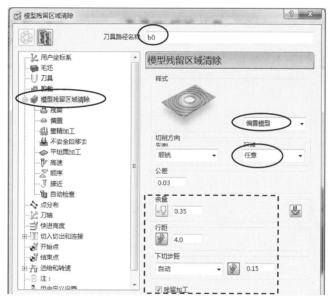 毛坯，在【由…定义】下拉列表框中选择"方框"选项，【坐标系】为"世界坐标系"，单击【计算】按钮。与如图5-12所示相同。

**（4）定义刀具**

在【模型区域清除】对话框的左侧栏里，选取 刀具，选取刀具为ED8。

**（5）定义剪裁参数**

在【模型区域清除】对话框的左侧栏里，在【毛坯】栏，【剪裁】为【按毛坯边缘剪裁刀具中心】选项 ，与如图5-13所示相同。

**（6）定义切削参数**

在【模型残留区域清除】对话框的左侧栏里，选取【模型残留区域清除】选项，设置【样式】为"偏置模型"，【区域】为"任意"，【公差】为"0.03"，单击【余量】按钮 ，设置【余量】为"0.35"，【行距】为"4"，【下切步距】为"0.15"。特别注意要勾选【残留加工】复选框，如图5-24所示。

**图5-24　定义切削参数**

**（7）定义残留参数**

在【模型残留区域清除】对话框的左侧栏里，选取【模型残留区域清除】下面的【残留】选项，设置参数如图5-25所示。其中【刀具路径】为"a0"，【检测材料厚于】为"0.3"，【扩展区域】为"2"。勾选【考虑前一Z高度】复选框。

**（8）定义偏置参数**

在【模型区域清除】对话框的左侧栏里，选取【模型区域清除】下面的【偏置】选项，设置参数与如图5-15所示相同。

图5-25 定义残留参数

### （9）定义不安全段参数

在【模型区域清除】对话框的左侧栏里，选取【模型区域清除】下面的【不安全段移去】选项，设置参数与如图5-16所示相同。

### （10）定义平坦面加工参数

在【模型区域清除】对话框的左侧栏里，选取【模型区域清除】下面的【平坦面加工】选项，设置参数与如图5-17所示相同。

### （11）定义高速加工参数

在【模型区域清除】对话框的左侧栏里，选取【模型区域清除】下面的【高速】选项，设置参数与如图5-18所示相同。

【顺序】、【接近】以及【自动检查】参数按照系统的默认来设置。【刀具补偿】、【点分布】参数也按照系统默认来设置。

### （12）定义刀轴参数

在【模型区域清除】对话框的左侧栏里，选取【刀轴】选项，设置【刀轴】为"垂直"。与如图5-19所示相同。

### （13）定义快进高度参数

在【模型区域清除】对话框的左侧栏里，选取【快进高度】选项，按如图5-20所示设置。

### （14）定义切入切出和连接参数

在【模型区域清除】对话框的左侧栏里，选取【切入切出和连接】选项，按如图5-21所示设置。

### （15）设定开始点参数

设定【开始点】参数为"第一点安全高度"。

### （16）设定结束点参数

设定【结束点】参数为"最后一点安全高度"。

**（17）设定进给和转速**

【主轴转速】为3500r/min，【切削进给率】（也叫进给速度）为1500mm/min，如图5-26所示。

图5-26　定义进给和转速

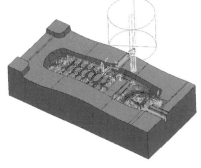

图5-27　生成b0刀路

**（18）计算刀路**

在【模型区域清除】对话框底部，单击【计算】按钮，计算出的刀路b0如图5-27所示。

# 5.6　在程序文件夹K050C中建立三次开粗刀路

主要任务是：建立1个刀具路径，使用ED4合金平底刀对型腔进行三次开粗。这种刀路要求仅对ED8加工的角落残留部分进行加工。

首先将K050C程序文件夹激活。

**（1）进入"模型区域清除"刀路策略对话框**

在综合工具栏中单击【刀具路径策略】按钮 ，弹出【策略选取器】对话框，选取【三维区域清除】选项卡，然后选择【模型区域清除】选项，单击【接受】按钮。系统弹出【模型区域清除】对话框。默认的刀具路径名称为"1"，现在修改【刀具路径名称】为"c0"。

**（2）定义坐标系**

定义用户坐标系为"无"，该坐标系与建模坐标系一致。

**（3）定义毛坯**

在【模型区域清除】对话框的左侧栏里，选取 毛坯，在【由…定义】下拉列表框中选择"方框"选项，【坐标系】为"世界坐标系"，单击【计算】按钮。与如图5-12所示相同。

**（4）定义刀具**

在【模型区域清除】对话框的左侧栏里，选取 刀具，选取刀具为ED4。特别要注意这个刀具的伸出长度应该和实际装刀长度相同。本例【伸出】长度为"22"，如图5-28所示。

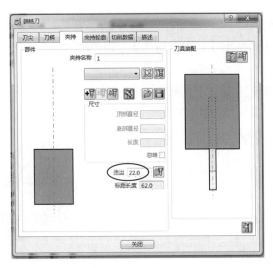

图5-28 定义刀具

**（5）定义剪裁参数**

在【模型区域清除】对话框的左侧栏里，在【毛坯】栏，【剪裁】为【按毛坯边缘剪裁刀具中心】选项，与如图5-13所示相同。

**（6）定义切削参数**

在【模型残留区域清除】对话框的左侧栏里，选取【模型残留区域清除】选项，设置【样式】为"偏置模型"，【区域】为"任意"，【公差】为"0.03"，单击【余量】按钮，设置【余量】为"0.4"，【行距】为"4"，【下切步距】为"0.1"。特别注意要勾选【残留加工】复选框，如图5-29所示。

图5-29 定义切削参数

### （7）定义残留参数

在【模型残留区域清除】对话框的左侧栏里，选取【模型残留区域清除】下面的【残留】选项，设置参数如图5-30所示。其中【刀具路径】为"b0"，【检测材料厚于】为"0.35"，【扩展区域】为"2"。勾选【考虑前一Z高度】复选框。

图5-30　定义残留参数

### （8）定义偏置参数

在【模型区域清除】对话框的左侧栏里，选取【模型区域清除】下面的【偏置】选项，设置参数与如图5-15所示相同。

### （9）定义不安全段参数

在【模型区域清除】对话框的左侧栏里，选取【模型区域清除】下面的【不安全段移去】选项，设置参数与如图5-16所示相同。

### （10）定义平坦面加工参数

在【模型区域清除】对话框的左侧栏里，选取【模型区域清除】下面的【平坦面加工】选项，设置参数与如图5-17所示相同。

### （11）定义高速加工参数

在【模型区域清除】对话框的左侧栏里，选取【模型区域清除】下面的【高速】选项，设置参数与如图5-18所示相同。

### （12）定义自动检查参数

在【模型残留区域清除】对话框的左侧栏里，选取【模型残留区域清除】下面的【自动检查】选项，设置参数如图5-31所示。选取【自动碰撞检查】复选框，设置【刀柄间隙】为"1"，【夹持间隙】为"1"。

【顺序】和【接近】等参数按照系统的默认来设置。【刀具补偿】、【点分布】参数也按照系统默认来设置。

### （13）定义刀轴参数

在【模型区域清除】对话框的左侧栏里，选取【刀轴】选项，设置【刀轴】为"垂直"。与如图5-19所示相同。

图5-31 定义自动检查参数

**（14）定义快进高度参数**

在【模型区域清除】对话框的左侧栏里，选取【快进高度】选项，按如图5-20所示设置。

**（15）定义切入切出和连接参数**

在【模型区域清除】对话框的左侧栏里，选取【切入切出和连接】选项，按如图5-21所示设置。

**（16）设定开始点参数**

设定【开始点】参数为"第一点安全高度"。

**（17）设定结束点参数**

设定【结束点】参数为"最后一点安全高度"。

**（18）设定进给和转速**

【主轴转速】为4500r/min，【切削进给率】为1500mm/min，如图5-32所示。

**（19）计算刀路**

在【模型区域清除】对话框底部，单击【计算】按钮，计算出的刀路c0如图5-33所示。

图5-32 定义进给和转速

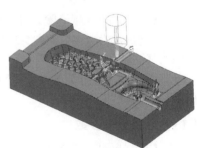

图5-33 生成c0刀路

# 5.7 在程序文件夹K050D中建立分模面半精加工

主要任务是：建立1个平行精加工刀具路径，使用BD8R4球头刀对分模面进行半精加工。这种刀路要求仅对平缓区域进行加工。

首先将K050D程序文件夹激活。

## （1）创建边界线

在前模的模型上选取分模面，右击屏幕左侧的资源管理器里的【边界】按钮，在弹出的快捷菜单里选取【定义边界】|【接触点】命令，在系统弹出的【接触点边界】对话框里单击【模型】按钮 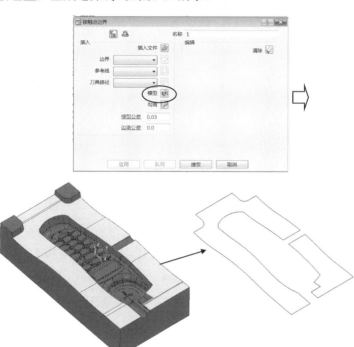 ，生成边界线1如图5-34所示。

图5-34　生成边界线1

## （2）进入"平行精加工"刀路策略对话框

在综合工具栏中单击【刀具路径策略】按钮 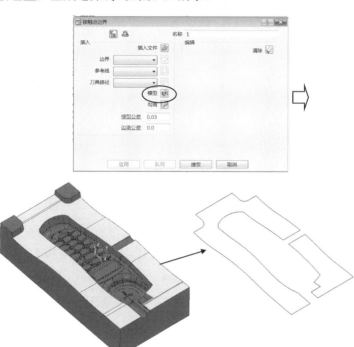 ，弹出【策略选取器】对话框，选取【精加工】选项卡，然后选择【平行精加工】选项，单击【接受】按钮。系统弹出【平行精加工】对话框。默认的刀具路径名称为"1"，现在修改【刀具路径名称】为"d0"。

## （3）定义坐标系

定义用户坐标系为"无"，该坐标系与建模坐标系一致。

## （4）定义毛坯

在【平行精加工】对话框的左侧栏里，选取 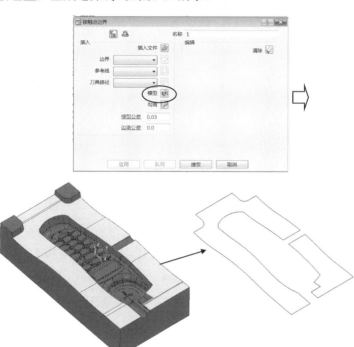 毛坯，在【由…定义】下拉列表框中选

择"方框"选项,【坐标系】为"世界坐标系",单击【计算】按钮。与如图5-12所示相同。

### (5)定义刀具

在【平行精加工】对话框的左侧栏里,选取 刀具,选取刀具为BD8R4。

### (6)定义剪裁参数

在【平行精加工】对话框的左侧栏里,在【边界】栏,边界为"1"。在【毛坯】栏,【剪裁】为【按毛坯边缘剪裁刀具中心】选项 ,如图5-35所示。

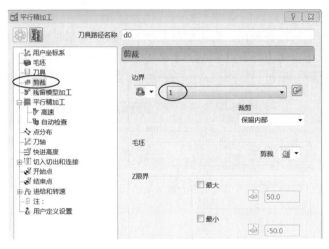

图5-35 定义裁剪参数

### (7)定义切削参数

在【平行精加工】对话框的左侧栏里,选取【平行精加工】选项 平行精加工,设置【角度】为"45",【样式】为"双向",【公差】为"0.1",【余量】为"0.1",【行距】里的【残留高度】 为"0.01",系统自动计算出【行距】为"0.39975",如图5-36所示。

图5-36 定义平行精加工切削参数

**（8）定义碰撞面参数**

如果按照图5-36所示设置余量参数，生成的刀路将在模锁部分留出0.1的余量，为了使切削加工更加平稳，一般会控制刀具远离模锁部分。现在介绍通过设置碰撞面的方法来控制刀具。

在【平行精加工】对话框里，单击【编辑部件余量】按钮。在图形上选取模锁曲面。在系统弹出的【部件余量】对话框里，选取第0组，【加工方式】为"碰撞"，【余量】为"0.4"，单击【获取部件】按钮，如图5-37所示。单击【应用】按钮。单击【接受】按钮。

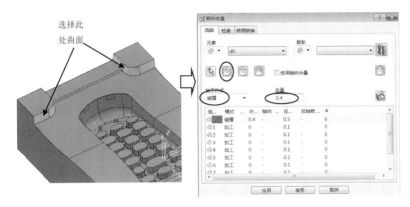

**图5-37 设置碰撞面及其余量参数**

【高速】、【自动检查】以及【点分布】参数按照系统的默认来设置。

**（9）定义刀轴参数**

在【平行精加工】对话框的左侧栏里，选取【刀轴】选项，设置【刀轴】为"垂直"。

**（10）定义快进高度参数**

在【模型区域清除】对话框的左侧栏里，选取【快进高度】选项，按如图5-20所示设置。

**（11）定义切入切出和连接参数**

在【平行精加工】对话框的左侧栏里，选取【切入切出和连接】选项，按如图5-38所示设置。

**图5-38 定义切入和切出参数**

（12）设定开始点参数

设定【开始点】参数为"第一点安全高度"。

（13）设定结束点参数

设定【结束点】参数为"最后一点安全高度"。

（14）设定进给和转速

转速为5500r/min，开粗的进给速度为1500mm/min，如图5-39所示。

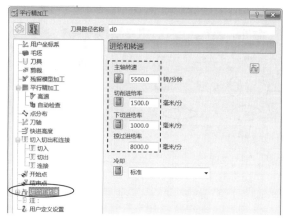

图5-39　定义主轴转速和进给　　　　　　　图5-40　生成刀路d0

（15）计算刀路

在【平行精加工】对话框底部，单击【计算】按钮，计算出的刀路d0如图5-40所示。

## 5.8　在程序文件夹K050E中建立分模面精加工

主要任务是：建立1个平行精加工刀具路径，使用BD8R4球头刀对分模面进行精加工。因为PowerMILL进行数控编程时参数具有继承性，而本次的刀路和K050D的d0刀路具有高度一致性，为了简化数控编程步骤，本次采取复制刀路并修改参数的方法进行编程。

首先将K050E程序文件夹激活。

（1）复制刀路

右击K050D文件夹里刚生成的刀路d0，在弹出的快捷菜单里选取【编辑】|【复制刀具路径】命令。再右击选取K050E文件夹里刚生成的刀路 d0_1，在弹出的快捷菜单里选取【激活】命令。再次右击选取该刀路，在弹出的快捷菜单里选取【重新命名】命令，修改名称为"e0"。

（2）进入"平行精加工"刀路策略对话框

再次右击选取该刀路e0，在弹出的快捷菜单里选取【设置】命令，在系统弹出的【平行精加工】对话框里单击【打开表格，编辑刀具路径】按钮。这时这个对话框的参数就可以进行修改了。用户坐标系、毛坯、刀具、剪裁、残留模型加工等参数都不用修改。

### （3）定义切削参数

在【平行精加工】对话框的左侧栏里，选取【平行精加工】选项 ⬚▤ 平行精加工，修改【公差】为"0.01"，【余量】为"0"，【行距】里的【残留高度】人为"0.001"，系统自动计算出【行距】为"0.126483"，如图5-41所示。

图5-41　修改切削参数

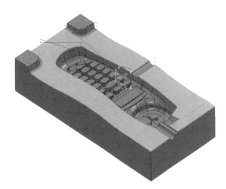

图5-42　生成刀路e0

### （4）计算刀路

在【平行精加工】对话框底部，单击【计算】按钮，计算出的刀路e0如图5-42所示。

## 5.9　在程序文件夹K050F中建立精加工

主要任务是：使用BD4R2球头刀创建6个平行精加工刀具路径，对A处半圆枕位面进行精加工；对B处碰穿面进行精加工；对C处枕位面进行精加工；对D处模锁面进行精加工；对D处分模面进行精加工；对E处小碰穿面进行精加工。以上的精加工部位图如图5-43所示。

首先将K050F程序文件夹激活。

### （1）对A处半圆枕位面进行精加工

① 创建边界线　在前模的模型上选取A处半圆枕位面，右击屏幕左侧的资源管理器里的【边界】按钮，在弹出的快捷菜单里选取【定义边界】|【接触点】命令，在系统弹出的【接触点边界】对话框里单击【模型】按钮 ⬚，生成边界线2如图5-44所示。

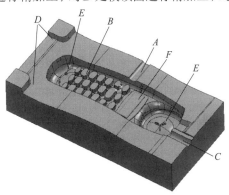

图5-43　精加工部位图

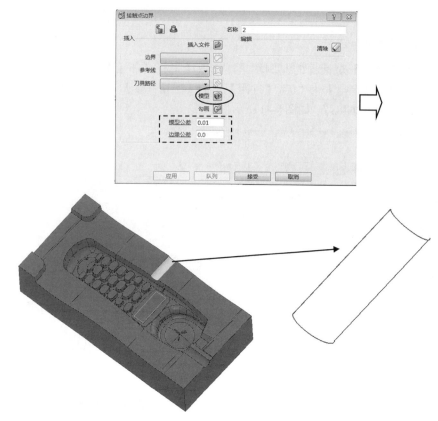

图5-44　生成边界线2

② 复制刀路　右击K050E文件夹里刚生成的刀路e0，在弹出的快捷菜单里选取【编辑】|【复制刀具路径】命令。再右击选取K050F文件夹里刚生成的刀路 ⊞ ✓ ▮ ☰ e0_1，在弹出的快捷菜单里选取【激活】命令。再次右击选取该刀路，在弹出的快捷菜单里选取【重新命名】命令，修改名称为"f0"。

③ 进入"平行精加工"刀路策略对话框　再次右击选取该刀路f0，在弹出的快捷菜单里选取【设置】命令，在系统弹出的【平行精加工】对话框里单击【打开表格，编辑刀具路径】按钮 🔘。

④ 定义刀具　在【平行精加工】对话框的左侧栏里，选取 🔰 刀具，选取刀具为BD4R2。

⑤ 定义剪裁参数　在【平行精加工】对话框的左侧栏里，选取 🔘 剪裁选项。在【边界】栏里，边界为"2"。在【毛坯】栏里，【剪裁】为【按毛坯边缘剪裁刀具中心】选项 🔘，如图5-45所示。

⑥ 定义切削参数　在【平行精加工】对话框的左侧栏里，选取【平行精加工】选项 ⊞ ☰ 平行精加工，修改【公差】为"0.01"，【余量】为"0"，【行距】里的【残留高度】人为"0.001"，系统自动计算出【行距】为"0.089432"，如图5-46所示。

⑦ 设定进给和转速　转速为6500r/min，进给速度为1500mm/min，如图5-47所示。

⑧ 计算刀路　在【平行精加工】对话框底部，单击【计算】按钮，计算出的刀路f0如图5-48所示。

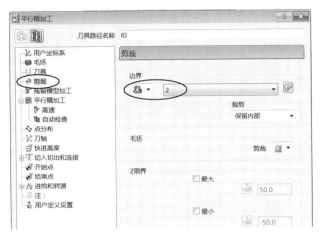

图5-45 定义边界线

图5-46 定义切削参数

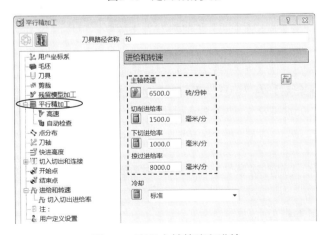

图5-47 定义主轴转速和进给

**（2）对B处碰穿面进行精加工**

① 创建边界线　在前模的模型上选取B处碰穿面，右击屏幕左侧的资源管理器里的【边界】按钮，在弹出的快捷菜单里选取【定义边界】|【接触点】命令，在系统弹出的【接触点边界】对话框里单击【模型】按钮 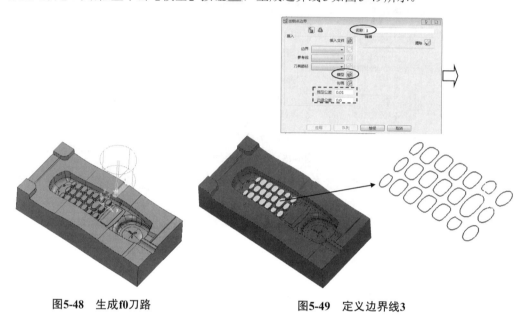，生成边界线3如图5-49所示。

图5-48　生成f0刀路　　　　　　　图5-49　定义边界线3

② 复制刀路　右击K050F文件夹里刚生成的刀路f0，在弹出的快捷菜单里选取【编辑】|【复制刀具路径】命令。再右击选取K050F文件夹里刚生成的刀路，在弹出的快捷菜单里选取【激活】命令。再次右击选取该刀路，在弹出的快捷菜单里选取【重新命名】命令，修改名称为"f1"。

③ 进入"平行精加工"刀路策略对话框　再次右击选取该刀路f1，在弹出的快捷菜单里选取【设置】命令，在系统弹出的【平行精加工】对话框里单击【打开表格，编辑刀具路径】按钮 。

④ 检查刀具　应该为BD4R2。

⑤ 定义剪裁参数　在【平行精加工】对话框的左侧栏里，选取 剪裁选项。在【边界】栏里，边界为"3"。在【毛坯】栏里，【剪裁】为【按毛坯边缘剪裁刀具中心】选项 ，如图5-50所示。

⑥ 定义切削参数　在【平行精加工】对话框的左侧栏里选取【平行精加工】选项 平行精加工，修改【余量】为"0.05"，【行距】里的【残留高度】 为"0.001"，系统自动计算出【行距】为"0.089432"，如图5-51所示。

⑦ 设定进给和转速　转速为6500r/min，进给速度为1500mm/min。与如图5-47所示相同。

⑧ 计算刀路　在【平行精加工】对话框底部，单击【计算】按钮，计算出的刀路f1如图5-52所示。

**（3）对C处枕位面进行精加工**

① 创建边界线　在前模的模型上选取C处枕位面，右击屏幕左侧的资源管理器里的

【边界】按钮，在弹出的快捷菜单里选取【定义边界】|【接触点】命令，在系统弹出的【接触点边界】对话框里单击【模型】按钮 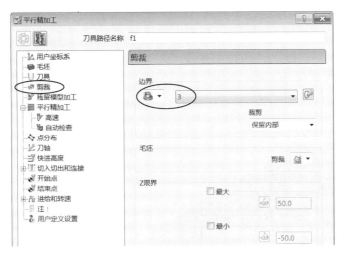，生成边界线4如图5-53所示。

图5-50　定义边界线

图5-51　定义切削参数

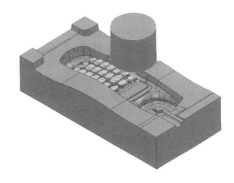

图5-52　生成刀路f1

　　② 复制刀路　右击K050F文件夹里刚生成的刀路f0，在弹出的快捷菜单里选取【编辑】|【复制刀具路径】命令。再右击选取K050F文件夹里刚生成的刀路，在弹出的快捷菜单里选取【激活】命令。再次右击选取该刀路，在弹出的快捷菜单里选取【重新命名】命令，修改名称为"f2"。为了刀路管理清晰，在左侧的目录树里把f2 ⊞✓💡▤ > **f2**拖到f1 ⊞✓💡▤ f1下面。

　　③ 进入"平行精加工"刀路策略对话框　再次右击选取该刀路f2，在弹出的快捷菜单里选取【设置】命令，在系统弹出的【平行精加工】对话框里单击【打开表格，编辑刀具路径】按钮 🕸 。

　　④ 检查刀具　应该为BD4R2。

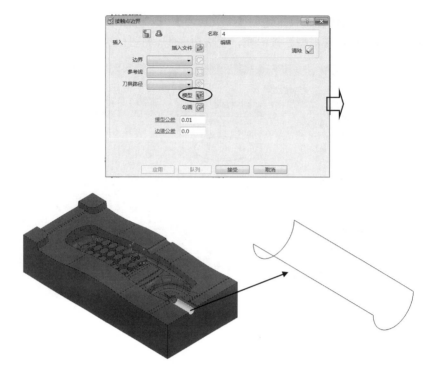

**图5-53 定义边界线4**

⑤ 定义剪裁参数 在【平行精加工】对话框的左侧栏里,选取 🐚 剪裁选项。在【边界】栏里,边界为"4"。在【毛坯】栏里,【剪裁】为【按毛坯边缘剪裁刀具中心】选项 🔄,如图5-54所示。

**图5-54 定义裁剪参数**

⑥ 定义切削参数 在【平行精加工】对话框的左侧栏里选取【平行精加工】选项 🗄■平行精加工,修改【余量】为"0",【行距】里的【残留高度】👤为"0.001",系统自动计算出【行距】为"0.089432",如图5-55所示。

⑦ 设定进给和转速 转速为6500r/min,进给速度为1500mm/min。与如图5-47所示相同。

⑧ 计算刀路　在【平行精加工】对话框底部，单击【计算】按钮，计算出的刀路f2如图5-56所示。

图5-55　定义切削参数

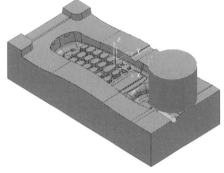

图5-56　生成刀路f2

### （4）对D处模锁面进行精加工

① 创建边界线5　在前模的模型上选取D处模锁面，右击屏幕左侧的资源管理器里的【边界】按钮，在弹出的快捷菜单里选取【定义边界】|【接触点】命令，在系统弹出的【接触点边界】对话框里单击【模型】按钮 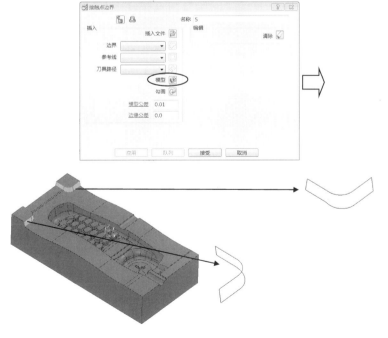，生成边界线5如图5-57所示。

图5-57　生成边界线5

② 进入"等高精加工"刀路策略对话框　在综合工具栏中单击【刀具路径策略】按钮

，弹出【策略选取器】对话框，选取【精加工】选项卡，然后选择【等高精加工】选项，单击【接受】按钮。系统弹出【等高精加工】对话框。默认的刀具路径名称为"1"，现在修改【刀具路径名称】为"f3"。

③ 定义坐标系　定义用户坐标系为"无"，该坐标系与建模坐标系一致。

④ 定义毛坯　在【等高精加工】对话框的左侧栏里，选取 毛坯，在【由…定义】下拉列表框中选择"方框"选项，【坐标系】为"世界坐标系"，单击【计算】按钮。与如图5-12所示相同。

⑤ 定义刀具　在【等高精加工】对话框的左侧栏里，选取 刀具，选取刀具为BD4R2。

⑥ 定义剪裁参数　在【等高精加工】对话框的左侧栏里，在【边界】栏里，边界为"5"。在【毛坯】栏里，【剪裁】为【按毛坯边缘剪裁刀具中心】选项 ，如图5-58所示。

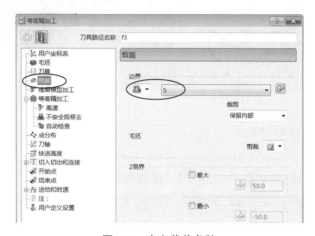

图5-58　定义裁剪参数

⑦ 定义切削参数　在【等高精加工】对话框的左侧栏里，选取【等高精加工】选项 等高精加工，设置【公差】为"0.01"，【切削方向】为"任意"，【余量】为"0"，【最小下切步距】为"0.08"，如图5-59所示。

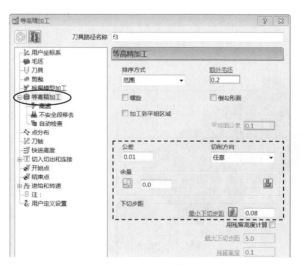

图5-59　定义切削参数

⑧ 定义碰撞面参数　在【等高精加工】对话框里，单击【编辑部件余量】按钮。在图形上选取与模锁曲面相邻近的分模面。在系统弹出的【部件余量】对话框里，选取第0组，【加工方式】为"碰撞"，【余量】为"0.2"，单击【获取部件】按钮，如图5-60所示。单击【应用】按钮，单击【接受】按钮。

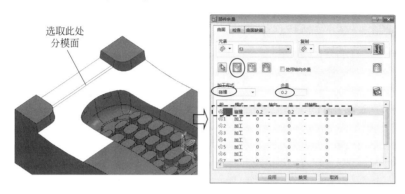

**图5-60　设置碰撞面及其余量参数**

【高速】、【不安全段移除】、【自动检查】以及【点分布】参数按照系统的默认来设置。

⑨ 定义刀轴参数　在【等高精加工】对话框的左侧栏里，选取【刀轴】选项，设置【刀轴】为"垂直"。

⑩ 定义快进高度参数　在【等高精加工】对话框的左侧栏里，选取【快进高度】选项，按如图5-20所示设置。

⑪ 定义切入切出和连接参数　在【等高精加工】对话框的左侧栏里，选取【切入切出和连接】选项，按如图5-61所示设置。

**图5-61　定义切入切出和连接参数**

⑫ 设定开始点参数　设定【开始点】参数为"第一点安全高度"。

⑬ 设定结束点参数　设定【结束点】参数为"最后一点安全高度"。

⑭ 设定进给和转速　转速为6500r/min，开粗的进给速度为1500mm/min。

⑮ 计算刀路　在【等高精加工】对话框底部，单击【计算】按钮，计算出的刀路f3如图5-62所示。

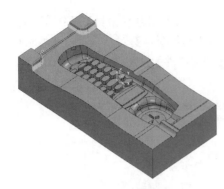

图5-62 生成刀路f3

（5）对*D*处分模面进行精加工

① 创建边界线6 右击屏幕左侧的资源管理器里的【边界】按钮，在弹出的快捷菜单里选取【定义边界】|【残留】命令，在系统弹出的【残留边界】对话框里，按如图5-63所示设置参数。用方框选取多余的边界线，单击键盘的删除键Del。

② 复制刀路 右击K050F文件夹里刚生成的刀路f0，在弹出的快捷菜单里选取【编辑】|【复制刀具路径】命令。再右击选取K050F文件夹里刚生成的刀路，在弹出的快捷菜单里选取【激活】命令。再次右击选取该刀路，在弹出的快捷菜单里选取【重新命名】命令，修改名称为"f4"。为了刀路管理清晰，在左侧的目录树里把f4放在最下面。

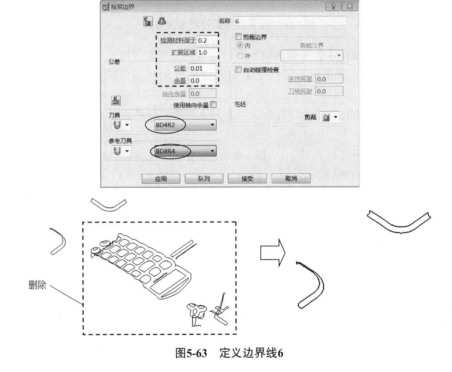

图5-63 定义边界线6

③ 进入"平行精加工"刀路策略对话框 再次右击选取该刀路f4，在弹出的快捷菜单里选取【设置】命令，在系统弹出的【平行精加工】对话框里单击【打开表格，编辑刀具路径】按钮🔧。

④ 检查刀具 应该为BD4R2。

⑤ 定义剪裁参数 在【平行精加工】对话框的左侧栏里，选取 剪裁 选项。在【边界】栏里，边界为"6"。在【毛坯】栏里，【剪裁】为【按毛坯边缘剪裁刀具中心】选项 ，如图5-64所示。

⑥ 定义切削参数 在【平行精加工】对话框的左侧栏里选取【平行精加工】选项 平行精加工，修改【余量】为"0"，【行距】里的【残留高度】 为"0.001"，系统自动计

算出【行距】为"0.089432"，如图5-65所示。

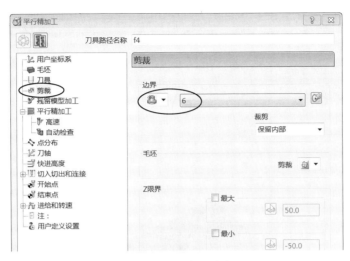

图5-64　定义裁剪参数

⑦ 设定进给和转速　转速为6500r/min，进给速度为1500mm/min。

⑧ 计算刀路　在【平行精加工】对话框底部，单击【计算】按钮，计算出的刀路f4如图5-66所示。

图5-65　定义切削参数

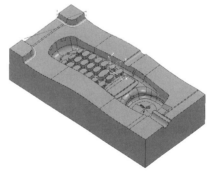

图5-66　生成刀路f4

（6）对E处小碰穿面进行精加工

① 创建边界线7　在前模的模型上选取E处的小碰穿面，右击屏幕左侧的资源管理器里的【边界】按钮，在弹出的快捷菜单里选取【定义边界】|【接触点】命令，在系统弹出的【接触点边界】对话框里单击【模型】按钮 ，生成边界线7如图5-67所示。

② 复制刀路　右击K050F文件夹里生成的刀路f0，在弹出的快捷菜单里选取【编辑】|【复制刀具路径】命令。再右击选取K050F文件夹里刚生成的刀路，在弹出的快捷菜单里选

取【激活】命令。再次右击选取该刀路，在弹出的快捷菜单里选取【重新命名】命令，修改名称为 "f5"。为了刀路管理清晰，在左侧的目录树里把f5放在最下面。

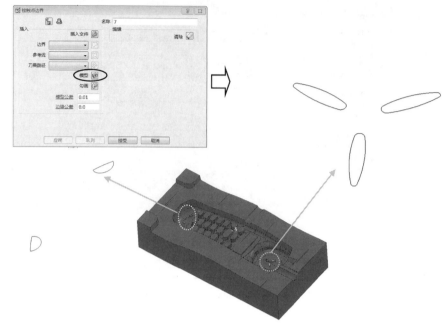

图5-67　生成边界线7

③ 进入"平行精加工"刀路策略对话框　再次右击选取该刀路f5，在弹出的快捷菜单里选取【设置】命令，在系统弹出的【平行精加工】对话框里单击【打开表格，编辑刀具路径】按钮 ⚙。

④ 检查刀具　应该为BD4R2。

⑤ 定义剪裁参数　在【平行精加工】对话框的左侧栏里，选取 剪裁选项。在【边界】栏里，边界为 "7"。在【毛坯】栏里，【剪裁】为【按毛坯边缘剪裁刀具中心】选项 ，如图5-68所示。

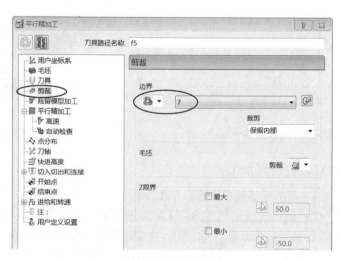

图5-68　定义裁剪参数

⑥ 定义切削参数 在【平行精加工】对话框的左侧栏里选取【平行精加工】选项 ⊟■平行精加工,修改【余量】为"0.03",【行距】里的【残留高度】人为"0.001",系统自动计算出【行距】为"0.089432",如图5-69所示。

**图5-69 定义切削参数**

⑦ 设定进给和转速 转速为6500r/min,进给速度为1500mm/min。

⑧ 计算刀路 在【平行精加工】对话框底部,单击【计算】按钮,计算出的刀路f5如图5-70所示。

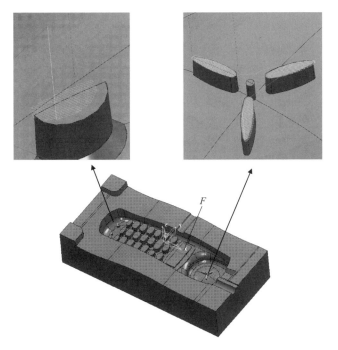

**图5-70 生成刀路f5**

## 5.10 在程序文件夹K050G中建立镜片位精加工

主要任务是：使用ED4平底刀创建2个刀具路径，对$F$处镜片碰穿面的水平面进行精加工；对$F$处碰穿面的侧面进行精加工。

首先将K050G程序文件夹激活。

**（1）对$F$处镜片碰穿面的水平面进行精加工**

① 创建参考线　右击屏幕左侧资源管理器里的【参考线】按钮，在弹出的快捷菜单里选取【产生参考线】命令，这时注意在资源管理器的【参考线】树枝下产生了参考线1，这是一个空的参考线节点。

在前模模型上选取$F$处的碰穿面水平面。在屏幕左侧资源管理器里，右击参考线节点，在弹出的快捷菜单里选取【插入】|【模型】命令，生成参考线1如图5-71所示。

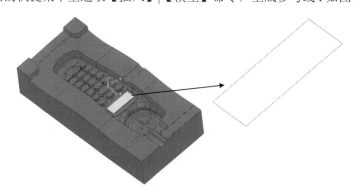

**图5-71　生成参考线1**

② 进入"二维曲线区域清除"刀路策略对话框　在综合工具栏中单击【刀具路径策略】按钮，弹出【策略选取器】对话框，选取【2.5维区域清除】选项卡，然后选择【二维曲线区域清除】选项，单击【接受】按钮。系统弹出【曲线区域清除】对话框。默认的刀具路径名称为"1"，现在修改【刀具路径名称】为"g0"。

③ 定义坐标系　定义用户坐标系为"无"，该坐标系与建模坐标系一致。

④ 定义毛坯　在前模模型上选取$F$处的碰穿面水平面。

在【曲线区域清除】对话框的左侧栏里，选取　毛坯，在【由…定义】下拉列表框中选择"方框"选项，【坐标系】为"世界坐标系"，【扩展】为"0.5"，单击【计算】按钮，如图5-72所示。单击右侧屏幕的【毛坯】按钮，可以关闭其显示。

⑤ 定义刀具　在【曲线区域清除】对话框的左侧栏里，选取　刀具，选取刀具为ED4。

⑥ 定义剪裁参数　在【曲线区域清除】对话框的左侧栏里，设置【边界】为无。在【毛坯】栏，【剪裁】为【按毛坯边缘剪裁刀具中心】选项，如图5-73所示。

⑦ 定义切削参数　在【曲线区域清除】对话框的左侧栏里，选取【曲线区域清除】选项，设置【曲线定义】为"1"，【位置】为"刀路中心沿参考线"，【下限】为"−11.9"，此数比实际线的Z值高出0.02，目的是碰穿面留有余量，【样式】为"偏置"，【公差】为"0.1"，【切削方向】为"顺铣"，【曲线余量】为"0"，【行距】为"2"，如图5-74所示。

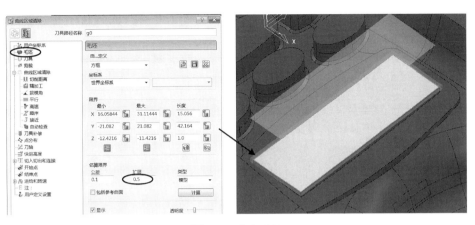

图5-72 定义毛坯

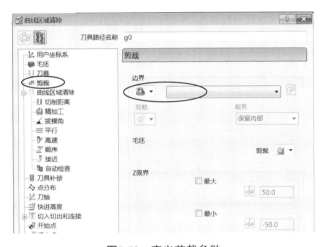

图5-73 定义剪裁参数

图5-74 定义切削参数

⑧ 定义切削距离参数 在【曲线区域清除】对话框的左侧栏里，选取【曲线区域清除】下面的【切削距离】选项，设置参数如图5-75所示。

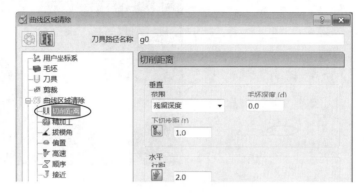

图5-75 定义切削距离参数

⑨ 定义刀轴参数 在【曲线区域清除】对话框的左侧栏里，选取【刀轴】选项，设置【刀轴】为"垂直"。

⑩ 定义快进高度参数 在【曲线区域清除】对话框的左侧栏里，选取【快进高度】选项，按如图5-76所示设置。

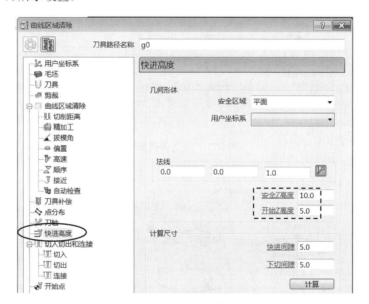

图5-76 定义快进高度

⑪ 定义切入切出和连接参数 在【曲线区域清除】对话框的左侧栏里，选取【切入切出和连接】选项，按如图5-77所示设置，【切出】为"无"。

⑫ 设定开始点参数 设定【开始点】参数为"第一点安全高度"。

⑬ 设定结束点参数 设定【结束点】参数为"最后一点安全高度"。

⑭ 设定进给和转速 转速为4500r/min，开粗的进给速度为800mm/min，如图5-78所示。

⑮ 计算刀路 在【曲线区域清除】对话框底部，单击【计算】按钮，计算出的刀路g0如图5-79所示。

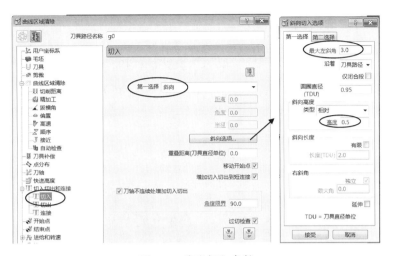

图5-77 定义切入参数

图5-78 定义进给率和转速

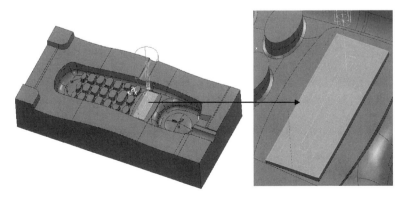

图5-79 生成刀路g0

**（2）对F处碰穿面的侧面进行精加工**

① 定义毛坯　因为PowerMILL数控编程参数有继承性，如果不专门定义毛坯，本次默认的毛坯就是第（1）步定义的毛坯，而这个毛坯对本次并不合适，因此需要重新定义。

在图形区不要选取任何图形，在主工具栏里单击【毛坯】按钮 📦，在系统弹出的【毛坯】对话框里单击【计算】按钮，如图5-80所示。单击【接受】按钮。

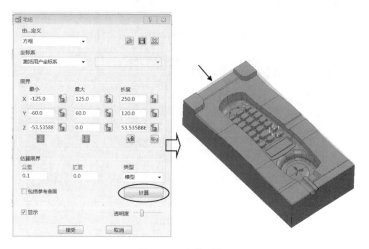

**图5-80　定义毛坯**

② 创建边界线8　在前模的模型上选取F处碰穿面及侧面曲面，右击屏幕左侧的资源管理器里的【边界】按钮，在弹出的快捷菜单里选取【定义边界】|【已选曲面】命令，在系统弹出的【已选曲面边界】对话框里单击【模型】按钮 📦，生成边界线8如图5-81所示。

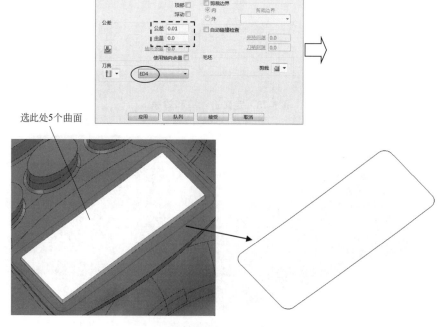

选此处5个曲面

**图5-81　生成边界线8**

③ 进入"等高精加工"刀路策略对话框　在综合工具栏中单击【刀具路径策略】按钮 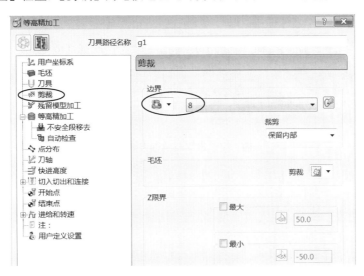，弹出【策略选取器】对话框，选取【精加工】选项卡，然后选择【等高精加工】选项，单击【接受】按钮，系统弹出【等高精加工】对话框。默认的刀具路径名称为"1"，现在修改【刀具路径名称】为"g1"。

④ 定义坐标系　定义用户坐标系为"无"，该坐标系与建模坐标系一致。

⑤ 定义刀具　在【等高精加工】对话框的左侧栏里，选取 刀具，选取刀具为ED4。

⑥ 定义剪裁参数　在【等高精加工】对话框的左侧栏里，在【边界】栏里，边界为"8"。在【毛坯】栏里，【剪裁】为【按毛坯边缘剪裁刀具中心】选项 ，如图5-82所示。

**图5-82　定义剪裁参数**

⑦ 定义切削参数　在【等高精加工】对话框的左侧栏里，选取【等高精加工】选项 等高精加工，设置【公差】为"0.01"，【切削方向】为"任意"，【余量】为"0"，【最小下切步距】为"0.05"，如图5-83所示。

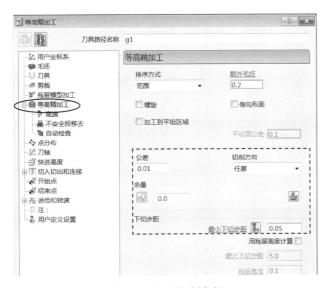

**图5-83　定义切削参数**

⑧ 定义碰撞面参数 在【等高精加工】对话框里，单击【编辑部件余量】按钮，在图形上选取碰穿面下一级的斜面。在系统弹出的【部件余量】对话框里，选取第0组，【加工方式】为"碰撞"，【余量】为"0.2"，单击【获取部件】按钮，如图5-84所示。单击【应用】按钮，单击【接受】按钮。

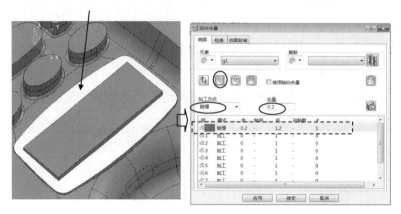

**图5-84　定义碰撞面及参数**

⑨ 定义刀轴参数 在【等高精加工】对话框的左侧栏里，选取【刀轴】选项，设置【刀轴】为"垂直"。

⑩ 定义快进高度参数 在【等高精加工】对话框的左侧栏里，选取【快进高度】选项，按如图5-20所示设置。

⑪ 定义切入切出和连接参数 在【模型区域清除】对话框的左侧栏里，选取【切入切出和连接】选项，按如图5-61所示设置。

⑫ 设定开始点参数 设定【开始点】参数为"第一点安全高度"。

⑬ 设定结束点参数 设定【结束点】参数为"最后一点安全高度"。

⑭ 设定进给和转速 转速为4500r/min，开粗的进给速度为1500mm/min，如图5-85所示。

**图5-85　定义进给和转速**

⑮ 计算刀路　在【等高精加工】对话框底部，单击【计算】按钮，计算出的刀路g1如图5-86所示。

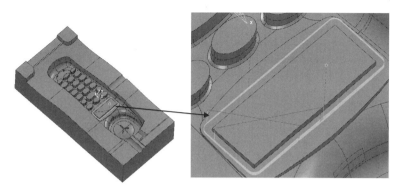

图5-86　生成刀路g1

# 5.11　后置处理

## （1）设置后处理输出参数

在工具栏里执行【工具】|【选项】命令，系统弹出【选项】对话框，选择【NC程序】下的【输出】选项，修改为如图2-87所示的参数。单击【接受】按钮。

## （2）检查输出的坐标系

本例将使用世界坐标系，位于零件的四边分中顶部位置。

## （3）复制NC文件夹

在屏幕左侧的【资源管理器】中，选择【刀具路径】中的K050A文件夹，单击鼠标右键，在弹出的快捷菜单中选择【复制为NC程序】。用同样的方法可以将其他文件夹复制到【NC程序】中，如图5-87所示。

## （4）初步后处理生成CUT文件

在左侧资源管理器里，右击【NC程序】树枝里的 k050a，在弹出的快捷菜单里选取【设置】命令，在系统弹出的【NC程序】对话框里，选取【输出用户坐标系】为空白，按如图5-88所示设置参数，单击【写入】按钮。用同样的方法对其他文件夹进行输出。请注意CUT文件输出的目录文件夹位置，以便后续进行后处理时能找到相应的文件。同样方法对其他文件夹进行输出。在主工具栏里单击【保存项目】按钮，对项目文件夹存盘。

图5-87　复制刀路

## （5）复制后处理器

把本书提供的三轴机床后处理器文件upbook-3x.pmoptz复制到C:\Users\Public\Documents\PostProcessor 2011 (x64) Files\Generic目录里。

### （6）启动后处理器

启动后处理软件PostProcessor 2011 (x64)。右击【New】命令，在弹出的对话框里选取后处理器upbook-3x.pmoptz。右击 CLDATA Files，把第（4）步输出的刀位文件选中，如图5-89所示。

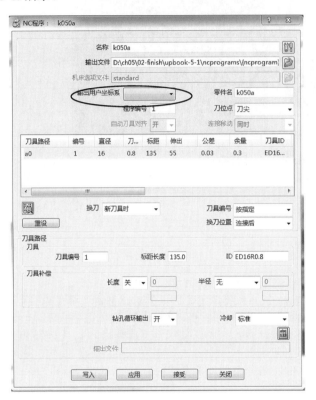

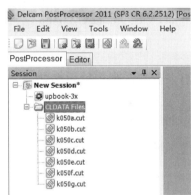

图5-88　设置输出参数　　　　　　　图5-89　调入刀位文件

### （7）后处理生成NC文件

在如图5-90所示的对话框里，右击 CLDATA Files，在弹出的快捷菜单里选取【Process All】命令。

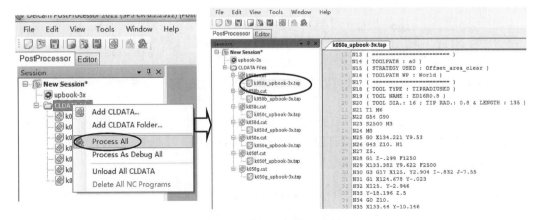

图5-90　后处理生成NC文件

# 5.12 写数控程序工作单

一般正规的工厂里，数控编程工程师在完成工作以后都会把自己编写的程序写成数控程序单交给CNC车间来安排加工。本例的数控程序单如表5-1所示。

**表5-1 CNC加工程序单**

| 型号 | | 模具名称 | | 工件名称 | | 电话机面壳前模 | |
|---|---|---|---|---|---|---|---|
| 编程员 | | 编程日期 | | 操作员 | | 加工日期 | |

对刀方式：四边分中为XY零位
　　　　　原材料的顶面为Z零位
图形名：upbook-5-1
材料号：钢材S136H
大小：250×120×55

| 程序名 | 余量 | 刀具 | 装刀最短长 | 加工内容 | 加工时间 |
|---|---|---|---|---|---|
| k050a | 0.3 | ED16R0.8飞刀 | 35 | 开粗 | |
| k050b | 0.35 | ED8合金平底刀 | 30 | 二次型腔开粗 | |
| k050c | 0.4 | ED4合金平底刀 | 25 | 三次型腔开粗 | |
| k050d | 0.1 | BD8R4球头刀 | 35 | 分模面半精加工 | |
| k050e | 0 | BD8R4球头刀 | 35 | 分模面半精加工 | |
| k050f | 0.05 | BD4R2球头刀 | 35 | 枕位面、碰穿面精加工 | |
| k050g | 0.02 | ED4平底刀 | 35 | 碰穿面精加工 | |

# 5.13 本章总结及思考练习与参考答案

本章重点讲解模具工件的数控编程方法，学习时请注意以下问题。

① 如果有些读者没有模具厂工作经历，请仔细阅读模具各个工艺部位的名称和加工要求。今后有机会进入模具工厂就要结合工厂实际和工作习惯，把模具结构搞清楚，以便自己所编的程序能满足工厂所需。

② 本例模具很多部位CNC是加工不到的，就没有必要刻意用小刀加工。例如本例模具型腔就仅仅进行了粗加工，留出的大量余量是由电火花（EDM）进行的。这部分最忌讳过切，所以要仔细检查刀路不能过切。

③ 本例的模锁部分CNC也是加工不了的，一般这部分都会留有圆角，和后模的模锁进行配合。

④ 对于初学者在遇到类似工作任务时，可以结合本章内容灵活变通。

---

**思考练习**

---

1.如果因为刀路错误而使前模型腔过切，一般会采取什么办法进行补救？

2.对前模进行数控编程，如何检查刀路是否过切。

---

**参考答案**

---

　　1.答：大部分模具设计时，在厚度方向上的材料都会留出10～15mm的量。经过实际测量确定过切量，来确定降低加工的数量。如果这个数值小于15mm就可以通过降低形状来重新加工。如果过切过大，还可以考虑把过切部分做成镶件来改结构，重新分模重新加工。这些情况都不允许的话就必须换料加工了，因为前模一般不允许烧焊，所以编数控程序要格外小心，避免错误发生。

　　2.答：PowerMILL里检查刀路的方法一般有：①直观地从各个标准视图观看刀路线条；②模拟仿真；③右击刀路策略，执行【检查】|【刀具路径】命令。这些方法很重要，请灵活运用。

# 06

第6章

第2部分 进阶篇

Part two

四轴数控编程（实例6）

本章以某一典型的轴类零件加工为例，主要介绍如何在实际工作中应用PowerMILL对四轴零件进行编程。本章希望读者掌握以下重点：

① 四轴零件编程时坐标系的设定。

② 四轴零件加工工艺设计及实施。

③ 四轴加工编程时加工策略及刀轴矢量控制。

应该重点学会四轴零件编程时常用的加工策略以及刀轴矢量的控制方法，完整地学习轴类零件编程的全过程。

# 6.1 四轴零件加工编程要点

四轴零件加工是指刀具运动时除了可以执行三个线性轴XYZ以外，还有一个旋转轴（A轴或者B轴）的加工方式。典型的四轴机床是传统三轴机床基础之上安装一个旋转工作台，这个旋转工作台的旋转轴线与X轴平行的话，该旋转轴就是A轴，这种方式最为常见，如果旋转轴与Y轴平行的话，该旋转轴就是B轴。

PowerMILL进行四轴编程时的要点如下：

① 图形分析及处理。对图形进行分析找出图形的旋转中心，对图形进行变换使图形的旋转中心轴与X轴重合。

② 定义毛坯，PowerMILL定义圆柱形毛坯轴线，默认情况是与Z轴平行，为了顺利定义毛坯，有必要专门定义一个沿着轴线方向为Z轴的坐标系。

③ 分析整个零件的加工工艺，准确定位四轴铣机床应该合理承担的加工工序，对这部分工序的要求应理解准确。

④ 分析制定四轴加工工步规划，一般遵循开粗、二次开粗、半精加工、精加工等工艺设计原则。

⑤ 熟悉PowerMILL策略特点，恰当运用PowerMILL软件的策略特点进行数控编程，计算刀路以后要进行检查，没有错误就可以进行后置处理。旋转精加工、参考线精加工、SWARF精加工都是常用的策略。

⑥ 加工跟进，不断总结经验，提高编程水平。

# 6.2 四轴零件加工编程

本节任务：根据如图6-1所示的轴零件3D图形进行数控编程，后处理生成数控程序，在编程软件里加工仿真。

图6-1 轴

## 6.2.1 工艺分析及刀路规划

### （1）分析图纸

零件图纸如图6-2所示，材料为铝，外围表面粗糙度为$Ra6.3\mu m$，全部尺寸的公差为

±0.02，右侧弯曲管道槽的圆弧半径为*R*2，其截面为半圆。

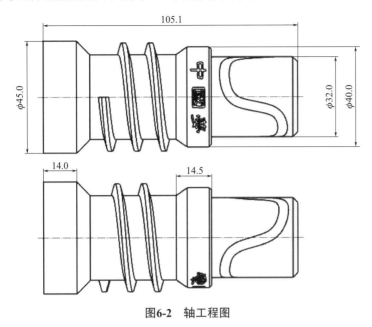

图6-2　轴工程图

### （2）制定加工工艺

由于该零件多处部位都有倒扣，用普通的三轴铣无法在一个工位加工出来。最好选用四轴或者五轴机床进行精加工。具体工艺如下。

① 开料：毛料大小为 $\phi 50×125$ 的铝棒料，比图纸多留出一些材料。

② 车削：先车一端面及外圆，然后掉头，夹持另外一端，车削外圆及另外端面，尺寸保证为 $\phi 45×120$，留出夹持位。

③ 数控铣：加工外形曲面。夹持位为 $\phi 45$ 的圆柱，采取三爪卡盘进行装夹。先粗铣、再半精加工，最后为精加工。

④ 车削：车削 $\phi 45$ 的圆柱多余的夹持位部分，保证图纸长度尺寸。

在多轴机床上一次性完成所有的粗加工和精加工，完成的工艺方法不一定是最优的方案。必要时还是要发挥传统加工方法的效能，使整体加工路线最优。多轴机床应该起到"好钢用到刀刃上"的作用，解决关键加工问题。这些情况一定要结合工厂的具体情况和工作习惯来确定。

### （3）制定数控铣工步规划

① 开粗刀路K060A，使用刀具为ED12平底刀，余量为0.3。

② 精加工槽K060B，使用刀具为BD4R2球头刀，余量为0。

③ 半精加工K060C，使用刀具为BD8R4球头刀，余量为0.1。

④ 精加工K060D，使用刀具为BD4R2球头刀，余量为0。

⑤ 清角加工K060E，使用刀具为ED3平底刀，余量为0。

⑥ 精加工K060F，使用刀具为BD0.54R0.25球头刀，字深度为0.3。

## 6.2.2　在UG里进行造型

本节主要任务：根据客户提供的STP格式的模型图形创建加工用的沟槽曲线，即在UG

里创建沟槽线；对沟槽部分进行补面，即在UG里创建辅助曲面。

### （1）在UG里创建沟槽线

分析图6-1及图6-2得知，模型上有一段弯曲管道槽，这部分将采用球头刀沿着管道中心进行四轴联动方式加工。

先在D盘根目录建立文件夹D：\ch06，然后将二维码里文件夹ch06\01-sample中的文件夹及其文件复制到该文件夹里（扫文前二维码下载该素材文件）。

① 打开图形文件　启动UG软件，执行【文件】|【打开】命令，在系统弹出的【打开】对话框里，选取【文件类型】为 STEP 文件 (*.stp)，选取模型文件upbook-6-1.stp，关闭【信息】窗口，图形区显示出如图6-3所示的模型文件图形，进入建模模块。

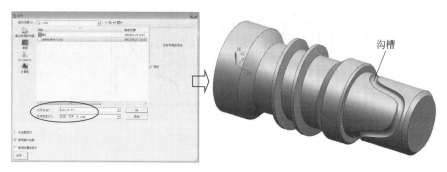

图6-3　打开图形文件

② 分析图形　在主菜单里执行【菜单】|【分析】|【几何属性】命令，然后在图形上选取沟槽曲面，移动鼠标就会发现系统对这个曲面进行分析，如图6-4所示。从相同弹出的【几何属性】对话框里可以看出此沟槽的区域半径【最小半径】为"2"。单击【关闭】按钮。

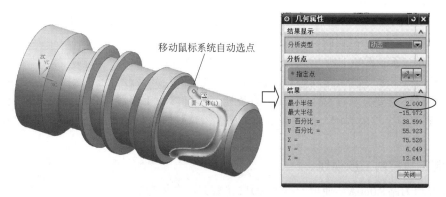

图6-4　分析图形

由此可以确定此处可以用BD4R2球头刀进行加工。而中心线的创建方法可以从沟槽边缘沿着曲面偏置2得到。

③ 创建沟槽线　在主菜单里执行【菜单】|【插入】|【派生曲线】|【在面上偏置】命令，系统弹出【在面上偏置曲线】对话框，在图形上选取沟槽的边线，在图形上选取参考曲面。在【在面上偏置曲线】对话框里的参数栏，【截面线1：偏置1】的数值为"2"，观察图形上表示偏置的箭头方向，如果是指向沟槽以外的话，就要单击【方向】按钮 ⊠ ，使箭头方向

朝向沟槽，如图6-5所示。

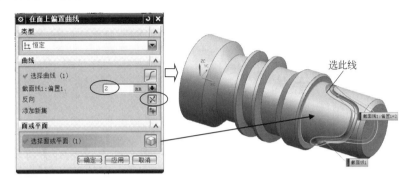

图6-5　设置偏置曲线参数

观察初步生成的偏置曲线是正确的，就可以在【在面上偏置曲线】对话框里单击【确定】按钮，结果如图6-6所示。

图6-6　生成偏置曲线

④ 删除实体　首先将文件存盘。在主工具栏里单击【存盘】按钮，文件名为upbook-6-1_stp.prt。

由于UG的造型过程是参数化的，各个特征之间有父子关系。此处需要消除父子关系的方法是：在主菜单里执行【菜单】|【编辑】|【特征】|【移除参数】命令，然后用方框选取全部图形。在系统弹出的【移除参数】对话框里单击【确定】按钮，在系统弹出的【移除参数】信息框里单击【是】按钮，如图6-7所示。

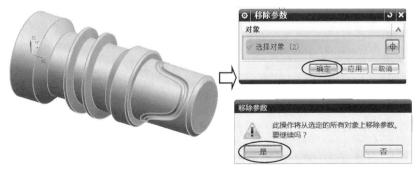

图6-7　移除参数

然后，在图形上选取实体图形，按键盘的删除按钮Del，或者选取【删除】按钮，如图6-8所示。

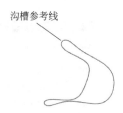

**图6-8　删除实体**

⑤ 把参考线导出为IGS文件　在主菜单里执行【文件】|【保存】|【另存为】命令，在弹出的【另存为】对话框里，选取【保存类型】为 IGES 文件 (*.igs)，输入文件名为"caoxian"，单击【OK】按钮，如图6-9所示，输出的文件为caoxian.igs。

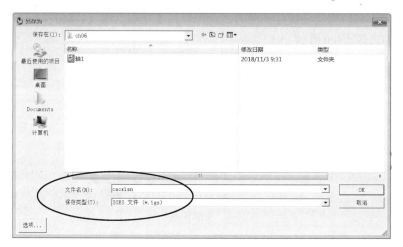

**图6-9　另存文件**

### （2）在UG里创建辅助曲面

在加工时要把沟槽处进行补面，确保加工平稳。在UG里补面方法很多，根据本例的特点采取扩大曲面，然后进行裁剪的方法。重新打开文件upbook-6-1_stp.prt。

① 初步生成大面　在主菜单里执行【菜单】|【编辑】|【曲面】|【扩大】命令，在图形上选取曲面，在【扩大】对话框里修改【V向起点百分比】为"40"，单击【确定】按钮，如图6-10所示。

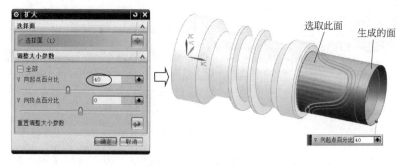

**图6-10　生成扩大曲面**

② 裁剪曲面　在菜单栏里执行【菜单】|【插入】|【修剪】|【修剪片体】命令，在图形上选取大面右侧作为【目标】片体，然后在图形上选取沟槽的右侧边缘线作为边界，在【修剪片体】对话框里的【区域】栏里选取【放弃】选项，单击【应用】按钮，不要退出对话框，如图6-11所示。

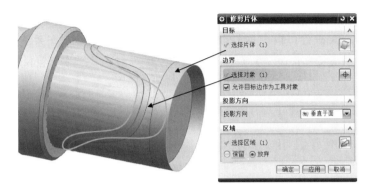

图6-11　修剪曲面1

在图形上再次选取大面的左侧作为【目标】片体，然后在图形上选取沟槽的左侧边缘线作为边界，在【修剪片体】对话框里的【区域】栏里选取【放弃】选项，单击【确定】按钮，结果如图6-12所示。

图6-12　补面

③ 删除实体及参考线　首先将文件存盘。在主工具栏里单击【存盘】按钮 ，文件名为 upbook-6-1_stp.prt。

此处仍需要消除父子关系。在主菜单里执行【菜单】|【编辑】|【特征】|【移除参数】命令，然后用方框选取全部图形，在系统弹出的【移除参数】对话框里单击【确定】按钮，在系统弹出的【移除参数】信息框里单击【是】按钮，如图6-7所示。然后，在图形上选取实体图形，按键盘的删除按钮 Del，或者选取【删除】按钮✕。

④ 把参考曲面导出为STP文件　在主菜单里执行【文件】|【保存】|【另存为】命令，在弹出的【另存为】对话框里，选取【保存类型】为STEP 203 文件 (*.stp)，输入文件名为 "sizhoujiagong1"，在【选项】里要勾选【曲面】选项，单击【OK】按钮，输出的文件为 sizhoujiagong1.stp，如图6-13所示。

图6-13　输出文件

## 6.2.3 在PowerMILL里进行图形处理

本节主要任务：在PowerMILL里输入模型，读取客户提供的图形，检查坐标系；读取编程时创建的辅助线和辅助面；对编程图形项目进行层管理。

### （1）读取主模型文件

启动PowerMILL软件，执行【文件】|【输入模型文件】命令，在系统弹出的【输入模型】对话框里，选取【文件类型】为 STEP (*.stp;*.step)，选取模型文件upbook-6-1.stp，关闭【信息】窗口，图形区显示出如图6-14所示的模型文件图形。

**图6-14　读取轴零件**

经过分析得知，模型的坐标系零点位于左端面圆心，X轴与轴线重合，符合四轴编程的要求。

### （2）读取参考曲面文件

因为本例图形有很多槽，为了使开粗刀路顺畅，有必要把这部分进行补面，文件名为"sizhoujiagong1.stp"。

在左侧资源管理器里右击【模型】树枝，在系统弹出的快捷菜单里选取【输入模型】命令，随后在系统弹出的【输入模型】对话框里，选取【文件类型】为 STEP (*.stp;*.step)，选取模型文件sizhoujiagong1.stp，关闭【信息】窗口，图形区显示出如图6-15所示的模型文件图形。

**图6-15　零件补面**

### （3）读取沟槽线条文件

因为本例R2沟槽将采取投影曲线精加工，必须把沟槽中心线创建出来，本例提供的线条已经在UG软件里绘制好，文件名为caoxian.igs，现在需要导入这个线条作为参考线。

在左侧资源管理器里右击【模型】树枝，在系统弹出的快捷菜单里选取【输入模型】命令，随后在系统弹出的【输入模型】对话框里，选取【文件类型】为 `IGES (*.ig*)`，选取模型文件"caoxian.igs"，关闭【信息】窗口，图形区显示出如图6-16所示的模型文件图形。

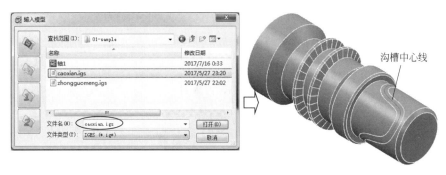

**图6-16　输入沟槽线条模型文件**

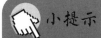 **小提示**

为了显示沟槽线条，可以在右侧工具栏里单击【线框】按钮。

### （4）读取文字线条文件

在左侧资源管理器里右击【模型】树枝，在系统弹出的快捷菜单里选取【输入模型】命令，随后在系统弹出的【输入模型】对话框里，选取【文件类型】为 `IGES (*.ig*)`，选取模型文件"zhongguomeng.igs"，关闭【信息】窗口，图形区显示出如图6-17所示的模型文件图形。

**图6-17　输入文字**

以上导入进来的2个线条，在目录树的"参考线"节点里会显示相应的内容。

### （5）图层管理

图形如果复杂，要把不同的图形进行分类显示，就必须对图形进行图层管理。

本例在输入模型文件时系统已经自动生成了图层，其中"0"层里存放的是第一次输入的模型曲面，"1"层里存放的是第二次输入的线条。如果单击图层前的灯泡按钮，可以显示或者关闭该图层图形。系统默认的层的名称为数字，为了更加清晰地管理图形，层的名称还可以修改为文字。并且需要把相应的图形进行分类整理,方法是在模型上选取相应的图形,在层目录树里右击相应的层,在弹出的快捷菜单里选取【获取已选模型几何体】选项。最终结果如图6-18所示。其中参考线1为槽线,参考线3为文字线条。

图6-18　图层管理

### （6）用户坐标系清理

展开目录树里的【用户坐标系】可以看到,有很多重复的用户坐标系,为了管理清晰,可以把这些坐标系全部删除。

### （7）文件夹存盘

在主工具栏里单击【保存项目】按钮■,输入项目名称为"upbook-6-1"。

## 6.2.4　使用模板文件建立数控程序文件夹及刀具

### （1）使用模板文件建立数控程序文件夹

本节主要任务是:根据6.3.1的工艺规划,建立6个空的数控程序文件夹。

在主菜单里执行【插入】|【模板对象】命令,输入模板文件"2012版刀库文件.ptf"。

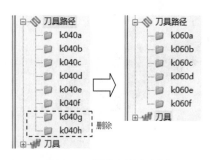

图6-19　修改文件夹名称

观察左侧的资源管理器可以看到已经有了文件夹。右击 k040a,在弹出的快捷菜单里选取【重新命名】命令,输入文件夹名称为"k060a"。用同样的方法对其他文件夹进行修改,删除多余的文件夹,结果如图6-19所示。

### （2）使用模板文件建立刀具

第（1）步已经插入了模板文件"2012版刀库文件.ptf",展开【刀具】树枝 刀具,这里面已经包含了本次所用的刀具ED12、ED3、BD8R4、BD4R2及BD0.5R0.25。

## 6.2.5　在程序文件夹K060A中建立开粗刀路

本节主要任务是:建立2个定位加工的开粗刀具路径,策略名称为模型区域清除。先将K060A程序文件夹激活。

**（1）对工件的一半形状进行开粗**

① 定义坐标系 定义用户坐标系为"1"，该坐标系与建模坐标系一致，即世界坐标系。在目录树里右击【用户坐标系】节点，在弹出的快捷菜单里选取【产生用户坐标系】命令，在主工具栏弹出的用户坐标系工具栏里单击【接受改变】按钮✓，坐标系默认名称为"1"。结果如图6-20所示。

定义用户坐标系2。把坐标系1先激活，右击 ⊟┈📏 **用户坐标系**，在弹出的快捷菜单里选取命令【产生用户坐标系】，在工具栏里单击【沿Z轴旋转】按钮🜨，在弹出的【旋转】对话框里输入"90"，单击【接受】按钮，即再沿着Z轴旋转90°，使Z轴与工件的轴线平行，得到定义坐标系2，如图6-21所示。注意这个坐标系是用来定义毛坯的。

图6-20 建立坐标系1　　　　　　　　图6-21 定义坐标系2

定义用户坐标系3。把坐标系1先激活，右击 ⊟┈📏 **用户坐标**，在弹出的快捷菜单里选取【产生用户坐标系】，在工具栏里单击【沿X轴旋转】按钮🜨，在弹出的【旋转】对话框里输入"180"，单击【接受】按钮，即再沿着X轴旋转180°得到定义坐标系3，如图6-22所示。

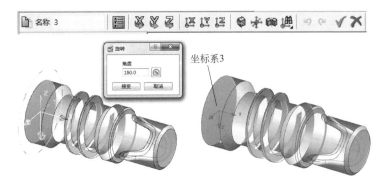

图6-22 定义坐标系3

最后，激活坐标系1为本例的工作坐标系，如图6-23所示。

图6-23 定义用户坐标系

② 设定毛坯　本刀路定义的毛坯大小为 $\phi$55×85.1 圆柱体，其中圆柱的轴线与坐标系2 的Z轴重合，如图6-24所示。单击右侧屏幕的【毛坯】按钮 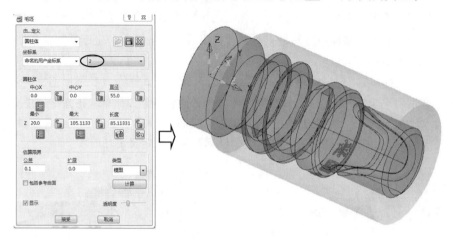，可以关闭其显示。

图6-24　定义毛坯

③ 进入"模型区域清除"刀路策略对话框　在综合工具栏中单击【刀具路径策略】按钮 ，弹出【策略选取器】对话框，选取【三维区域清除】选项卡，然后选择【模型区域清除】选项，单击【接受】按钮，系统弹出【模型区域清除】对话框，默认的刀具路径名称为"1"，现在修改【刀具路径名称】为"a0"。

④ 定义刀具为ED12平底刀，按如图6-25所示选取刀具。

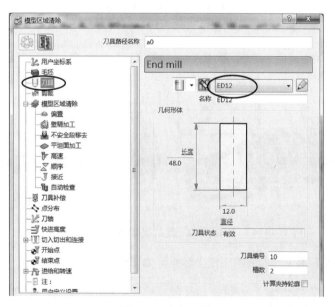

图6-25　定义刀具

⑤ 设定裁剪参数　定义剪裁参数如图6-26所示。设置Z限界的【最大】为"22.5"，这个位置处于实际开料的毛坯材料的顶面，【最小】为"0"，这个位置也就是轴线位置。

⑥ 设定切削参数　这里定义【公差】为"0.1"，【余量】为"1"，【行距】为"6"，【下切步距】为"0.5"，如图6-27所示。

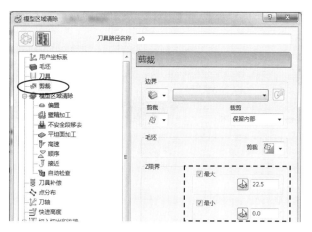

图6-26　定义剪裁参数

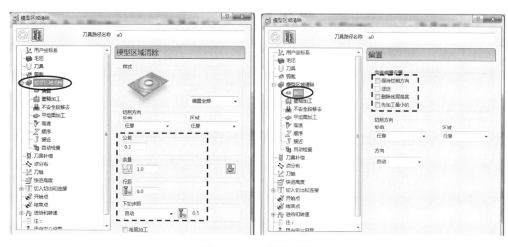

图6-27　定义切削参数

⑦ 定义刀轴参数　本刀路与普通的三轴编程定义方法相同，参数如图6-28所示。

图6-28　定义刀轴

⑧ 定义快进高度参数　为了提高加工效率，尽可能减小安全高度参数，按如图6-29所示设置。

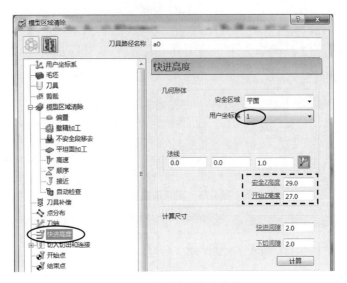

图6-29　定义快进高度参数

⑨ 定义切入切出和连接参数　为了提高加工效率，在安全的前提下，尽可能减小非切削刀路的长度，按如图6-30所示设置，这里采取的是斜向下刀的方式。单击【切入和切出相同】按钮 来设置切出参数。这里的【最大左斜角】为"3"度，【高度】为"1"。

设置切入参数有多种方法和渠道，在图6-30左边的第1个图所示界面里单击【切入切出和连接】按钮 ，这样设置参数的效果是一样的。

图6-30 设置切入切出参数

⑩ 设定开始点参数　设定【开始点】参数为"第一点安全高度"。

⑪ 设定结束点参数　设定【结束点】参数为"最后一点安全高度"。

⑫ 设定进给和转速　转速为3500r/min，开粗的进给速度为2000mm/min，如图6-31所示。

⑬ 计算刀路　各项参数设定完以后检查无误就可以在【模型区域清除】对话框底部，单击【计算】按钮，计算出的刀路a0如图6-32所示。

**（2）对工件的另外一半形状进行开粗**

方法：采取复制刀路修改参数来进行，也可以按照第（1）步的方法进行编程。现在介绍复制刀路修改参数的方法。

图6-31　设置进给和转速参数

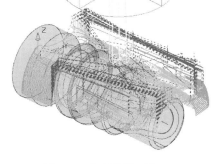

图6-32　生成开粗刀路a0

① 复制刀路　在目录树里选取刚生成的刀路 ■ > a0，右击鼠标，在弹出的快捷菜单里选取【编辑】|【复制刀具路径】命令，默认系统生成的刀路为 ■ a0_1，修改名称为 ■ a1，并激活刀路a1。

② 进入"模型区域清除"策略对话框　右击刚复制出来的刀路a1，在弹出的快捷菜单里选取【设置】命令，系统弹出【模型区域清除】对话框。单击【打开表格】按钮 ，修改对话框里的参数。

③ 修改坐标系　本刀路使用坐标系3为工作坐标系，修改参数如图6-33所示。

图6-33　定义用户坐标系

④ 修改快进高度　因为本刀路的工作坐标系为3，所以按如图6-34所示设置【用户坐标系】为"3"。如果此参数没有修改仍为1，则会导致刀路异常。

⑤ 计算刀路　在【模型区域清除】对话框底部单击【计算】按钮，计算出的刀路a1如图6-35所示。单击【取消】按钮。

## 6.2.6　在程序文件夹K060B中建立槽精加工刀路

本节任务是：建立1个刀具路径，使用刀具为BD4R2球头刀，采用参考线精加工策略。

先将K060B程序文件夹激活。坐标系1激活。图层 ■ > 槽线 为显示状态，参考线1为显示状态。

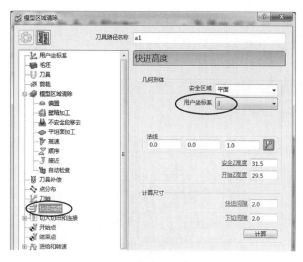

图6-34 修改快进高度参数

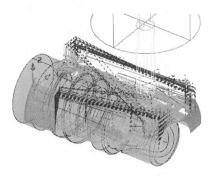

图6-35 生成刀路a1

① 进入"参考线精加工"刀路策略对话框 在综合工具栏中单击【刀具路径策略】按钮，弹出【策略选取器】对话框，选取【精加工】选项卡，然后选择【参考线精加工】选项，单击【接受】按钮。系统弹出【参考线精加工】对话框，默认的刀具路径名称为"1"，现在修改【刀具路径名称】为"b0"。

② 定义用户坐标系为 <None> ，             。默认坐标系是世界坐标系。

③ 毛坯与第6.3.5节相同，不用重复定义。

④ 定义刀具为BD4R2球头刀。

⑤ 检查【剪裁】栏不选取任何参数。【残留模型精加工】栏也不选任何参数。

⑥ 定义参考线精加工参数 参考线精加工切削参数按如图6-36所示设置。定义参考线为"1"，该线条就是槽的中心线。单击【获取几何体到参考线】按钮，然后选取槽线，

图6-36 定义参考线精加工切削参数

单击【选取曲线，产生新的参考线】按钮☑。【底部位置】为"驱动曲线"，【轴向偏置】为"–2"，【公差】为"0.01"，【余量】为"0"，【最大下切步距】为"0.1"（这个参数可以在【多重切削】里设置）。

　　【多重切削】按如图6-37所示设置。这样可以确保切削是分层进行的，而且层深为0.1。

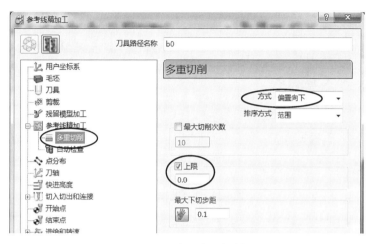

**图6-37　定义多重切削**

　　⑦ 定义刀轴参数　因为本刀路是一个四轴联动程序，所以必须定义合理的刀轴参数，此处定义刀轴为"朝向直线"，该直线是世界坐标系的 $X$ 轴，如图6-38所示。

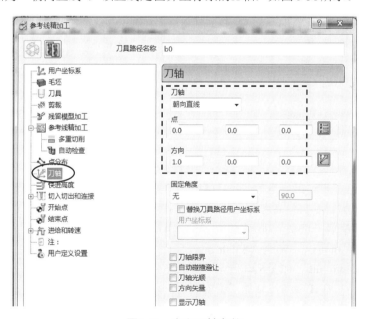

**图6-38　定义刀轴参数**

　　⑧ 定义快进高度参数　在【参考线精加工】对话框的左侧栏里选取 ⬚ 快进高度，定义快进高度参数如图6-39所示。其中【用户坐标系】为世界坐标系。

　　⑨ 定义切入切出和连接参数　在【参考线精加工】对话框的左侧栏里，按如图6-40所示设置参数。

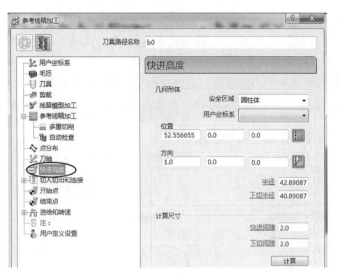

图6-39　定义快进高度

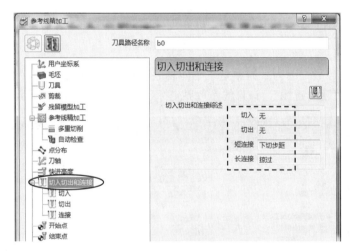

图6-40　定义切入切出和连接参数

⑩ 设定开始点和结束点参数　设定【开始点】参数为"第一点安全高度"。设定【结束点】参数为"最后一点安全高度"。

⑪ 设定进给和转速　转速为5500r/min，进给速度为2000mm/min，如图6-41所示。

⑫ 计算刀路　在【参考线精加工】对话框底部单击【计算】按钮，计算出的刀路b0如图6-42所示。单击【取消】按钮。

## 6.2.7　在程序文件夹K060C中建立半精加工刀路

图6-41　设定转速和进给参数

本节主要任务是：建立8个四轴联动的刀具路径，分别对图6-43所示的c0～c5部位进行加工；对 c0-c1 部分进行整体加工；对 c3-c5 部分进行整体加工。

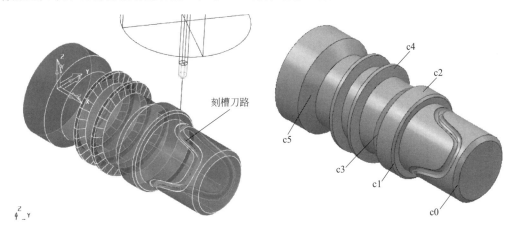

图6-42　生成槽加工刀路　　　　　　　图6-43　半精加工部位图

先将 K060C 程序文件夹激活。

## （1）对 c0 处倒角面进行加工

方法是：使用 BD8R4 球头刀采取曲面精加工策略。

① 选取加工曲面 c0，如图6-44所示。

② 进入"曲面精加工"刀路策略对话框　在综合工具栏中单击【刀具路径策略】按钮，弹出【策略选取器】对话框，选取【精加工】选项卡，然后选择【曲面精加工】选项，单击【接受】按钮。系统弹出【曲面精加工】对话框，默认的刀具路径名称为"1"，现在修改【刀具路径名称】为"c0"。

③ 定义用户坐标系为 <None>，默认坐标系是世界坐标系。

④ 毛坯与第 6.3.5 节相同，不用重复定义。

⑤ 定义刀具为 BD8R4 球头刀。

⑥ 检查【剪裁】栏不选取任何参数。【残留模型精加工】栏也不选任何参数。

⑦ 定义曲面精加工参数　曲面精加工切削参数按如图6-44所示设置。定义【曲面单位】为"距离"，【公差】为"0.01"，【余量】为"0.1"，【行距】为"0.3"。

图6-44　设定曲面精加工切削参数

【参考线】按如图6-45所示设置。

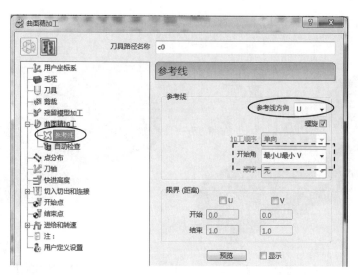

图6-45 设定参考线参数

⑧ 定义刀轴参数 因为本刀路是一个四轴联动程序，定义刀轴为"朝向直线"，该直线是世界坐标系的 $X$ 轴，如图6-46所示。

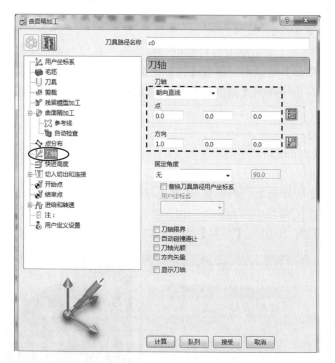

图6-46 定义刀轴参数

⑨ 定义快进高度参数 在【曲面精加工】对话框的左侧栏里选取  快进高度，定义快进高度参数如图6-47所示。其中【用户坐标系】为世界坐标系。

⑩ 定义切入切出和连接参数 在【曲面精加工】对话框的左侧栏里选取 切入切出和连接，按如图6-48所示设置参数。

⑪ 设定开始点和结束点参数 设定【开始点】参数为"第一点安全高度"。设定【结束

点】参数为"最后一点安全高度"。

图6-47 定义快进高度

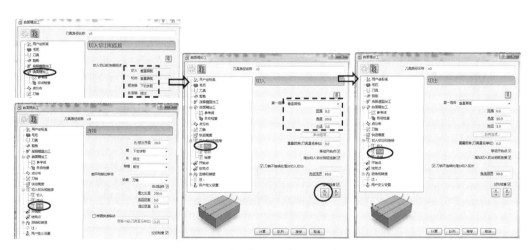

图6-48 定义切入切出和连接参数

⑫ 设定进给和转速 转速为3500r/min，进给速度为1500mm/min，如图6-49所示。

⑬ 计算刀路 在【曲面精加工】对话框底部单击【计算】按钮，计算出的刀路c0如图6-50所示。单击【取消】按钮。

## （2）对c1处倒角面进行加工

方法：采取复制刀路修改参数来进行，也可以按照第（1）步的方法进行编程。现在介绍复制刀路修改参数的方法。

图6-49　设定转速和进给参数

图6-50　生成刀路c0

要注意

这个"曲面精加工"刀路策略需要选取要加工曲面，当修改加工参数、重新计算刀路时也要选取相应的加工曲面，否则会出现错误信息，如图6-51所示。

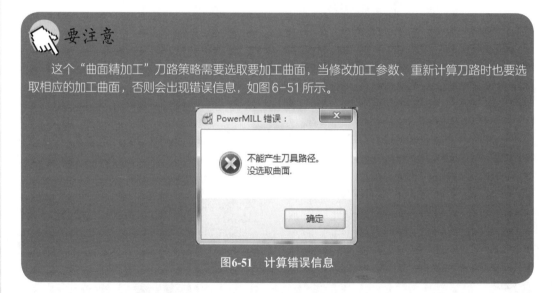

图6-51　计算错误信息

① 复制刀路　在目录树里选取第（1）步刚生成的刀路，右击鼠标，在弹出的快捷菜单里选取【编辑】|【复制刀具路径】命令，把默认系统生成的刀路修改名称为c1，并激活刀路c1。

② 选取加工曲面c1，如图6-52所示。

③ 进入"曲面精加工"策略对话框　右击刚复制出来的刀路c1，在弹出的快捷菜单里选取【设置】命令，系统弹出【曲面精加工】对话框。单击【打开表格】按钮，修改对话框里的参数。

④ 计算刀路　注意继续选取曲面c1，在【曲面精加工】对话框底部单击【计算】按钮，计算出的刀路c1如图6-53所示。单击【取消】按钮。

图6-52　设定切削参数　　　　　　　　　　　图6-53　生成c1处刀路

## （3）对c2处圆柱曲面进行加工

方法：仍采取复制刀路、修改参数来进行。

① 复制刀路　在目录树里选取第（2）步刚生成的刀路c1，右击鼠标，在弹出的快捷菜单里选取【编辑】|【复制刀具路径】命令，把默认系统生成的刀路修改名称为c2，并激活刀路c2。

② 选取加工曲面c2，如图6-54所示。

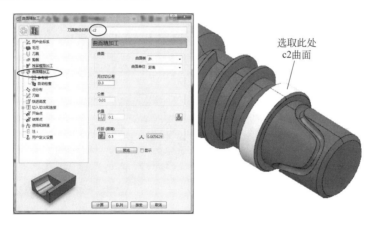

图6-54　设定切削参数

③ 进入"曲面精加工"策略对话框　右击刚复制出来的刀路c2，在弹出的快捷菜单里选取【设置】命令，系统弹出【曲面精加工】对话框。单击【打开表格】按钮，修改对话框里的参数。

④ 计算刀路　注意继续选取曲面c2，在【曲面精加工】对话框底部单击【计算】按钮，计算出的刀路c2如图6-55所示。单击【取消】按钮。

## （4）对c3处圆锥曲面进行加工

方法：仍采取复制刀路、修改参数来进行。

① 复制刀路　在目录树里选取第（2）步刚生成的刀路c2，右击鼠标，在弹出的快捷菜单里选取【编辑】|【复制刀具路径】命令，把默认系统生成的

图6-55　生成c2处刀路

刀路修改名称为c3，并激活刀路c3。

② 选取加工曲面c3，如图6-56所示。

图6-56 修改加工曲面

③ 进入"曲面精加工"策略对话框 右击刚复制出来的刀路c3，在弹出的快捷菜单里选取【设置】命令，系统弹出【曲面精加工】对话框。单击【打开表格】按钮 🔯，修改对话框里的参数。

④ 选取碰撞曲面 在【曲面精加工】对话框里，单击【部件余量】按钮 🖱，选取如图6-57所示的3个曲面，在【部件余量】对话框里，按图示操作顺序操作，选取图中虚线方框的参数，选取【加工方式】为"碰撞"，设置【余量】为"0.1"，单击【获取部件】按钮 🖱。单击【应用】按钮，再单击【接受】按钮。

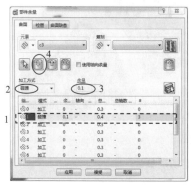 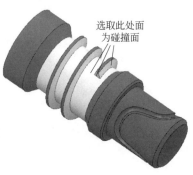

图6-57 选取碰撞面

⑤ 计算刀路 注意继续选取曲面c3，在【曲面精加工】对话框底部单击【计算】按钮，计算出的刀路c3如图6-58所示。单击【取消】按钮。

**（5）对c4处圆柱曲面进行加工**

方法：仍采取复制刀路、修改参数来进行。

① 复制刀路 在目录树里选取第（4）步刚生成的刀路c3，右击鼠标，在弹出的快捷菜单里选取【编辑】|【复制刀具路径】命令，把默认系统生成的刀路修改名称为c4，并激活刀路c4。

图6-58 生成刀路

② 选取加工曲面c4，如图6-59所示。

③ 进入"曲面精加工"策略对话框　右击刚复制出来的刀路c4，在弹出的快捷菜单里选取【设置】命令，系统弹出【曲面精加工】对话框。单击【打开表格】按钮⚙，修改对话框里的参数。

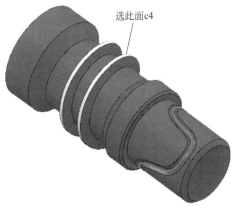

选此面c4

**图6-59　设定切削参数**

④ 计算刀路　注意继续选取曲面c4，在【曲面精加工】对话框底部单击【计算】按钮，计算出的刀路c4如图6-60所示。单击【取消】按钮。

### （6）对c5处倒角面进行加工

方法：仍采取复制刀路、修改参数来进行。

① 复制刀路　在目录树里选取第（5）步刚生成的刀路c4，右击鼠标，在弹出的快捷菜单里选取【编辑】|【复制刀具路径】命令，把默认系统生成的刀路修改名称为c5，并激活刀路c5。

② 选取加工曲面c5，如图6-61所示。

③ 进入"曲面精加工"策略对话框　右击刚复

**图6-60　生成刀路c4**

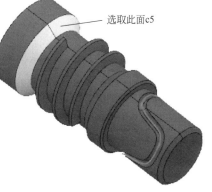

选取此面c5

**图6-61　设定加工参数**

制出来的刀路c5，在弹出的快捷菜单里选取【设置】命令，系统弹出【曲面精加工】对话框。单击【打开表格】按钮 ⊛，修改对话框里的参数。因为加工余量为0.3，所以狭窄区域会出现跳刀。

④ 选取碰撞曲面 在【曲面精加工】对话框里，单击【部件余量】按钮 🖫，选取如图6-62所示的3个曲面，在【部件余量】对话框里，按图示操作顺序操作，选取图中虚线方框的参数，选取【加工方式】为"碰撞"，设置【余量】为"0.1"，单击【获取部件】按钮 🖫。单击【应用】按钮，再单击【接受】按钮。

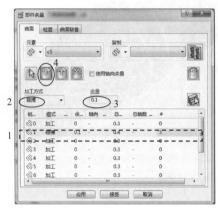
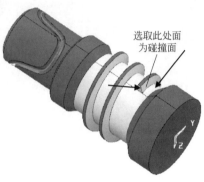

图6-62 选取碰撞面

图6-63 生成刀路c5

⑤ 计算刀路 注意继续选取曲面c5，在【曲面精加工】对话框底部单击【计算】按钮，计算出的刀路c5如图6-63所示。单击【取消】按钮。

**（7）对c0-c1处进行整体加工**

方法是：使用BD8R4球头刀采取旋转精加工策略。

① 在层管理器 ⬤ 层和组合 里把"辅助面"层打开显示。

② 进入"旋转精加工"刀路策略对话框 在综合工具栏中单击【刀具路径策略】按钮 🖫，弹出【策略选取器】对话框，选取【精加工】选项卡，然后选择【旋转精加工】选项，单击【接受】按钮，系统弹出【旋转精加工】对话框。默认的刀具路径名称为"1"，现在修改【刀具路径名称】为"c6"。

③ 定义用户坐标系为 🖫 <None>， 🖫 ▾ ▢ 。默认坐标系是世界坐标系。

④ 毛坯与第6.3.5节相同，不用重复定义。

⑤ 定义刀具为BD8R4球头刀。

⑥ 检查【剪裁】栏不选取任何参数。【残留模型精加工】栏也不选取任何参数。

⑦ 定义旋转精加工参数 旋转精加工切削参数按如图6-64所示设置。定义【X轴极限尺寸】中的【开始】参数为"71"，【结束】为"105"，参考线【样式】为"螺旋"，【公差】为"0.01"，【余量】为"0.1"，【行距】为"0.3"。

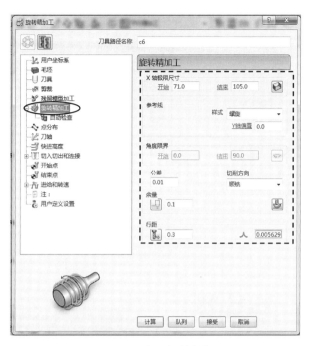

**图6-64 定义切削参数**

⑧ 定义刀轴参数 因为本刀路是一个四轴联动程序，定义刀轴为"朝向直线"，该直线是世界坐标系的 $X$ 轴，如图6-65所示。

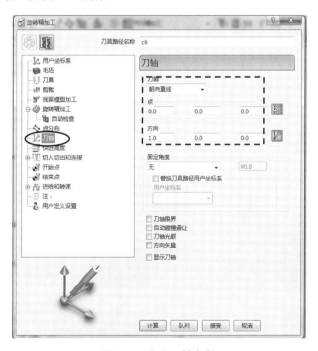

**图6-65 定义刀轴参数**

⑨ 定义快进高度参数 在【曲面精加工】对话框的左侧栏里选取 快进高度，定义快进高度参数如图6-66所示。其中【用户坐标系】为世界坐标系。

图6-66　定义快进高度

⑩ 定义切入切出和连接参数　在【曲面精加工】对话框的左侧栏里选取 切入切出和连接，按如图6-67所示设置参数。

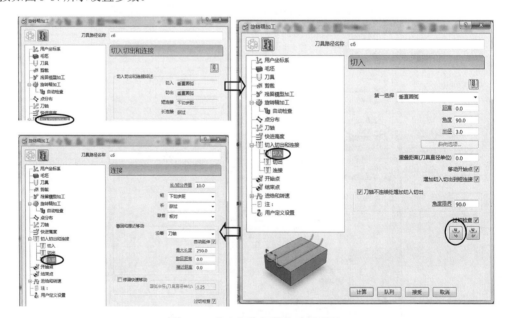

图6-67　定义切入切出和连接参数

⑪ 设定开始点和结束点参数　设定【开始点】参数为"第一点安全高度"。设定【结束点】参数为"最后一点安全高度"。

⑫ 设定进给和转速　转速为3500r/min，进给速度为1500mm/min。

⑬ 计算刀路 在【旋转精加工】对话框底部单击【计算】按钮，计算出的刀路c6如图6-68所示。单击【取消】按钮。

图6-68 生成刀路c6

### （8）对c3-c5部分进行整体加工

方法：采取复制刀路修改参数来进行，也可以按照第（7）步的方法进行编程。现在介绍复制刀路修改参数的方法。

① 复制刀路 在目录树里选取第（7）步刚生成的刀路c6，右击鼠标，在弹出的快捷菜单里选取【编辑】|【复制刀具路径】命令，把默认系统生成的刀路修改名称为c7，并激活刀路c7。

② 进入"旋转精加工"策略对话框 右击刚复制出来的刀路c7，在弹出的快捷菜单里选取【设置】命令，系统弹出【旋转精加工】对话框。单击【打开表格】按钮，修改对话框里的参数。修改$X$轴极限尺寸【开始】为"15"，【结束】为"60"，如图6-69所示。

③ 计算刀路 在【旋转精加工】对话框底部单击【计算】按钮，计算出的刀路c7如图6-70所示。单击【取消】按钮。

图6-69 修改切削参数

图6-70 生成刀路c7

## 6.2.8 在程序文件夹K060D中建立精加工刀路

本节主要任务是：建立1个旋转精加工刀路，使用BD4R2球头刀对整个型面进行加工。

方法：采取复制刀路修改参数来进行。先激活文件夹K060D。

**（1）复制刀路**

在目录树里选取第6.3.7节最后生成的刀路c7，右击鼠标，在弹出的快捷菜单里选取【编辑】|【复制刀具路径】命令，把默认系统生成的刀路修改名称为d0，并激活刀路d0。

**（2）进入"旋转精加工"策略对话框**

右击刚复制出来的刀路d0，在弹出的快捷菜单里选取【设置】命令，系统弹出【旋转精加工】对话框。单击【打开表格】按钮 ⚙，修改对话框里的参数。

**（3）定义刀具**

在【旋转精加工】对话框左侧的目录树里，选取 🔲 刀具，修改刀具为BD4R2球头刀，如图6-71所示。

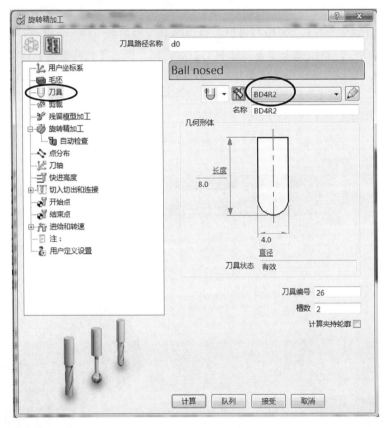

图6-71　修改刀具

**（4）修改切削参数**

在【旋转精加工】对话框，修改X轴极限尺寸【开始】为"16"，【结束】为"105"，如图6-72所示。

**（5）计算刀路**

在【旋转精加工】对话框底部单击【计算】按钮，计算出的刀路d0如图6-73所示。单击【取消】按钮。

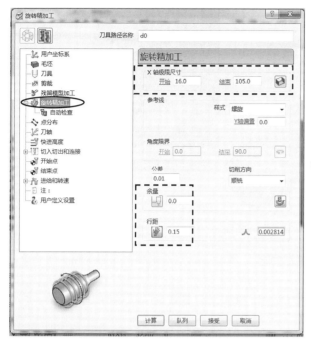

图6-72 修改切削参数

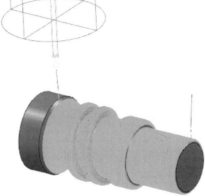

图6-73 生成精加工刀路d0

## 6.2.9 在程序文件夹K060E中建立清角刀路

本节主要任务是：建立精加工刀路，使用ED3平底刀对球头刀没有加工到位的角落进行清角。对如图6-74所示的e0部位进行清角；对e1部位进行清角；对e2部位进行清角；对e3部位进行清角。

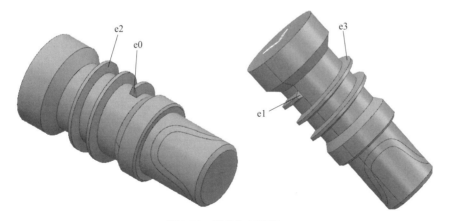

图6-74 清角加工部位

先将K060D程序文件夹激活。

### （1）对e0处进行加工

方法是：使用ED3平底刀采取SWARF曲面精加工策略。

① 选取加工曲面e0，如图6-75所示。

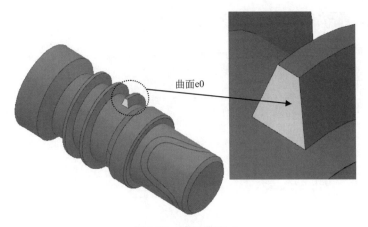

曲面e0

**图6-75 选取曲面e0**

② 进入"SWARF精加工"刀路策略对话框 在综合工具栏中单击【刀具路径策略】按钮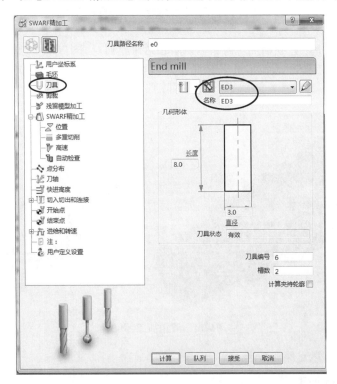，弹出【策略选取器】对话框，选取【精加工】选项卡，然后选择【SWARF精加工】选项，单击【接受】按钮，系统弹出【SWARF精加工】对话框。默认的刀具路径名称为"1"，现在修改【刀具路径名称】为"e0"。

③ 定义用户坐标系为 <None>，。默认坐标系是世界坐标系。

④ 毛坯与第6.3.5节相同，不用重复定义。

⑤ 定义刀具 在【SWARF精加工】对话框里选取刀具为ED3平底刀，如图6-76所示。

**图6-76 选取刀具**

⑥ 检查【剪裁】栏不选取任何参数。【残留模型精加工】栏也不选任何参数。

⑦ 定义SWARF精加工切削参数　SWARF精加工切削参数按如图6-77所示设置。【曲面侧】为"外",【最小展开距离】为"0",【公差】为"0.01",【余量】为"0"。

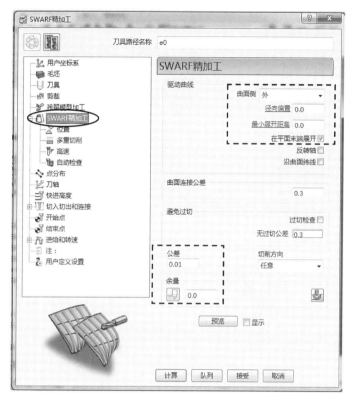

图6-77　设定切削参数

设定【位置】及【多重切削】参数如图6-78所示。其中【最大下切步距】为"0.1"。

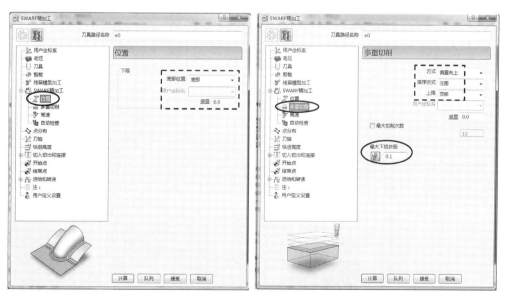

图6-78　设定位置及多重切削参数

⑧ 定义刀轴参数　因为本刀路是多轴联动方式加工，定义刀轴为"自动"，刀具的侧母线与加工曲面贴合。这就要求这类加工曲面应该是直纹面，如图6-79所示。

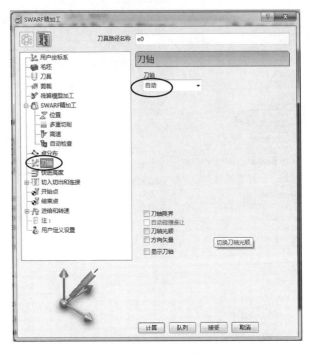

图6-79　定义刀轴

⑨ 定义快进高度参数　在【SWARF精加工】对话框的左侧栏里选取 快进高度，定义快进高度参数如图6-80所示。其中【用户坐标系】为1。

图6-80　定义快进高度

⑩ 定义切入切出和连接参数　在【SWARF精加工】对话框的左侧栏里选取 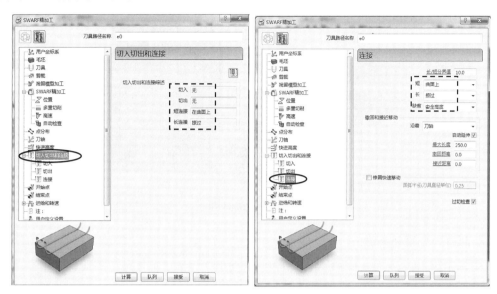 切入切出和连接，按如图6-81所示设置参数。

图6-81　定义切入切出和连接参数

⑪ 设定开始点和结束点参数　设定【开始点】参数为"第一点安全高度"。设定【结束点】参数为"最后一点安全高度"。

⑫ 设定转速和进给参数　转速为3500r/min，进给速度为1000mm/min，如图6-82所示。

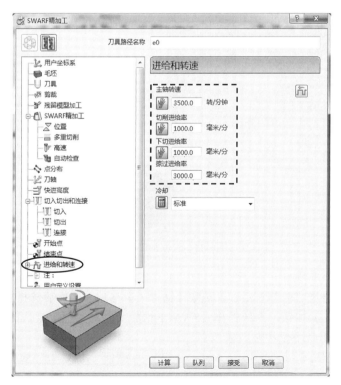

图6-82　设定转速和进给参数

⑬ 计算刀路　在【SWARF精加工】对话框底部单击【计算】按钮，计算出的刀路e0如图6-83所示。单击【取消】按钮。

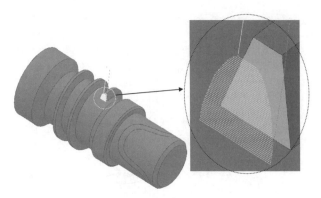

图6-83　生成刀路e0

### （2）对e1处曲面进行加工

方法：因为PowerMILL进行数控编程时只要不在主菜单里执行【工具】|【重设表格】命令，其编程参数可以暂时保留，具有一定的传递性。根据这个情况，对于相同加工策略的刀路，可以按照第（1）步的方法进行编程，很多参数就不需要重复设置，但是每一步继承的参数要进行检查，必要时给予修改。

① 选取加工曲面e1，如图6-84所示。

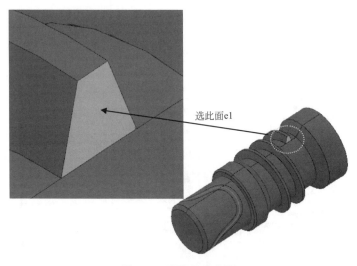

选此面e1

图6-84　选取加工曲面

② 进入"SWRF精加工"刀路策略对话框　在综合工具栏中单击【刀具路径策略】按钮，弹出【策略选取器】对话框，选取【精加工】选项卡，然后选择【SWARF精加工】选项，单击【接受】按钮，系统弹出【SWARF精加工】对话框。默认的刀具路径名称为"1"，现在修改【刀具路径名称】为"e1"。

③ 检查定义用户坐标系为 <None>，。默认坐标系是世界坐标系。

④ 毛坯与第6.3.5节相同，不用重复定义。

⑤ 定义刀具　在【SWARF精加工】对话框里选取刀具为ED3平底刀。

⑥ 检查【剪裁】栏不选取任何参数。【残留模型精加工】栏也不选任何参数。

⑦ 定义SWARF精加工切削参数　SWARF精加工切削参数按如图6-77所示设置。【曲面侧】为"外"，【最小展开距离】为"0"，【公差】为"0.01"，【余量】为"0"。设定【位置】及【多重切削】参数如图6-78所示。其中【最大下切步距】为"0.1"。

⑧ 定义刀轴参数　因为本刀路是多轴联动方式加工，定义刀轴为"自动"，刀具的侧母线与加工曲面贴合。这就要求这类加工曲面应该是直纹面，如图6-79所示。

⑨ 定义快进高度参数　在【SWARF精加工】对话框的左侧栏里选取 ⌐T 快进高度，定义快进高度参数如图6-80所示。其中【用户坐标系】为1。

⑩ 定义切入切出和连接参数　在【SWARF精加工】对话框的左侧栏里选取 ⌐T 切入切出和连接，按如图6-81所示设置参数。

⑪ 设定开始点和结束点参数　设定【开始点】参数为"第一点安全高度"。设定【结束点】参数为"最后一点安全高度"。

⑫ 设定转速和进给参数　转速为3500r/min，进给速度为1000mm/min。

⑬ 计算刀路　在【SWARF精加工】对话框底部单击【计算】按钮，计算出的刀路e1如图6-85所示。单击【取消】按钮。

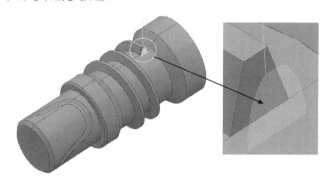

图6-85　生成刀路e1

## （3）对e2处曲面进行加工

方法：仍采取复制刀路、修改参数来进行。

① 复制刀路　在目录树里选取第6.3.7节第（5）步生成的刀路c4，右击鼠标，在弹出的快捷菜单里选取【编辑】|【复制刀具路径】命令，把默认系统生成的刀路修改名称为e2，并激活刀路e2。

② 选取加工曲面e2，如图6-86所示。

③ 选择刀具　右击刚复制出来的刀路e2，在弹出的快捷菜单里选取【设置】命令，系统弹出【曲面精加工】对话框。单击【打开表格】按钮 ⚙，修改对话框里的参数。选择刀具为"ED3"平底刀。

④ 修改切削参数　在【曲面精加工】对话框里设置切削参数，如图6-87所示。

⑤ 检查刀轴应该是"朝向直线"，直线为X轴。

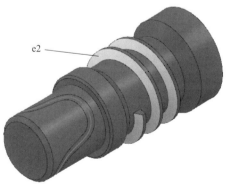

图6-86　选取曲面e2

图6-87　设定切削参数

⑥ 检查快进高度应该与图6-39相同。

⑦ 设定转速和进给参数。设定转速为3500r/min，进给速度为1000mm/min。与如图6-82所示相同。

⑧ 计算刀路　注意继续选取曲面e2，在【曲面精加工】对话框底部单击【计算】按钮，计算出的刀路e2如图6-88所示。单击【取消】按钮。

**（4）对e3处曲面进行加工**

方法：仍采取复制刀路、修改参数来进行。

① 复制刀路　在目录树里选取本节第（3）步刚生成的刀路e2，右击鼠标，在弹出的快捷菜单里选取【编辑】|【复制刀具路径】命令，把默认系统生成的刀路修改名称为e3，并激活刀路e3。

② 选取加工曲面e3，如图6-89所示。

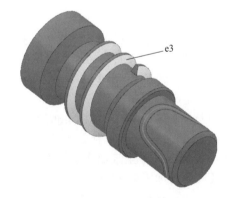

图6-88　生成刀路e2　　　　　　　　　　图6-89　选取加工面e3

③ 检查刀具为ED3。

④ 修改切削参数　在【曲面精加工】对话框里设置切削参数，与如图6-87所示相同。

⑤ 检查刀轴应该是"朝向直线"，直线为*X*轴。

⑥ 检查快进高度应该与图6-39相同。

⑦ 设定转速和进给参数。设定转速为3500r/min，进给速度为1000mm/min。与如图6-82所示相同。

⑧ 计算刀路 注意继续选取曲面e3，在【曲面精加工】对话框底部单击【计算】按钮，计算出的刀路e3如图6-90所示。单击【取消】按钮。

## 6.2.10 在程序文件夹K060F中建立刻字精加工刀路

本节主要任务是：建立1个参考线精加工刀路，用来刻字。

先将K060F程序文件夹激活。图层 ✖️ ✍️ 刻字 为显示状态，或者参考线3为显示状态。如图6-91所示文字线条"中国梦"为要加工的线条。要求该字体刻字深度为0.3。

图6-90　生成刀路e3　　　　　　　　　图6-91　刻字线条

① 进入"参萧山考线精加工"刀路策略对话框 在综合工具栏中单击【刀具路径策略】按钮 ✍️，弹出【策略选取器】对话框，选取【精加工】选项卡，然后选择【参考线精加工】选项，单击【接受】按钮，系统弹出【参考线精加工】对话框。默认的刀具路径名称为"1"，现在修改【刀具路径名称】为"f0"。

② 定义用户坐标系为 ✍️ <None>，ℓ. ▬▬▬▬ 。默认坐标系是世界坐标系。

③ 毛坯与第6.3.6节相同，不用重复定义。

④ 定义刀具为BD0.5R0.25球头刀。

⑤ 检查【剪裁】栏不选取任何参数。【残留模型精加工】栏也不选任何参数。

⑥ 定义参考线精加工参数 参考线精加工切削参数按图6-92所示设置。定义参考线 🔲 为"3"，该线条就是图6-91所示的线条。单击【获取几何体到参考线】按钮 ➕，然后选取槽线，单击【选取曲线，产生新的参考线】按钮 ✓。【底部位置】为"驱动曲线"，【轴向偏置】为"-0.3"，【公差】为"0.01"，【余量】为"0"，【最大下切步距】为"0.05"。

【多重切削】按图6-93所示设置，这样可以确保切削是分层进行的，而且层深为0.05。

⑦ 定义刀轴参数 因为本刀路是一个四轴联动程序，所以必须定义合理的刀轴参数，此处定义刀轴为"朝向直线"，该直线是世界坐标系的X轴。与图6-38所示相同。

⑧ 定义快进高度参数 在【参考线精加工】对话框的左侧栏里选取 ⬆️ 快进高度，定义快进高度参数与图6-39所示相同。其中【用户坐标系】为世界坐标系。

⑨ 定义切入切出和连接参数 在【参考线精加工】对话框的左侧栏里，按图6-40所示设置参数。

**图6-92 定义参考线精加工切削参数**

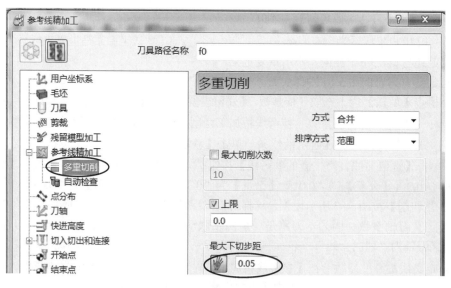

**图6-93 定义多重切削参数**

⑩ 设定开始点和结束点参数 设定【开始点】参数为"第一点安全高度"。设定【结束点】参数为"最后一点安全高度"。与第3.2.5节相关内容相同。

⑪ 设定进给和转速　转速为8000r/min，进给速度为1000mm/min，如图6-94所示。

⑫ 计算刀路　在【参考线精加工】对话框底部单击【计算】按钮，计算出的刀路f0如图6-95所示。单击【取消】按钮。

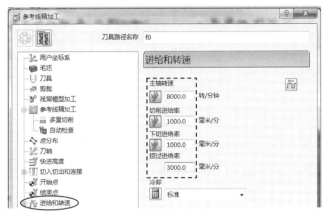

图6-94　设定主轴转速与进给速度

图6-95　生成刻字刀路

# 6.3　程序检查及刀路优化

程序检查的目的是发现问题及解决问题。由于各种原因，编程人员很难一次性把加工合理、没有任何错误的程序编制出来，除了常规的一边编程一边检查外，还可以最后检查，把发现的问题统一解决。

## （1）发现问题

干涉及碰撞静态检查方法是：激活要检查的刀路，右击这个刀路，在系统弹出的快捷菜单里，执行【检查】|【刀具路径】命令，在系统弹出的【刀具路径检查】对话框里的【检查】参数设为"碰撞"，再点击【应用】按钮，系统就会对刀路进行碰撞检查，随后会显示出相应的信息栏。如果在【刀具路径检查】对话框里的【检查】设为"过切"，再点击【应用】按钮，系统就会对刀路进行过切检查，随后会显示出相应的信息栏。最后单击【接受】按钮，完成检查。

实体模拟仿真动态检查方法是：定义加工前的毛坯，在工具栏里单击【开/关ViewMill】按钮 ●，右击第一个刀路，在弹出的快捷菜单里执行【自开始仿真】命令，单击【执行】按钮 ▷，接着对其他刀路进行仿真。对仿真的图形进行分析。最后单击【关闭】按钮 ⊙，完成检查。

① 干涉及碰撞检查　经检查f0有过切，这是正常的，因为刻字刀路需要刻深0.3。其余刀路正常，没有干涉和碰撞情况发生。

② 实体模拟检查　刀路完成实体仿真后的结果如图6-96所示。可以看出，有一处没有清角到位，需要补清角刀路e4。另外，e2刀路切削顺序需要调整为从外圆开始切削。

③ 观察刀路线条　从图6-96可以看出，刻字刀路跳刀太多，这样加工效率必然很低，必须设法改进。

图6-96 实体仿真结果

**（2）解决问题**

① 加入清角刀路 方法是：在文件夹K060E中增加刀路e4，使用ED3平底刀，采取参考线精加工方法。

创建参考线2：在资源管理器里右击 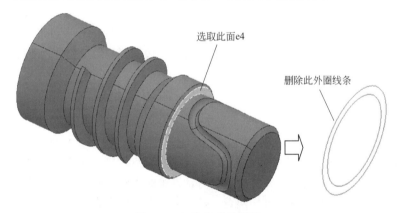 **参考线** ，在弹出的快捷菜单里选取【产生参考线】，这时系统产生了参考线 2 ，目前还是空白的。在图形上选取如图6-97所示曲面e4，右击参考线 2 ，在弹出的快捷菜单里选取【插入】【模型】命令。关闭实体显示，选取最外圈的圆线条，单击Del删除键，将其删除，保留内圈圆。因为这个线是圆柱面和e4面的交线，不能直接选用作加工线条，必须平移1个刀具半径的距离。

选取此面e4

删除此外圈线条

图6-97 初步生成参考线2

在资源管理器里，右击 2 ，在弹出的快捷菜单里选取【编辑】|【变换】|【移动】命令，在屏幕底部单击【打开位置表格】按钮 ，输入X坐标值为1.5，再单击【接受】按钮，在工具栏里单击【接受改变】按钮 。结果如图6-98所示。

创建参考线精加工刀路e4：激活文件夹 k040e ，参考第6.3.6节内容创建e4刀路。参数要点如下：

定义刀具为ED3平底刀。定义参考线 为"2"，该线条就是图6-98所示的线条。【底部位置】为"驱动曲线"，【轴向偏置】为"0"，【公差】为"0.01"，【余量】为"0"，【最大下切步距】为"0.1"，如图6-99所示。

【多重切削】按如图6-100所示设置。

刀轴为"朝向直线"，该直线是世界坐标系的X轴。定义快进高度参数与如图6-34所示相同。定义切入切出和连接参数如图6-101所示。

图6-98　移动参考线

图6-99　设定切削参数

转速为3500r/min，进给速度为1000mm/min。计算出的刀路e4如图6-102所示。单击【取消】按钮。

② 在文件夹K060F中解决f0刀路频繁跳刀问题　刀路f0之所以有频繁跳刀现象，原因是参考线3的线条小、线段数太多，为此必须把线条合并为整体。

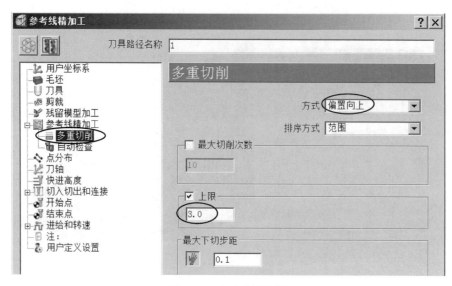

图6-100 定义多重切削

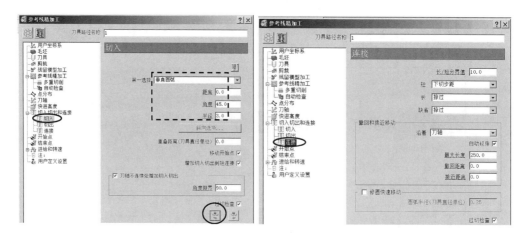

图6-101 定义切入和连接参数

在参考线树枝里右击 3，在弹出的快捷菜单里选取【编辑】|【合并】命令，显示如图6-103所示的错误信息。出现这个信息的原因是参考线3被刀路f0使用，系统对编程参数进行了保护。为了修改参数，就需要对参考线解锁。单击【确定】按钮，关闭这个信息窗口。

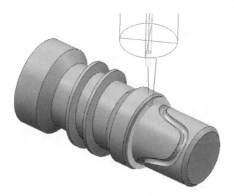

图6-102 生成刀路e4

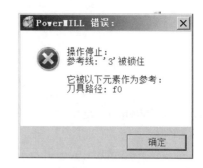

图6-103 错误信息

在参考线树枝里，再次右击 ✳❌3，在弹出的快捷菜单里选取【编辑】|【解锁参考线】命令，显示如图6-104所示的询问信息。单击【是】按钮。

在参考线树枝里，再次右击 ✳❌，在弹出的快捷菜单里选取【编辑】|【合并】命令，显示如图6-105所示的信息。单击【确定】按钮。

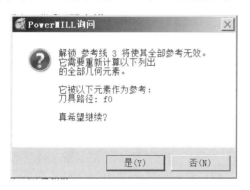

图6-104　解锁参考线

图6-105　参考线合并信息

在K060F文件夹里，右击刀路 ❓📄❌ f0，在弹出的快捷菜单里选取【激活】命令，再次右击刀路 ❓📄❌ f0，在弹出的快捷菜单里选取【设置】命令，系统弹出【参考线精加工】对话框。单击【打开表格】按钮🔲，单击【计算】按钮。生成刀路如图6-106所示。

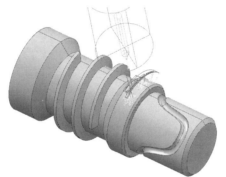

图6-106　生成优化的刻字刀路

# 6.4　后置处理

本例输出程序的坐标系是坐标系1，即世界坐标系。使用本章提供的四轴机床的后置处理器Fanuc16m-k-4x.pmoptz进行后置处理，该后处理器定义 $A$ 轴范围为−99999~99999。

## （1）设定后处理输出参数

在工具栏里执行【工具】|【选项】命令，系统弹出【选项】对话框，选择【NC程序】下的【输出】选项，修改为如图3-68所示的参数，单击【接受】按钮。注意选择【单独写入每一条路径】复选框，这样可以保证每一个加工策略单独生成一个NC文件。

## （2）设定输出的坐标系

本例在四轴具有旋转台的机床上加工，输出数控程序的加工坐标系应该放置在 $A$ 轴上，且与X轴重合。选择坐标系1，作为数控程序输出的坐标系。

### （3）复制NC文件夹

先将【刀具路径】中的文件夹，通过【复制为NC程序】命令复制到【NC程序】树枝中。方法是在屏幕左侧的【资源管理器】中，选择【刀具路径】中的K060A文件夹，单击鼠标右键，在弹出的快捷菜单中选择【复制为NC程序】，这时会发现在【NC程序】树枝中出现了 📁NC程序 📁k040a 文件夹。用同样的方法可以将其他文件夹复制到【NC程序】中，如图6-107所示。

### （4）初步后处理生成CUT文件

在左侧资源管理器里，右击【NC程序】树枝里的 ⊟ 💡📁k040a，在弹出的快捷菜单里选取【设置】命令，在系统弹出的【NC程序】对话框里，选取【输出用户坐标系】为"1"，按如图6-108所示设置参数，单击【写入】按钮。用同样的方法对其他文件夹进行输出。请注意CUT文件输出的目录文件夹位置，以便后续进行后处理时能找到相应的文件。

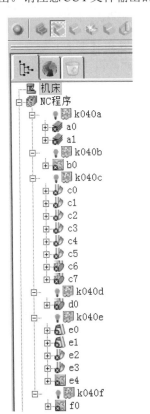

图6-107　生成NC文件夹

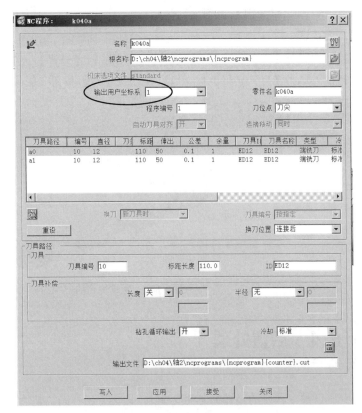

图6-108　设定输出参数

### （5）复制后处理器

把本书提供的五轴机床后处理器文件Fanuc16m-k-4x.pmoptz复制到C:\Users\Public\Documents\PostProcessor 2011 (x64) Files\Generic目录里。

### （6）启动后处理器

启动后处理软件PostProcessor 2011 (x64)。右击【New】命令，在弹出的对话框里选取后处理器Fanuc16m-k-4x.pmoptz。右击 CLDATA Files，把第（4）步输出的刀位文件选中，如图6-109所示。

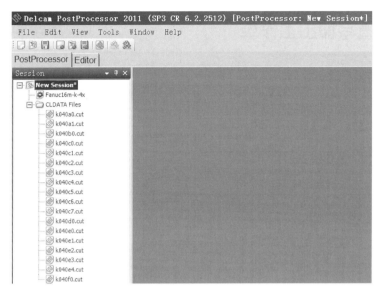

图6-109　调入刀位文件

## （7）后处理生成NC文件

在如图6-109所示的对话框里，右击 CLDATA Files，在弹出的快捷菜单里选取【Process All】命令。结果如图6-110所示。

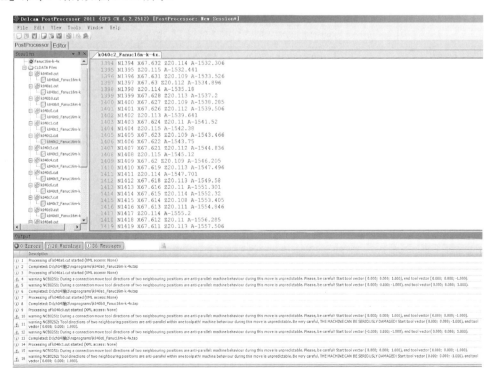

图6-110　后处理生成NC文件

在主工具栏里单击【保存项目】按钮▦。

## 6.5 填写加工工作单

本例的CNC加工工作单如表6-1所示。本例是基于旋转工作台在机床台面的左侧安装，工件在旋转台的右侧用三爪卡盘安装的。

**表6-1 CNC加工工作单**

| 型号 | | 模具名称 | | | 工件名称 | | 轴 | |
|---|---|---|---|---|---|---|---|---|
| 编程员 | | 编程日期 | | | 操作员 | | 加工日期 | |

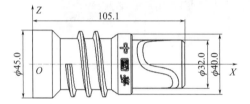

对刀方式：工作左侧X0

旋转中心为Y0和Z0

图形名：upbook-6-1

材料号：铝

大小：φ50×125

| 程序名 | 余量 | 刀具 | 装刀最短长 | 加工内容 | 加工时间 |
|---|---|---|---|---|---|
| K060A | 0.3 | ED12平底刀 | 45 | 开粗 | |
| K060B | 0 | BD4R2球头刀 | 35 | 精加工槽 | |
| K060C | 0.1 | BD8R4球头刀 | 35 | 半精加工 | |
| K060D | 0 | BD4R2球头刀 | 35 | 精加工型面 | |
| K060E | 0 | ED3平底刀 | 35 | 清角 | |
| K060F | −0.3 | BD0.54R0.25球头刀 | 25 | 刻字 | |
| | | | | | |

## 6.6 本章总结及思考练习与参考答案

本章通过实例着重讲解了四轴加工的编程方法，还需要注意以下问题：

① 要结合四轴机床旋转轴的实际结构进行编程，确定旋转轴的方向。本例轴线方向就是X轴方向。

② 四轴定位方式的刀轴都应该基于垂直于A轴进行，否则无法生成刀路。

③ 四轴联动方式编程的刀轴控制方式大多是朝向直线，这个直线就是X轴。

④ 实际加工时还应该了解A轴的行程范围。

⑤ 编程前必须周密设计加工工艺，开粗方式除了本章介绍的定位方式以外，还可以采取联动分层方式。要结合实际工件的形状和要求灵活确定。

⑥ 本章用到了曲面精加工、旋转精加工、SWAF侧刃加工以及参考线精加工策略，要灵活运用这些策略，使刀路优化。

1.本例在四轴机床上是如何安装的？假设有些机床的旋转台在机床台面的右侧该如何装夹和编程？

2. PowerMILL 软件里如何修改图形的显示为半透明状态？

参考答案

1.答：本例旋转工作台在机床台面的左侧安装，工件在旋转台的右侧用三爪卡盘安装。装刀长度要确保在加工时不碰伤转盘。

有些机床的旋转台在机床台面的右侧安装，这样的机床也是很普遍的。编程输出时需要把坐标系重新定义，即把坐标系1的Z轴旋转180°，使X轴负方向指向工件。

2. 答：把鼠标放置在图形上，右击鼠标，在弹出的快捷菜单里选取【半透明】，然后在弹出的对话框里输入透明度的百分率，如100表示完全透明，50为半透明，0为不透明。默认为0。

07

第7章

# 五轴数控编程（实例7）

　　本章以某一典型的人像类零件为例，介绍如何在实际工作中应用PowerMILL对类似零件进行五轴数控编程。本章希望读者掌握以下重点：

　　① 人像工艺品零件结构特点、加工工艺设计及实施。

　　② 人像类零件常用的加工策略。

　　③ 曲面投影精加工策略的使用技巧，深刻理解UV参数方向对刀路样式的影响。

　　④ 大型程序编制时的试算方法。

## 7.1 曲面投影精加工技巧

合理的刀轴控制可以充分发挥五轴联动加工的技术优势。像人像类工艺品零件一般都是由复杂曲面组合而成的，结构复杂，倒扣部位很多，如果用传统的三轴机械加工，必须进行多个工位反转，必须设计和制造很多夹具工装，加工工艺非常复杂，效果也不见得好。如果用定位方式加工，由于机床误差和加工误差，各部分曲面相接痕迹比较明显，后续需要进行人为打磨。如果采用联动方式就可以轻松解决这些问题。PowerMILL 的曲面投影精加工就可以解决这个问题。

曲面投影精加工要求在加工部位的周围创建一张规则的驱动曲面。假设这个曲面发光照射到加工物体表面，形成一系列刀位点，系统就以这些刀位点生成刀路。刀轴可以定义成"前倾/侧倾"，可以控制刀轴与驱动面表面形成一定的角度。刀路质量的好坏很大程度取决于创建的这个驱动面。要求这个驱动面必须是单一曲面，尽可能靠近加工面。要想控制刀轴一般也是通过调整这个曲面的形状进行的。建议这个曲面在用户比较熟悉的CAD软件里进行，例如UG、Pro/E、中望3D软件、PowerSHAP等。把创建好的曲面导出形成IGS文件，然后在PowerMILL里通过"插入模型"命令读入。本例创建的驱动面是一个旋转面。

## 7.2 人像工艺品零件加工编程

本节任务：根据如图7-1所示的3D图形进行数控编程，后处理生成数控程序，在编程软件里加工仿真。

### 7.2.1 工艺分析及刀路规划

**（1）分析图纸**

零件图纸如图7-2所示，材料为铜，外围表面粗糙度为$Ra7.3\mu m$，全部尺寸的公差为$\pm 0.08$。

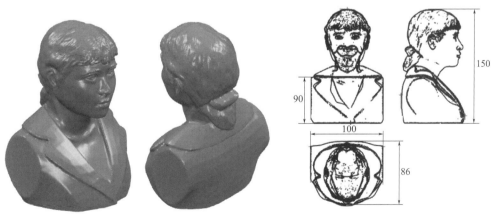

图7-1 人像实体图　　　　　　　图7-2 工程图

**（2）制定加工工艺**

由于该零件多处部位都有倒扣，最好选用五轴机床进行精加工。具体工艺如下。

① 开料：毛料大小为 $\phi115 \times 185$ 的铜棒料，比图纸留多出一些材料作为装夹位。

② 普通车：将毛料加工成 $67 \times 75 \times 180$ 的六方，留出与机床C盘连接的夹持位。

③ 多轴数控铣：加工外形曲面。夹持位采取压板装夹。先粗铣、半精铣、精铣，最后在五轴机床上切断。

**（3）制定数控铣工步规划**

① 开粗刀路K070A，使用刀具为ED16R0.8飞刀，余量为1.0，层深为1.5。

② 二次开粗加工K070B，使用刀具为ED8平底刀，余量为0.3。

③ 三次开粗加工K070C，使用刀具为BD8R4球头刀，余量为0.2。

④ 半精加工K070D，使用刀具为BD6R3球头刀，余量为0.05。

⑤ 清角精加工K070E，使用刀具为BD2R1球头刀，余量为0。

⑥ 切断刀路K070F，使用ED4平底刀，余量为0。

## 7.2.2　在UG里进行造型

本节主要任务：根据模型图形创建加工用的辅助曲面，这个曲面将作为PowerMILL曲面精加工用的驱动面。

在UG里创建沟槽线：先在D盘根目录建立文件夹D：\ch07，然后将二维码里的文件夹ch07\01-sample中的文件夹及其文件复制到该文件夹里（扫文前二维码下载该素材文件）。

**（1）打开图形文件绘制草图**

启动UG软件，执行【文件】|【打开】命令，在系统弹出的【打开】对话框里，选取模型文件upbook-7-1.prt，进入【建模】模块。在主工具栏里单击【草图】按钮 ，或者在菜单栏里执行【菜单】|【插入】|【草图】命令，选取 XZ 平面为构图平面，进入草图界面，单击按钮 艺术样条，绘制如图7-3所示的草图。单击 按钮。

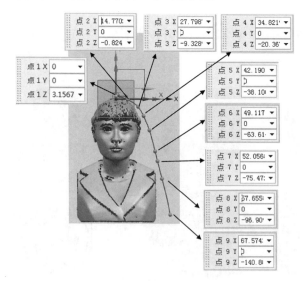

图7-3　绘制草图

## （2）创建旋转曲面

在主工具栏里单击【拉伸】按钮 <u>Ⅲ 拉伸 ▼</u> 的下三角符号选取按钮 <u>🍥 旋转</u>，或者在菜单栏里执行【菜单】|【插入】|【设计特征】|【旋转】命令，系统弹出【旋转】对话框，【截面线】栏里，选取【曲线】按钮 <u>🕼</u>，在图形上选取第（1）步刚生成的草图曲线。在【旋转】对话框里，【轴】为Z轴，【指定点】为（0，0，0），【限制】栏的【开始角度】为"0"，【结束角度】为"360"，【设置】栏的【体类型】为"片体"，如图7-4所示。

图7-4　设置旋转参数

单击【确定】按钮，生成如图7-5所示的曲面。在主工具栏里单击【保存】按钮 <u>🔲</u>，将文件存盘。

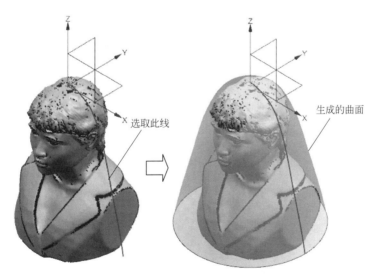

图7-5　生成的旋转曲面

## （3）删除人像模型图形

此处需要消除父子关系。在主菜单里执行【菜单】|【编辑】|【特征】|【移除参数】命令，然后用方框选取全部图形。在系统弹出的【移除参数】对话框里单击【确定】按钮，在系

统弹出的【移除参数】信息框里单击【是】按钮。然后，在图形上选取人像模型图形及草图，按键盘的删除按钮Del，或者在图形区选取【删除】按钮✕。

### （4）把曲面转化输出为igs曲面图形

在主菜单里执行【文件】|【保存】|【另存为】命令，在弹出的【另存为】对话框里，选取【文件类型】为 IGES 文件 (*.igs)，输入文件名为"upbook-7-1-mian"，单击【OK】按钮。输出的文件为upbook-7-1-mian.igs。

## 7.2.3 在PowerMILL里进行图形处理

### （1）读取主模型文件

启动PowerMILL软件，执行【文件】|【打开项目】命令，在系统弹出的【打开项目】对话框里，选取 D：\ch07\01-sample 文件夹里的"upbook-7-1"文件夹，图形区显示出如图7-6所示的模型文件图形。

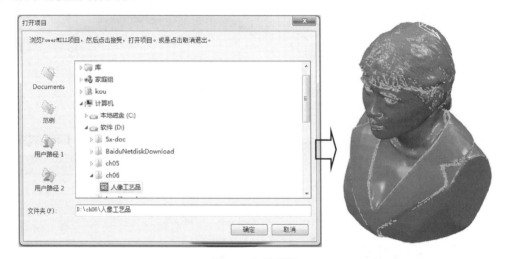

图7-6 打开项目

小提示

> 如果PowerMILL打开项目文件夹时出现只读信息，可以在主菜单里执行【工具】【显示命令】，这时屏幕底部显示出命令行，在此命令行里输入"project claim"，再按回车键，在弹出的信息栏里选取【是（Y）】按钮，然后关闭命令行。

### （2）检查用户坐标系

在左侧的资源管理器里展开 用户坐标系，检查已经创建的坐标系名称为"abs"，该用户坐标系与世界坐标系相同，如图7-7所示。

### （3）分析图形

通过分析得知，坐标系abs位于模型最高中心位置。图形凹角比较多，需要用小一些的球头刀进行清角。

## （4）图层管理

本例提供的项目文件有两个图层：其中图层名称为"原图"的图层里是人像的实体图形，图层名称为"辅助面"的是为满足曲面投影精加工的需要而创建的辅助曲面。

辅助面是通过输入模型然后平移的方法得到的。即在目录树里右击【模型】按钮，在系统弹出的快捷菜单里选取【输入模型】命令，然后选取第7.3.2节输出的曲面模型文件"upbook-7-1-mian.igs"。在目录树里的【模型】树枝下，右击节点  upbook-7-1-mian ，在弹出的快捷菜单里执行【编辑】|【变换】命令，在系统弹出的【变换模型】对话框里，在【相对位置】参数栏里输入"–0.233718"，单击按钮 ；再输入"–11.565254"，单击按钮 ，如图7-8所示。单击【接受】按钮。

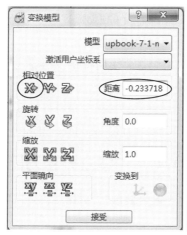

图7-7　检查用户坐标系

图7-8　平移曲面

在图形上右击这个曲面，在弹出的快捷菜单里选取 模型：upbook-7-1-mian ，在新弹出的快捷菜单里选取【反向已选】命令。这样就可以把曲面方向进行调整。

观察目录树里的【层和组合】树枝下新产生了层"1"，修改层为"辅助面"层。这个曲面已经被移到"辅助面"层。结果如图7-9所示。

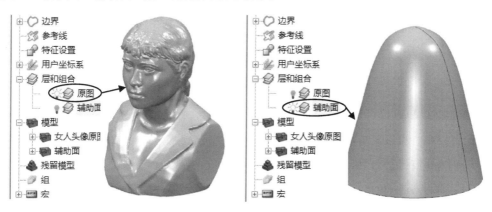

图7-9　图层管理

（5）文件夹存盘

在主工具栏里单击【保存项目】按钮，输入项目名称为"upbook-7-1"。

## 7.2.4 使用模板文件建立数控程序文件夹及刀具

### （1）使用模板文件建立数控程序文件夹

本节主要任务是：根据7.3.1的工艺规划，建立6个空的数控程序文件夹。

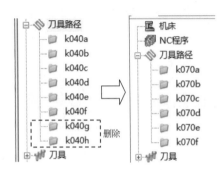

图7-10 修改文件夹名称

在主菜单里执行【插入】|【模板对象】命令，输入模板文件"2012版刀库文件.ptf"。观察左侧的资源管理器可以看到文件夹里已经有了文件夹。右击 k040a，在弹出的快捷菜单里选取【重新命名】命令，输入文件夹名称为K070A。用同样的方法对其他文件夹进行修改，删除多余的文件夹。结果如图7-10所示。

### （2）使用模板文件建立刀具

第（1）步已经插入了模板文件"2012版刀库文件.ptf"，展开【刀具】树枝 刀具，这里面已经包含了本次所用的刀具ED16R0.8飞刀、ED8、ED3、BD8R4、BD6R3及BD2R1。

## 7.2.5 在程序文件夹K070A中建立开粗刀路

本节主要任务是：建立4个定位加工的开粗刀具路径，分别对如图7-11所示的a0 ～ a3四处部位进行开粗。

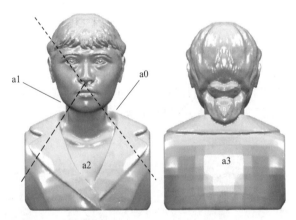

图7-11 加工部位

先将K070A程序文件夹激活。

### （1）对a0部位进行开粗

① 定义坐标系a0 此处坐标系a0应该是把世界坐标系沿着$Y$轴旋转45°而得到的。在资源管理器里右击【用户坐标系】，在弹出的快捷菜单里选取【定义用户坐标系】命令，默认生成坐标系名称为"1"，修改名称为"a0"，右击坐标系a0,在弹出的坐标系工具栏里选取

【沿Y轴旋转】按钮 ，在弹出的【旋转】参数对话框里输入"45"，单击【接受】按钮，如图7-12所示。

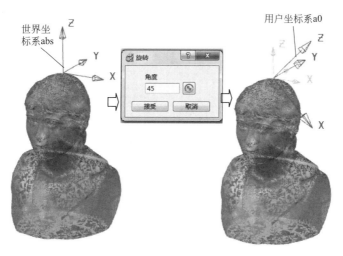

**图7-12 生成用户坐标系a0**

② 进入"模型区域清除"刀路策略对话框　在综合工具栏中单击【刀具路径策略】按钮 ，弹出【策略选取器】对话框，选取【三维区域清除】选项卡，然后选择【模型区域清除】选项，单击【接受】按钮，系统弹出【模型区域清除】对话框。默认的刀具路径名称为"1"，现在修改【刀具路径名称】为"a0"。定义【用户坐标系】为a0，如图7-13所示。

**图7-13 定义用户坐标系**

③ 设定毛坯　毛料大小为 $\phi$ 110×150，坐标系为"世界坐标系"，单击【计算】按钮，如图7-14所示。单击右侧屏幕的【毛坯】按钮 ，可以关闭其显示。

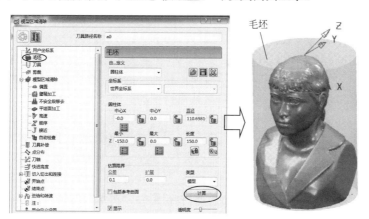

**图7-14 生成毛坯**

④ 定义刀具　设为ED16R0.8飞刀，如图7-15所示。

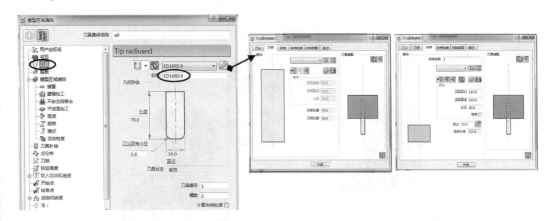

**图7-15　定义刀具**

⑤ 设定剪裁参数　定义剪裁参数如图7-16所示。设置Z限界的【最小】为"–40"，【剪裁】为"允许刀具路径在毛坯以外"选项 。

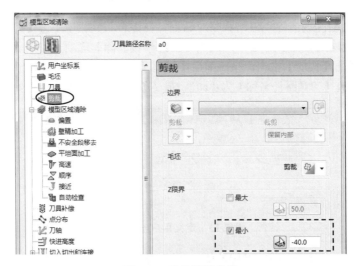

**图7-16　定义剪裁参数**

⑥ 设定切削参数　这里定义【样式】为"偏置模型"，【切削方向】栏里的【轮廓方向】为"顺铣"，【区域】为"任意"，【公差】为"0.1"，【余量】为"0.5"，【行距】为"10"，【下切步距】为"0.6"，如图7-17所示。

上述设置加工参数的作用对象是所有原图和辅助面，系统会把辅助面也作为加工面来处理，刀路计算出来肯定不符合要求，这就需要在加工余量参数里对曲面的功能重新进行设置。

在层管理器里释放辅助面的显示。具体方法是：在资源管理器里的【层和组合】树枝里单击 辅助面1前的小灯泡，使其处于显示状态，这样就可以把辅助面显示出来，如图7-18所示。

在图形区选取刚显示出来的辅助面，然后在图7-17所示的对话框里，单击【编辑部件余量】按钮 ，在系统弹出的【部件余量】对话框里，按如图7-19所示设定参数，这样就可以把辅助面忽略掉。单击【应用】按钮，单击【接受】按钮，系统返回到【模型区域清除】对话框。

图7-17　定义切削参数

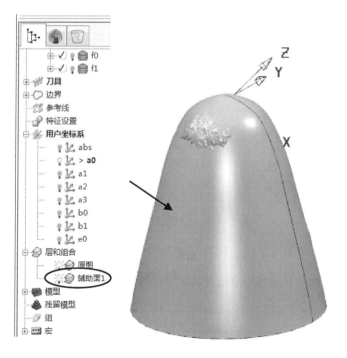

图7-18　显示辅助面

【偏置】参数按如图7-20所示设置。

其他如【壁精加工】、【不安全段移去】、【平坦面加工】、【高速】、【顺序】、【接近】以及【自动检查】、【刀具补偿】、【点分布】均按默认设置。

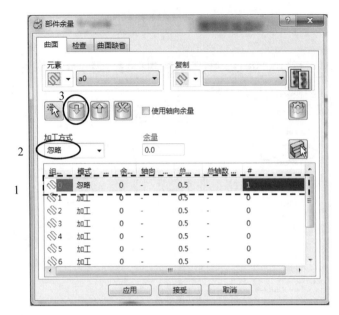

图7-19　忽略辅助面

图7-20　定义切削参数

⑦ 定义刀轴参数　本刀路为定位方式加工，刀轴定义方法与普通的三轴相同。参数如图7-21所示。

⑧ 定义快进高度参数　这里【用户坐标系】为"a0"，【快进间隙】和【下切间隙】设定为"5"，单击【计算】按钮，如图7-22所示。

⑨ 定义切入切出和连接参数　尽可能减小非切削刀路的长度，按如图7-23所示设置，这里采取的是直线进刀方式。

⑩ 设定开始点参数　设定【开始点】参数为"第一点安全高度"。

⑪ 设定结束点参数　设定【结束点】参数为"最后一点安全高度"。

⑫ 设定进给和转速　转速为2500r/min，进给速度为1500mm/min，如图7-24所示。

图7-21　定义刀轴

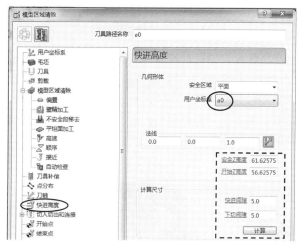

图7-22　定义快进高度

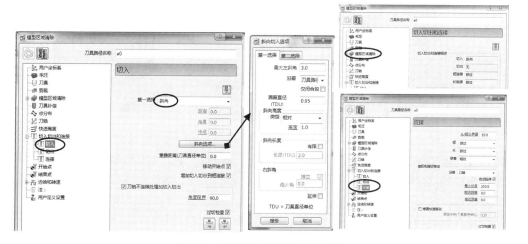

图7-23　定义切入切出和连接参数

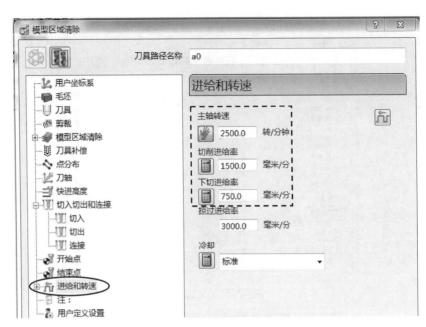

**图7-24 设置进给和转速参数**

⑬ 计算刀路 各项参数设定完以后检查无误就可以在【模型区域清除】对话框底部，单击【计算】按钮，计算出的刀路a0如图7-25所示，把辅助面隐藏。

⑭ 刀路仿真生成新的毛坯体 在工具栏里单击【打开/关闭ViewMILL】按钮 ● ，选取【光泽阴影图像】按钮 🖼 。在左侧资源管理器，右击刚生成的a0，在弹出的快捷菜单里选取【自开始仿真】命令，在工具栏里单击【运行】按钮 ▷ ，系统开始对刀路a0进行仿真，如图7-26所示。

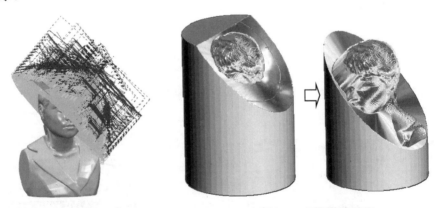

**图7-25 生成开粗刀路a0**　　　　　　　**图7-26 开粗仿真结果**

保存仿真结果，在仿真工具栏里单击【输出ViewMILL模型到文件】按钮 🖫 ，在系统弹出的【输出ViewMILL】对话框里输入文件名为a0.dmt，单击【退出ViewMILL】按钮 ◎ 。注意，生成的这个模型文件将要作为a1刀路的毛坯来使用，这样可以有效减少空刀，提高加工效率。

**（2）对a1部分进行开粗**

方法：采取复制刀路修改参数来进行。

① 定义用户坐标系　本刀路的坐标系是通过旋转世界坐标系的 $Y$ 轴 315° 得来的。

在资源管理器的目录树里，激活坐标系abs，该坐标系与世界坐标系相同。在左侧的资源管理器里右击【用户坐标系】，在弹出的快捷菜单里选取【产生用户坐标系】命令，目录树里生成了坐标系1。在弹出的坐标系工具栏里单击【沿 Y 轴旋转】按钮，在弹出的【旋转】参数栏里输入角度为"315"度，如图7-27所示，修改坐标系1的名称为a1。单击【接受】按钮，在系统返回到的工具栏里单击【接受改变】按钮 ✓，激活坐标系a1 ⁂ℒ > a1。

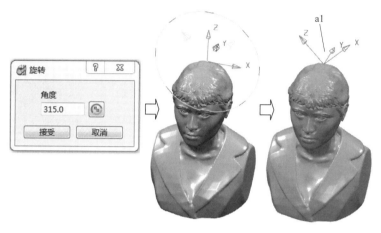

图7-27　定义坐标系

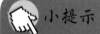 小提示

这里修改坐标系的名称有两个方法：可以在坐标系工具栏里修改；还可以在目录树里右击刚生成的坐标系，在弹出的快捷菜单里选取【重新命名】命令来修改。

② 复制刀路　在目录树里选取刚生成的刀路 ♀➽ > a0，右击鼠标，在弹出的快捷菜单里选取【编辑】|【复制刀具路径】命令，默认系统生成的刀路为 ➽ a0_1，修改名称为 ♀➽ a1，并激活刀路a1。

③ 进入"模型区域清除"策略对话框　右击刚复制出来的刀路a1，在弹出的快捷菜单里选取【设置】命令，系统弹出【模型区域清除】对话框。单击【打开表格】按钮 ⑧，修改对话框里的参数。

④ 修改坐标系　本刀路使用坐标系a1为工作坐标系，修改参数如图7-28所示。

图7-28　定义用户坐标系

⑤ 定义毛坯 本刀路要定义的毛坯为第（1）步第⑬小步生成的加工残料a0.dmt。

在左侧的目录树里选取 ⬛ 毛坯，【由…定义】选取"三角形"，单击【从文件装载毛坯】按钮🗁，选择文件"a0.dmt"，如图7-29所示。单击右侧屏幕的【毛坯】按钮🔷，可以关闭其显示。

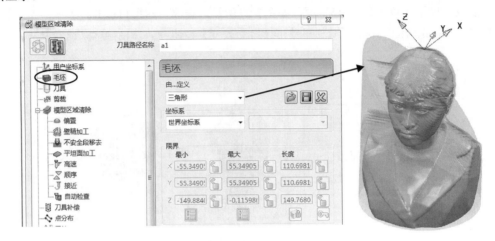

**图7-29　定义毛坯**

⑥ 修改快进高度 因为本刀路的工作坐标系为a1，所以按如图7-30所示设置【用户坐标系】为"a1"。

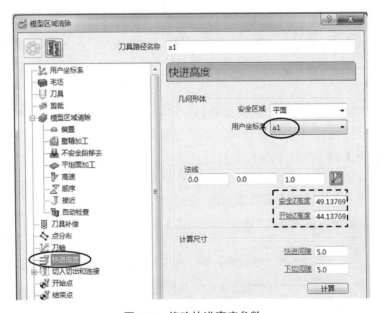

**图7-30　修改快进高度参数**

⑦ 计算刀路 在【模型区域清除】对话框底部单击【计算】按钮，计算出的刀路a1如图7-31所示。单击【取消】按钮。

⑧ 刀路仿真生成新的毛坯体 在工具栏里单击【打开/关闭ViewMILL】按钮🔴，选取【光泽阴影图像】按钮🖼。在左侧资源管理器，右击刚生成的a1，在弹出的快捷菜单里选取【自开始仿真】命令，在工具栏里单击【运行】按钮▷，系统开始对刀路a1进行仿真，如图

7-32所示。

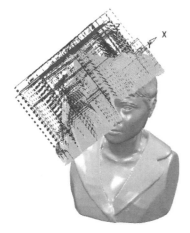

图7-31 生成刀路a1

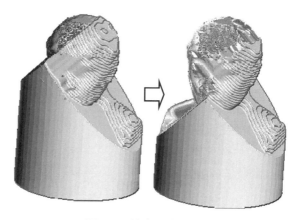

图7-32 仿真刀路a1

保存仿真结果，在仿真工具栏里单击【输出ViewMILL模型到文件】按钮 ▣，在系统弹出的【输出ViewMILL】对话框里输入文件名为a1dmt，单击【退出ViewMILL】按钮 ▣。注意，生成的这个模型文件将要作为a2刀路的毛坯来使用。

**（3）对工件a2部分形状进行开粗**

方法：采取复制刀路修改参数来进行。

① 定义用户坐标系　本刀路的坐标系是通过旋转世界坐标系的X轴90°得来的。

在资源管理器的目录树里，激活坐标系abs。在左侧的资源管理器里右击【用户坐标系】，在弹出的快捷菜单里选取【产生用户坐标系】命令，目录树里生成了坐标系1。在弹出的坐标系工具栏里单击【沿X轴旋转】按钮 ✗，在弹出的【旋转】参数栏里输入角度为"90"度，如图7-33所示，修改坐标系1的名称为a2。单击【接受】按钮，在系统返回到的工具栏里单击【接受改变】按钮 √，激活坐标系a2。

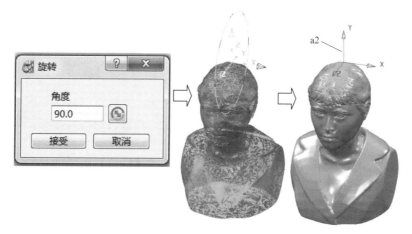

图7-33 定义坐标系a2

② 复制刀路　在目录树里选取刚生成的刀路，右击鼠标，在弹出的快捷菜单里选取【编辑】|【复制刀具路径】命令，默认系统生成的刀路，修改名称为a2，并激活刀路a2。

③ 进入"模型区域清除"策略对话框　右击刚复制出来的刀路a2，在弹出的快捷菜单里选取【设置】命令，系统弹出【模型区域清除】对话框。单击【打开表格】按钮，修改对话框里的参数。

④ 修改坐标系　本刀路使用坐标系a2为工作坐标系，修改参数如图7-34所示。

图7-34　定义坐标系

⑤ 定义毛坯　本刀路要定义的毛坯为加工残料a1.dmt。

在左侧的目录树里选取 毛坯，【由…定义】选取"三角形"，单击【从文件装载毛坯】按钮，选择文件"a1.dmt"，如图7-35所示。单击右侧屏幕的【毛坯】按钮，可以关闭其显示。

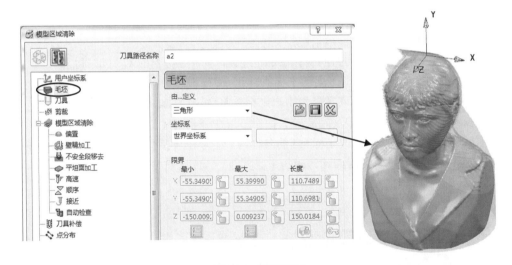

图7-35　定义毛坯

⑥ 修改快进高度　因为本刀路的工作坐标系为a2，所以按如图7-36所示设置【用户坐标系】为"a2"。

⑦ 计算刀路　在【模型区域清除】对话框底部单击【计算】按钮，计算出的刀路a2如图7-37所示。单击【取消】按钮。

⑧ 刀路仿真生成新的毛坯体　在工具栏里单击【打开/关闭 ViewMILL】按钮，选取【光泽阴影图像】按钮。在左侧资源管理器，右击刚生成的a1，在弹出的快捷菜单里选取【自开始仿真】命令，在工具栏里单击【运行】按钮，系统开始对刀路a2进行仿真，如图7-38所示。

保存仿真结果，在仿真工具栏里单击【输出 ViewMILL 模型到文件】按钮，在系统弹出的【输出 ViewMILL】对话框里输入文件名为a2.dmt，单击【退出 ViewMILL】按钮 ⊙ 。
注意，生成的这个模型文件将要作为a3刀路的毛坯来使用。

图7-36　修改快进高度参数

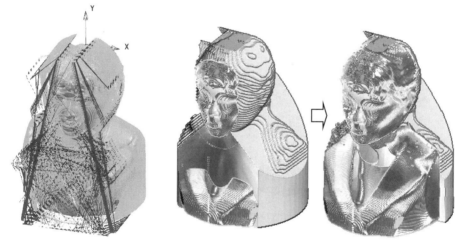

图7-37　生成刀路a2　　　　　　图7-38　开粗a2刀路仿真

## （4）对工件a3部分形状进行开粗

方法：仍采取复制刀路修改参数来进行。

① 定义用户坐标系　本刀路的坐标系是通过变换用户坐标系a2，沿着Y轴旋转90° 4
次得来的。

在资源管理器的目录树里，右击坐标系a2，在弹出的快捷菜单里选取【变换】命令，
在系统弹出的坐标系工具栏里选取【多重变换】按钮 ▩ ，在屏幕底部的坐标系栏里，选取Y
轴激活 ◩ 状态。在系统弹出的【多重变换】对话框里，输入角度为"90"度，次数为"4"，
在【多重变换】对话框里单击【接受】按钮，在工具栏里单击【接受改变】按钮 √ ，如图
7-39所示。

Part two

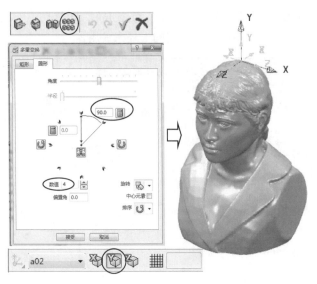

**图7-39 定义用户坐标系**

在目录树里生成了a2_1、a2_2、a2_3三个坐标系。修改a2_2名称为a3，修改a2_1名称为b1，修改a2_3名称为b0，如图7-40所示。

**图7-40 定义坐标系**

② 复制刀路 在目录树里选取刚生成的刀路，右击鼠标，在弹出的快捷菜单里选取【编辑】|【复制刀具路径】命令，默认系统生成的刀路，修改名称为a3，并激活刀路a3。

③ 进入"模型区域清除"策略对话框 右击刚复制出来的刀路a3，在弹出的快捷菜单里选取【设置】命令，系统弹出【模型区域清除】对话框。单击【打开表格】按钮🔘，修改对话框里的参数。

④ 修改坐标系 本刀路使用坐标系a3为工作坐标系，修改参数如图7-41所示。

⑤ 定义毛坯 本刀路要定义的毛坯为加工残料a2.dmt。

在左侧的目录树里选取💼毛坯，【由…定义】选取"三角形"，单击【从文件装载毛坯】按钮📂，选择文件"a1.dmt"，如图7-42所示。单击右侧屏幕的【毛坯】按钮📦，可以关闭其显示。

⑥ 修改快进高度 因为本刀路的工作坐标系为a3，所以按如图7-43所示设置【用户坐

标系】为"a3"。

图7-41 定义坐标系

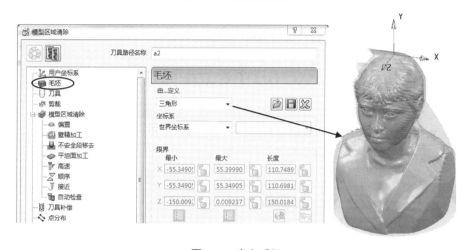

图7-42 定义毛坯

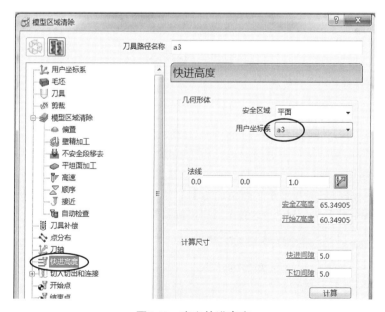

图7-43 定义快进高度

⑦ 计算刀路 在【模型区域清除】对话框底部单击【计算】按钮，计算出的刀路a3如图7-44所示。单击【取消】按钮。

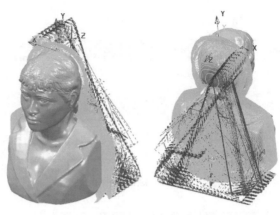

图7-44 生成刀路

## 7.2.6 在程序文件夹K070B中建立型面二次开粗加工刀路

本节任务是：建立4个刀具路径，使用刀具ED8平底刀对如图7-45所示的b0 ～ b3部位进行半精加工。这些刀路的目的是清除角落处的大余量。

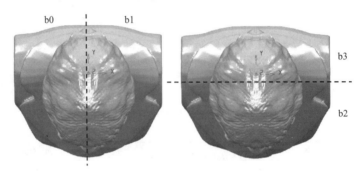

图7-45 加工部位

先将K070B程序文件夹激活。

**（1）对b0部位进行半精加工**

方法是：使用ED8平底刀采取等高精加工策略。激活坐标系b0。

① 进入"等高精加工"刀路策略对话框 在综合工具栏中单击【刀具路径策略】按钮，弹出【策略选取器】对话框，选取【精加工】选项卡，然后选择【等高精加工】选项，单击【接受】按钮，系统弹出【等高精加工】对话框。默认的刀具路径名称为"1"，现在修改【刀具路径名称】为"b0"。定义【用户坐标系】b0，如图7-46所示。

图7-46 定义用户坐标系

② 设定毛坯　毛料大小为 $\phi$ 110×150，坐标系为"世界坐标系"，单击【计算】按钮，如图7-14所示。单击右侧屏幕的【毛坯】按钮，可以关闭其显示。

③ 定义刀具　设为ED8平底刀，如图7-47所示。

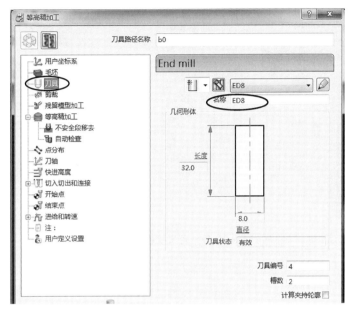

**图7-47　定义刀具**

④ 设定剪裁参数　定义剪裁参数如图7-48所示。设置Z限界的【最小】为"-2"。

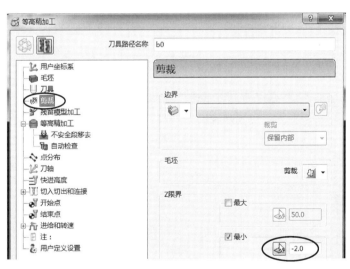

**图7-48　定义剪裁参数**

⑤ 设定切削参数　【切削方向】为"任意"，【公差】为"0.1"，【余量】为"0.3"，【最小下切步距】为"1.0"，如图7-49所示。

重新设置余量参数。上述设置加工参数的作用对象是所有原图和辅助面，系统会把辅助面也作为加工面来处理，刀路计算出来肯定不符合要求，这就需要在加工余量参数里对曲面的余量参数重新进行设置。

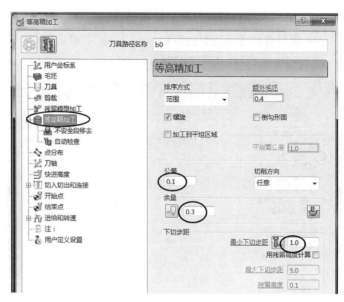

图7-49 定义切削参数

在层管理器里释放辅助面的显示。具体方法是：在资源管理器里的【层和组合】树枝里单击 ※ 辅助面1前的小灯泡，使其处于显示状态，这样就可以把辅助面显示出来，如图7-18所示。

在图形区选取刚显示出来的辅助面，然后在图7-17所示的对话框里，单击【编辑部件余量】按钮 ，在系统弹出的【部件余量】对话框里，按如图7-19所示设定参数，这样就可以把辅助面忽略掉。单击【应用】按钮，单击【接受】按钮，系统返回到【模型区域清除】对话框。

⑥ 定义刀轴参数 本刀路为定位方式加工，刀轴定义方法与普通的三轴相同，参数如图7-50所示。

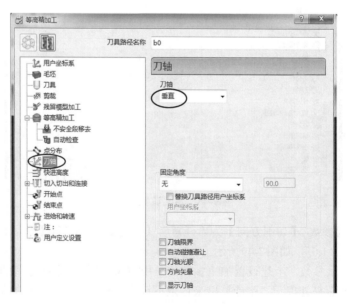

图7-50 定义刀轴参数

⑦ 定义快进高度参数　这里【用户坐标系】为"b0"，【快进间隙】和【下切间隙】设定为"5"，单击【计算】按钮，如图7-51所示。

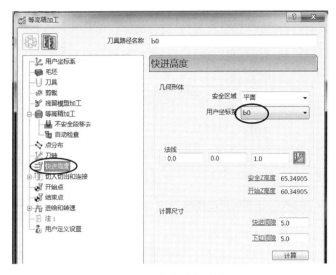

**图7-51　定义快进高度**

⑧ 定义切入切出和连接参数　尽可能减小非切削刀路的长度，按如图7-52所示设置，这里采取的是斜线进刀方式。要注意选取【过切检查】复选框。

**图7-52　设置切入切出参数**

⑨ 设定开始点参数　设定【开始点】参数为"第一点安全高度"。

⑩ 设定结束点参数　设定【结束点】参数为"最后一点安全高度"。

⑪ 设定进给和转速　转速为2500r/min，进给速度为1350mm/min，如图7-53所示。

⑫ 计算刀路　各项参数设定完以后检查无误就可以在【等高精加工】对话框底部，单击【计算】按钮，计算出的刀路b0如图7-54所示。

## （2）对b1部位进行加工

方法：采取复制刀路修改参数来进行。

① 复制刀路　在目录树里选取第（1）步刚生成的刀路，右击鼠标，在弹出的快捷菜单里选取【编辑】|【复制刀具路径】命令，把默认系统生成的刀路修改名称为b1，并激活刀路b1。

图7-53 设定进给和转速

图7-54 生成刀路b0

② 修改坐标系 右击刚复制出来的刀路b1，在弹出的快捷菜单里选取【设置】命令，系统弹出【等高精加工】对话框。单击【打开表格】按钮 ，修改对话框里的参数。修改坐标系为 "b1"，如图7-55所示。

图7-55 修改坐标系

③ 修改快进高度参数 这里【用户坐标系】为 "b1"，【快进间隙】和【下切间隙】设定为 "5"，单击【计算】按钮，如图7-56所示。

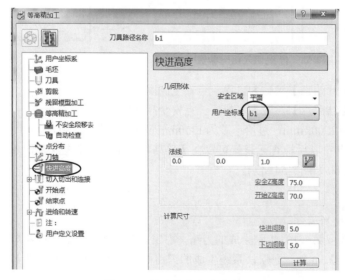

图7-56 修改快进高度参数

图7-57 生成刀路b1

④ 计算刀路 在【等高精加工】对话框底部单击【计算】按钮，计算出的刀路b1如图7-57所示。单击【取消】按钮。

**（3）对b2部位进行加工**

方法：仍采取复制刀路修改参数来进行。

① 复制刀路 在目录树里选取第（1）步刚生成的刀路，右击鼠标，在弹出的快捷菜单里选取【编辑】|【复制刀具路径】命令，把默认系统生成的刀路修改名称为b2，并激活刀路b2。

② 修改坐标系 右击刚复制出来的刀路b2，在弹出的快捷菜单里选取【设置】命令，系统弹出【等高精加工】对话框。单击【打开表格】按钮 ⊛，修改对话框里的参数。修改坐标系为"a2"，如图7-58所示。

图7-58 定义坐标系

③ 修改快进高度参数 这里【用户坐标系】为"a2"，【快进间隙】和【下切间隙】设定为"5"，单击【计算】按钮，如图7-59所示。

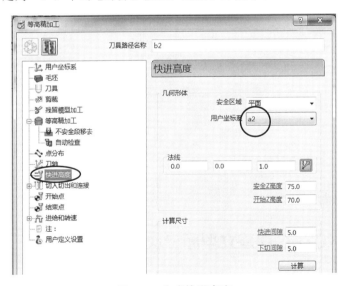

图7-59 生成快进高度

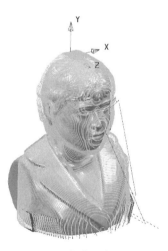

图7-60 生成刀路b2

④ 计算刀路 在【等高精加工】对话框底部单击【计算】按钮，计算出的刀路b2如图7-60所示。单击【取消】按钮。

**（4）对b3部位进行加工**

方法：仍采取复制刀路修改参数来进行。

① 复制刀路　在目录树里选取第（1）步刚生成的刀路，右击鼠标，在弹出的快捷菜单里选取【编辑】|【复制刀具路径】命令，把默认系统生成的刀路修改名称为b3，并激活刀路b3。

② 修改坐标系　右击刚复制出来的刀路b3，在弹出的快捷菜单里选取【设置】命令，系统弹出【等高精加工】对话框。单击【打开表格】按钮 ，修改对话框里的参数。修改坐标系为"a3"，如图7-61所示。

**图7-61　定义坐标系**

③ 修改快进高度参数　这里【用户坐标系】为"a3"，【快进间隙】和【下切间隙】设定为"5"，单击【计算】按钮，如图7-62所示。

④ 计算刀路　在【等高精加工】对话框底部单击【计算】按钮，计算出的刀路b3如图7-63所示。单击【取消】按钮。

**图7-62　生成快进高度**　　　　　　　　　　**图7-63　生成刀路b3**

## 7.2.7　在程序文件夹K070C中建立型面三次开粗加工刀路

本节主要任务是：建立2个刀路，使用刀具BD8R4球头刀对如图7-45所示的b2～b3部位进行半精加工。这些刀路的目的仍是清除角落处的大余量。

先将K070C程序文件夹激活。

### （1）对b2部位进行半精加工

① 进入"平行精加工"刀路策略对话框　在综合工具栏中单击【刀具路径策略】按钮 ，弹出【策略选取器】对话框，选取【精加工】选项卡，然后选择【平行精加工】选项 平行精加工，单击【接受】按钮，系统弹出【平行精加工】对话框。默认的刀具路径名称为

"1"，现在修改【刀具路径名称】为"c0"。

　　② 定义用户坐标系　本刀路用户坐标系为a2，如图7-64所示。

图7-64　定义坐标系

　　③ 定义毛坯　毛料大小为$\phi$110×150，坐标系为"世界坐标系"，选取人像实体图形再单击【计算】按钮，如图7-14所示。单击右侧屏幕的【毛坯】按钮 ，可以关闭其显示。

　　④ 定义刀具　本次刀具为BD8R4球头刀，如图7-65所示。

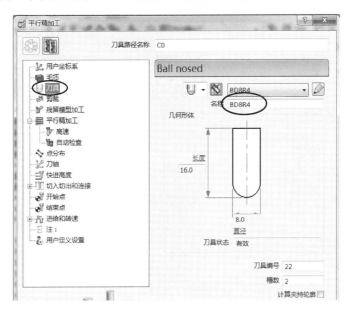

图7-65　定义刀具

　　⑤ 设定剪裁参数　在【平行精加工】对话框左侧单击 剪裁，再在右侧的边界栏里，按如图7-66所示设置参数。

　　⑥ 设定切削参数　这里定义【角度】为"45"度。不勾选【垂直路径】复选框，【样式】为"双向"，【公差】为"0.1"，【余量】为"0.2"，【行距】为"1"，如图7-67所示。

　　在加工余量参数里对曲面的余量参数重新进行设置。在资源管理器里的【层和组合】树枝里单击 辅助面1前的小灯泡，使其处于显示状态，这样就可以把辅助面显示出来。

　　在图形区选取刚显示出来的辅助面，然后在图7-17所示的对话框里，单击【编辑部件余量】按钮 ，在系统弹出的【部件余量】对话框里，按如图7-19所示设定参数，这样就可以把辅助面忽略掉。单击【应用】按钮，单击【接受】按钮，系统返回到【模型区域清除】对话框。

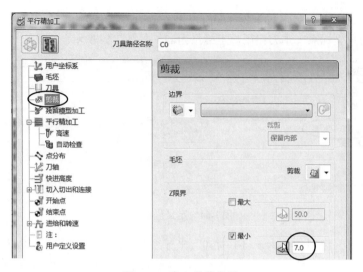

**图7-66 定义剪裁参数**

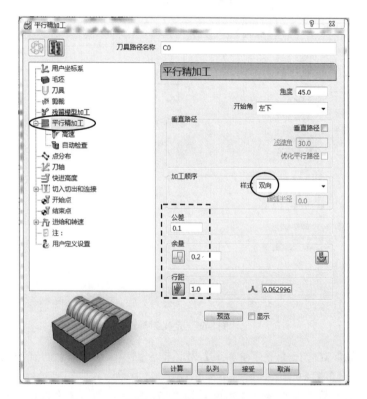

**图7-67 定义切削参数**

⑦ 定义刀轴参数 本刀路为定位方式加工，刀轴定义方法与普通的三轴相同。参数与如图7-50所示相同。

⑧ 定义快进高度参数 这里【用户坐标系】为"a2"，【快进间隙】和【下切间隙】设定为"5"，单击【计算】按钮，与如图7-68所示相同。

⑨ 定义切入切出和连接参数 因为本次用的刀具是球头铣刀，切入和切出可以直接用"无"方式，如图7-69所示。

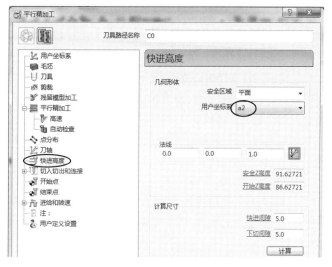

图7-68　设定快进高度参数

图7-69　定义切入切出和连接参数

⑩ 设定开始点参数　设定【开始点】参数为"第一点安全高度"。

⑪ 设定结束点参数　设定【结束点】参数为"最后一点安全高度"。

⑫ 设定进给和转速　转速为4500r/min，进给速度为1500mm/min，如图7-70所示。

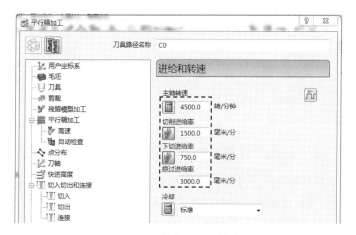

图7-70　设定进给和转速

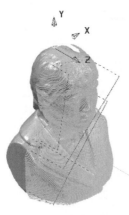

**图7-71 生成刀路c0**

"a3"，如图7-72所示。

⑬ 计算刀路 各项参数设定完以后检查无误就可以在【平行精加工】对话框底部，单击【计算】按钮，计算出的刀路c0如图7-71所示。

**（2）对b3部位进行半精加工**

方法：采取复制刀路修改参数来进行编程。

① 复制刀路 在目录树里选取第（1）步刚生成的刀路，右击鼠标，在弹出的快捷菜单里选取【编辑】|【复制刀具路径】命令，把默认系统生成的刀路修改名称为c1，并激活刀路c1。

② 修改坐标系 右击刚复制出来的刀路c1，在弹出的快捷菜单里选取【设置】命令，系统弹出【平行精加工】对话框。单击【打开表格】按钮 🔳，修改对话框里的参数。修改坐标系为

**图7-72 定义坐标系**

③ 设定剪裁参数 在【平行精加工】对话框左侧单击 💿 **剪裁**，再在右侧的边界栏里，按如图7-73所示设置参数。

**图7-73 定义剪裁参数**

④ 修改快进高度参数 这里【用户坐标系】为"a3"，【快进间隙】和【下切间隙】设定为"5"，单击【计算】按钮，如图7-74所示。

⑤ 计算刀路 在【等高精加工】对话框底部单击【计算】按钮，计算出的刀路c1如图7-75所示。单击【取消】按钮。

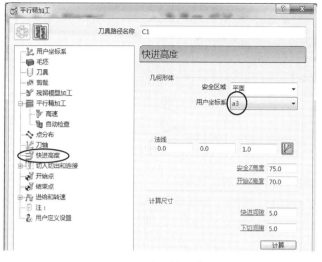

图7-74  定义快进高度

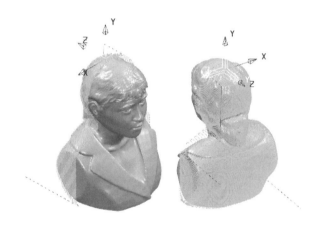

图7-75  生成刀路c1

## 7.2.8  在程序文件夹K070D中建立半精加工刀路

本节主要任务是：建立2个刀路，用曲面投影精加工的策略对整体进行精加工；对下巴部位进行补刀加工。

将文件夹K070D激活。

### （1）对人像整体形状进行精加工

方法：用BD6R3球头刀采用曲面投影精加工。

① 进入"曲面投影精加工"刀路策略对话框  在综合工具栏中单击【刀具路径策略】按钮 📎 ，弹出【策略选取器】对话框，选取【精加工】选项卡，然后选择【曲面投影精加工】选项 🔧 曲面投影精加工，单击【接受】按钮，系统弹出【直线投影精加工】对话框。默认的刀具路径名称为"1"，现在修改【刀具路径名称】为"d0"。

② 定义用户坐标系  本刀路用户坐标系为"abs"，也可以不用选取，默认就是世界坐标系，如图7-76所示。

图7-76　定义坐标系

③ 定义毛坯　毛料大小为 $\phi$ 110×150，坐标系为"世界坐标系"，选取人像实体图形再单击【计算】按钮，如图7-14所示。单击右侧屏幕的【毛坯】按钮，可以关闭其显示。

④ 定义刀具　本次刀具为BD6R3球头刀，如图7-77所示。

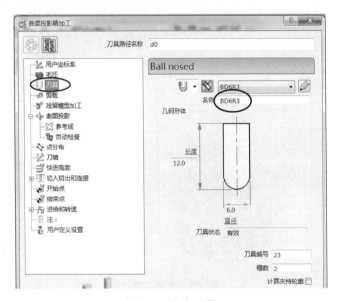

图7-77　定义刀具

⑤ 剪裁参数　按默认设置，不选取其他选项参数。

⑥ 设定切削参数　【投影】栏【方向】参数为"向内"，【公差】为"0.03"，【余量】为"0.05"，【行距】为"0.3"。

定义参考线，定义【参考线方向】为"V"，选取【螺旋】复选框，【开始角】为"最小U最小V"，在【限界】栏里，勾选【U】复选框，【开始】参数为"0"，【结束】为"175"。这个参数主要是控制加工从头顶向下一圈接着一圈来进行，如图7-78所示。

上述设置加工参数的作用对象是所有原图和辅助面，系统会把辅助面也作为加工面来处理，刀路计算出来肯定不符合要求，这就需要在加工余量参数里对曲面的功能重新进行设置。

在层管理器里释放辅助面的显示。具体方法是：在资源管理器里的【层和组合】树枝里单击 辅助面1 前的小灯泡，使其处于显示状态，这样就可以把辅助面显示出来，如图7-18所示。

在图形区选取刚显示出来的辅助面，然后在图7-17所示的对话框里，单击【编辑部件余量】按钮，在系统弹出的【部件余量】对话框里，按如图7-19所示设定参数，这样就可以把辅助面忽略掉。单击【应用】按钮，单击【接受】按钮，系统返回到【模型区域清除】对话框。

图7-78　定义切削参数

暂时不设置【自动检查】参数。

⑦ 定义刀轴参数　本刀路为五轴联动方式加工，参数如图7-79所示。其中【刀轴】为"前倾/侧倾"，【前倾】为"0"，【侧倾】为"0"。

图7-79　定义刀轴参数

 小提示

　　这些刀轴控制参数是否合适要进行仔细检查。方法是：可以先把公差和步距参数放大，进行试算刀路，观察刀路是否合理。刀轴控制方式是否合理很大程度上取决于驱动面的形状，如果不合适就要修改驱动面。修改驱动面可以在原先创建驱动面的软件里重新绘制曲面。

⑧ 定义快进高度参数　这里【安全区域】为"圆柱体",【用户坐标系】为"abs",【快进间隙】和【下切间隙】设定为"5",单击【计算】按钮,如图7-80所示。

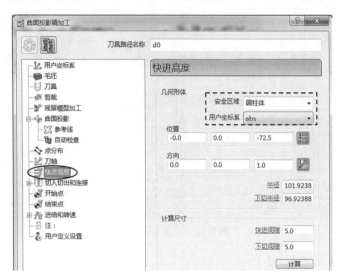

图7-80　定义快进高度

⑨ 定义切入切出和连接参数　按如图7-81所示设置,这里采取的是曲面法向圆弧的进刀方式。

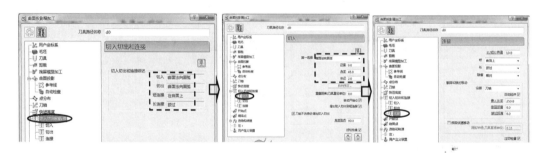

图7-81　定义切入切出和连接参数

⑩ 设定开始点参数　设定【开始点】参数为"第一点安全高度"。

⑪ 设定结束点参数　设定【结束点】参数为"最后一点安全高度"。

⑫ 设定进给和转速　转速为5000r/min,进给速度为1250mm/min,如图7-82所示。

⑬ 计算刀路　各项参数设定完以后检查无误,把驱动面显示出来,并且选择上,再在【曲面投影精加工】对话框底部单击【计算】按钮,计算出刀路d0,关闭辅助面显示,如图7-83所示。

### (2)对下巴部位进行补刀加工

方法:采取复制刀路修改参数,采取平行精加工策略进行加工。

① 定义坐标系d1　此处坐标系d1是把世界坐标系沿着X轴旋转100°而得到的。

激活坐标系abs,然后在资源管理器里右击【用户坐标系】,在弹出的快捷菜单里选取【定义用户坐标系】命令,默认生成坐标系名称为"1",修改名称为"d1",右击坐标系d1,在弹出的坐标系工具栏里选取【沿X轴旋转】按钮 ⚙,在弹出的【旋转】参数对话框里输入"100",单击【接受】按钮。再在坐标系工具栏里单击【接受改变】按钮 ✓,如图7-84

所示。激活坐标系d1。

图7-82　定义进给和转速

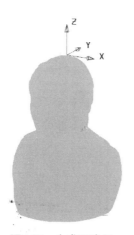

图7-83　生成刀路d0

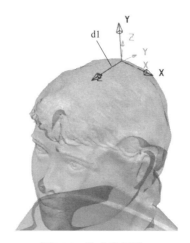

图7-84　生成坐标系d1

②复制刀路　在目录树里选取K070C文件夹的刀路c1，右击鼠标，在弹出的快捷菜单里选取【编辑】|【复制刀具路径】命令，把默认系统生成的刀路修改名称为d1，并激活刀路d1。

③修改坐标系　修改用户坐标系为d1，如图7-85所示。

图7-85　定义坐标系

④ 修改毛坯参数　此处定义毛坯如图7-86所示，主要目的是控制加工范围。

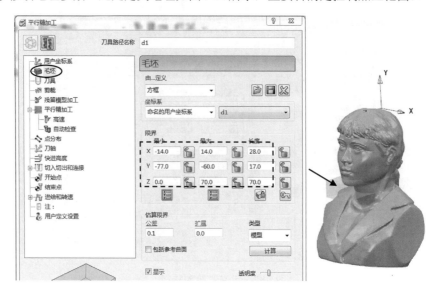

**图7-86　定义毛坯**

⑤ 修改刀具　本刀路所用的刀具为BD6R3球头刀，如图7-87所示。

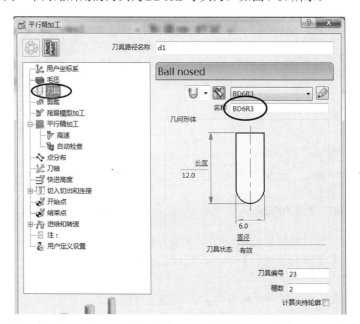

**图7-87　定义刀具**

⑥ 修改切削参数　修改【角度】为"90"度，不勾选【垂直路径】复选框，【公差】为"0.01"，【余量】为"0"，【行距】为"0.2"，如图7-88所示。

⑦ 修改快进高度　这里【用户坐标系】为"d1"，【快进间隙】和【下切间隙】设定为"5"，单击【计算】按钮，如图7-89所示。

⑧ 计算刀路　在【平行精加工】对话框底部单击【计算】按钮，计算出的刀路d1如图7-90所示。单击【取消】按钮。

图7-88　定义切削参数

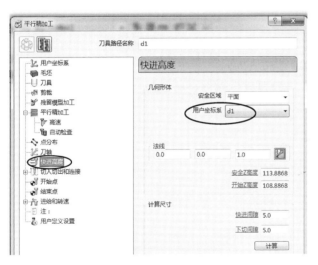

图7-89　定义快进高度

图7-90　生成刀路d1

## 7.2.9　在程序文件夹K070E中建立型面精加工刀路

本节主要任务是：建立5个精加工刀路，对如图7-45所示的b0～b3部位进行清角；对整体人像进行精加工。

先将K070E程序文件夹激活。

### （1）对人像正面b2进行清角

① 创建毛坯　此处创建的毛坯除了可以控制刀路外，还可以控制边界线，参数如图7-91所示。

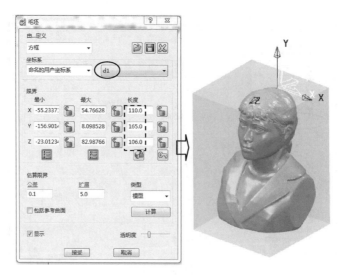

**图7-91　定义毛坯**

② 创建边界 e0

a. 初步生成裁剪边界　检查坐标系d1处于激活状态。在左侧目录树里右击树枝 <img 边界，在弹出的快捷菜单里选取【定义边界】|【轮廓】命令，在弹出的【轮廓边界】对话框里，按如图7-92所示设定参数。

**图7-92　定义轮廓边界参数**

在如图7-92所示的加工余量参数里，对余量参数重新进行设置。在资源管理器里的【层和组合】树枝里单击 <img 辅助面1前的小灯泡，使其处于显示状态，这样就可以把辅助面显示出来，如图7-18所示。

在图形区选取刚显示出来的辅助面，然后在图7-92所示的对话框里，单击【打开余量表格】按钮 <img ，在系统弹出的【部件余量】对话框里，按如图7-19所示设定参数，这样就可以把辅助面忽略掉。单击【应用】按钮，单击【接受】按钮，系统返回到【轮廓边界】对话框。单击【计算】按钮，单击【接受】按钮。初步生成的边界线1如图7-93所示。

b. 对边界线1向内偏置　方法是：在目录树里右击边界线1  1，在弹出的快捷菜单里执行【编辑】|【变换】|【偏置】命令，在弹出的边界线编辑工具栏的【距离】参数设为

"–5"，单击【接受改变】按钮✓，结果如图7-94所示。

图7-93  生成边界线1

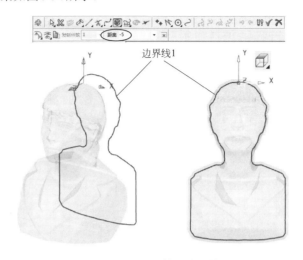

图7-94  偏置边界线

 小提示

如图7-91所示显示效果的方法是：激活坐标系d1,在屏幕右侧的查看工具栏里单击刀具【从上查看】按钮▣，在图形上右击鼠标，在弹出的快捷菜单里选取【半透明】命令，在弹出的【输入透明度】参数为"90"，单击【接受】按钮✓。

边界线1的另外一种创建方法是：在左侧目录树里右击树枝♡边界，在弹出的快捷菜单里选取【定义边界】|【用户定义】命令，在弹出的【用户定义边界】对话框里单击【输入文件】按钮▣，在弹出的【打开边界】对话框里选取本书提供的素材文件"边界线1.dgk"。效果与图7-91所示相同。

③ 生成残留边界  在左侧目录树里右击树枝♡边界，在弹出的快捷菜单里选取【定义边界】|【残留】命令，在弹出的【残留边界】对话框里,按如图7-95所示设参数，修改名称为e0。

图7-95  生成残留边界

在如图7-92所示的加工余量参数里，对余量参数重新进行设置。在资源管理器里的【层和组合】树枝里单击 ※ ⬡ 辅助面1 前的小灯泡，使其处于显示状态，这样就可以把辅助面显示出来，如图7-18所示。

在图形区选取刚显示出来的辅助面，然后在图7-92所示的对话框里，单击【打开余量表格】按钮🖱️，在系统弹出的【部件余量】对话框里，按如图7-19所示设定参数，这样就可以把辅助面忽略掉。单击【应用】按钮，单击【接受】按钮，系统返回到【残留边界】对话框。单击【计算】按钮，单击【接受】按钮。生成的边界线e0如图7-96所示。

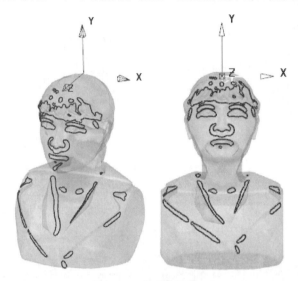

图7-96 生成边界线e0

④ 进入最佳等高精加工对话框 在综合工具栏中单击【刀具路径策略】按钮◎，弹出【策略选取器】对话框，选取【精加工】选项卡，然后选择【最佳等高精加工】选项，单击【接受】按钮，系统弹出【最佳等高精加工】对话框。默认的刀具路径名称为"1"，现在修改【刀具路径名称】为"e0"。定义【用户坐标系】为"d1"，如图7-97所示。

图7-97 定义坐标系

⑤ 设定毛坯 按如图7-98所示设置。单击右侧屏幕的【毛坯】按钮🔲，可以关闭其显示。

⑥ 定义刀具 设定为BD2R1球头刀，如图7-99所示。

⑦ 设定剪裁参数 定义剪裁参数如图7-100所示，边界为e0。

⑧ 设定切削参数 【切削方向】为"任意"，【公差】为"0.01"，【余量】为"0"，【行距】为"0.1"，如图7-101所示。

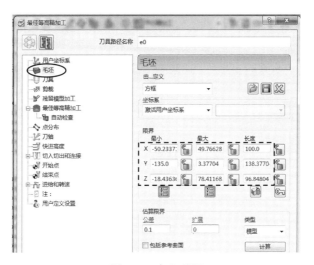

图7-98　定义毛坯

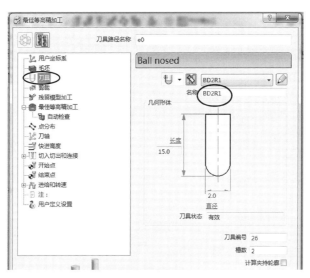

图7-99　定义刀具

图7-100　定义剪裁参数

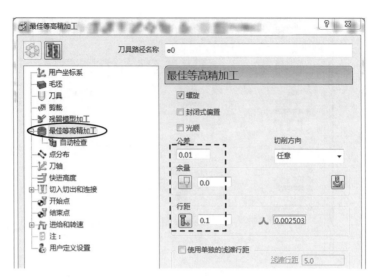

图7-101 定义切削参数

重新设置余量参数。在层管理器里释放辅助面的显示。具体方法是：在资源管理器里的【层和组合】树枝里单击 ☀️📄 辅助面1 前的小灯泡，使其处于显示状态，这样就可以把辅助面显示出来，如图7-18所示。

在图形区选取刚显示出来的辅助面，然后在图7-17所示的对话框里，单击【编辑部件余量】按钮📋，在系统弹出的【部件余量】对话框里，按如图7-19所示设定参数，这样就可以把辅助面忽略掉。单击【应用】按钮，单击【接受】按钮，系统返回到【最佳等高精加工】对话框。

⑨ 定义刀轴参数 本刀路为定位方式加工，刀轴定义方法与普通的三轴相同，参数如图7-102所示。

图7-102 定义刀轴参数

⑩ 定义快进高度参数 这里【用户坐标系】为"d1"，【快进间隙】和【下切间隙】设

定为"5"，单击【计算】按钮，如图7-103所示。

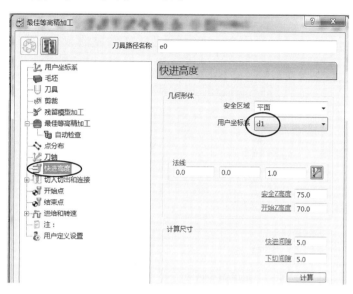

图7-103　定义快进高度参数

⑪ 定义切入切出和连接参数　尽可能减小非切削刀路的长度，按如图7-104所示设置。

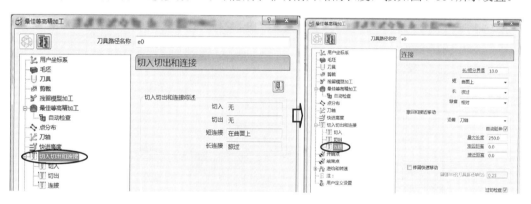

图7-104　设定切入切出参数

⑫ 设定开始点参数　设定【开始点】参数为"第一点安全高度"。

⑬ 设定结束点参数　设定【结束点】参数为"最后一点安全高度"。

⑭ 设定进给和转速　转速为10000r/min，进给速度为1000mm/min，如图7-105所示。

⑮ 计算刀路　各项参数设定完以后检查无误就可以在【最佳等高精加工】对话框底部，单击【计算】按钮，计算出的刀路e0如图7-106所示。

**（2）对人像右耳部位b0进行清角**

方法：采取复制刀路修改参数，采取最佳等高精加工策略进行加工。

① 创建毛坯　此处创建的毛坯除了可以控制刀路外，还可以控制边界线，参数如图7-91所示。

② 创建边界e1

a. 初步生成裁剪边界　检查坐标系b0处于激活状态。在左侧目录树里右击树枝 边界，

在弹出的快捷菜单里选取【定义边界】|【轮廓】命令，在弹出的【轮廓边界】对话框里，按如图7-107所示设定参数。

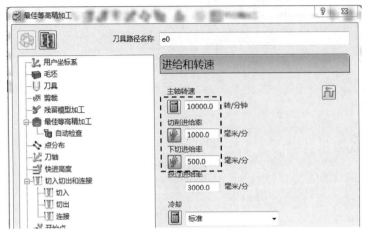

图7-105　设定进给和转速　　　　　　　图7-106　生成刀路e0

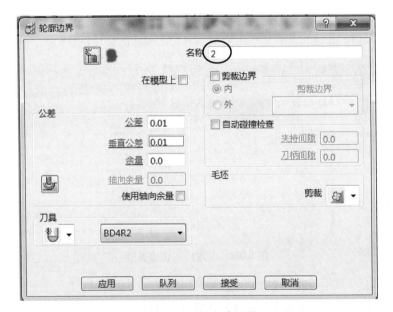

图7-107　定义轮廓边界

在如图7-107所示的加工余量参数里，对余量参数重新进行设置。在资源管理器里的【层和组合】树枝里单击 ✳️🍥 辅助面1前的小灯泡，使其处于显示状态，这样就可以把辅助面显示出来，如图7-18所示。

在图形区选取刚显示出来的辅助面，然后在图7-107所示的对话框里，单击【打开余量表格】按钮🔧，在系统弹出的【部件余量】对话框里，按如图7-19所示设定参数，这样就可以把辅助面忽略掉。单击【应用】按钮，单击【接受】按钮，系统返回到【轮廓边界】对话框。单击【计算】按钮，单击【接受】按钮。初步生成的边界线2如图7-108所示。

b. 对边界线2向内偏置　方法是：在目录树里右击边界线2 💡🍥 > 2，在弹出的快捷菜单里执行【编辑】|【变换】|【偏置】命令，在弹出的边界线编辑工具栏的【距离】参数设为

"–11"，单击【接受改变】按钮 ✓，结果如图7-109所示。

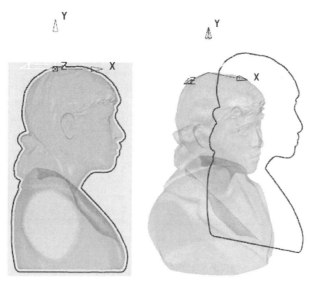

图7-108　定义边界线2

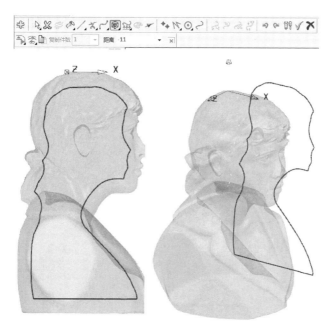

图7-109　偏置边界线

　　c. 生成残留边界　在左侧目录树里右击树枝 ◯ 边界，在弹出的快捷菜单里选取【定义边界】|【残留】命令，在弹出的【残留边界】对话框里，按如图7-110所示设定参数，修改名称为e1。

　　在如图7-110所示的加工余量参数里，对余量参数重新进行设置。在资源管理器里的【层和组合】树枝里单击 ❋ ⬛ 辅助面1 前的小灯泡，使其处于显示状态，这样就可以把辅助面显示出来，如图7-18所示。

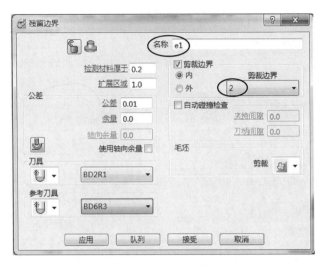

**图7-110 生成残留边界**

在图形区选取刚显示出来的辅助面，然后在图7-110所示的对话框里，单击【打开余量表格】按钮，在系统弹出的【部件余量】对话框里，按如图7-19所示设定参数，这样就可以把辅助面忽略掉。单击【应用】按钮，单击【接受】按钮，系统返回到【残留边界】对话框。单击【计算】按钮，单击【接受】按钮。生成的边界线e1如图7-111所示。

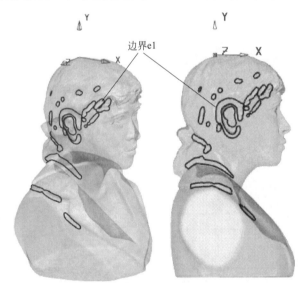

**图7-111 生成残留边界e1**

③ 进入最佳等高精加工对话框 在综合工具栏中单击【刀具路径策略】按钮，弹出【策略选取器】对话框，选取【精加工】选项卡，然后选择【最佳等高精加工】选项，单击【接受】按钮。系统弹出【最佳等高精加工】对话框。默认的刀具路径名称为"1"，现在修改【刀具路径名称】为"e1"。定义【用户坐标系】为"b0"，如图7-112所示。

④ 设定毛坯 按如图7-98所示设置。单击右侧屏幕的【毛坯】按钮，可以关闭其显示。

⑤ 定义刀具 设定为BD2R1球头刀，如图7-99所示。

⑥ 设定剪裁参数 定义剪裁参数如图7-113所示，边界为e1。

图7-112　定义坐标系

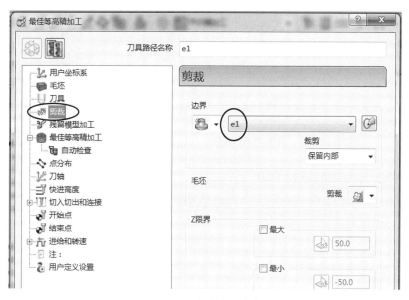

图7-113　定义剪裁参数

⑦ 设定切削参数　【切削方向】为"任意"，【公差】为"0.01"，【余量】为"0"，【行距】为"0.1"，如图7-101所示。

重新设置余量参数。在层管理器里释放辅助面的显示。具体方法是：在资源管理器里的【层和组合】树枝里单击 辅助面1前的小灯泡，使其处于显示状态，这样就可以把辅助面显示出来，如图7-18所示。

在图形区选取刚显示出来的辅助面，然后在图7-17所示的对话框里，单击【编辑部件余量】按钮 ，在系统弹出的【部件余量】对话框里，按如图7-19所示设定参数，这样就可以把辅助面忽略掉。单击【应用】按钮，单击【接受】按钮，系统返回到【最佳等高精加工】对话框。

⑧ 定义刀轴参数　本刀路为定位方式加工，刀轴定义方法与普通的三轴相同。参数如图7-102所示。

⑨ 定义快进高度参数　这里【用户坐标系】为"b0"，【快进间隙】和【下切间隙】设定为"5"，单击【计算】按钮，如图7-114所示。

⑩ 定义切入切出和连接参数　尽可能减小非切削刀路的长度，按如图7-104所示设置。

⑪ 设定开始点参数　设定【开始点】参数为"第一点安全高度"。

⑫ 设定结束点参数　设定【结束点】参数为"最后一点安全高度"。

⑬ 设定进给和转速　转速为10000r/min，进给速度为1000mm/min，如图7-105所示。

⑭ 计算刀路　各项参数设定完以后检查无误就可以在【最佳等高精加工】对话框底部，单击【计算】按钮，计算出的刀路e1如图7-115所示。

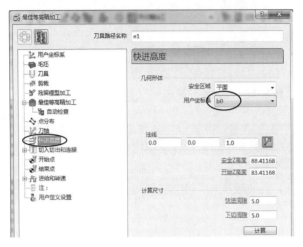

图7-114　定义快进高度参数

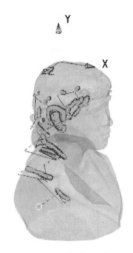

图7-115　生成刀路e1

### （3）对人像左耳部位b1进行清角

方法：采用复制人像右耳部位刀路，修改参数。

先激活坐标系b1。

① 创建毛坯　此处创建的毛坯主要用于控制边界线，参数如图7-116所示。

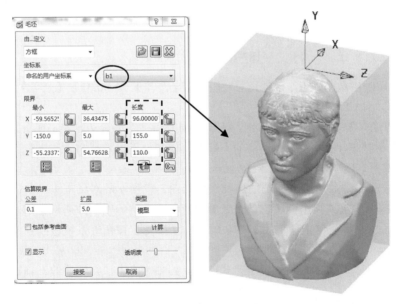

图7-116　定义毛坯

② 创建残留边界e2　在左侧目录树里右击树枝 边界，在弹出的快捷菜单里选取【定义边界】|【残留】命令，在弹出的【残留边界】对话框里，按如图7-117所示设定参数，修改名称为e2。

在如图7-117所示的对话框里，对余量参数重新进行设置。在资源管理器里的【层和组合】树枝里单击 ※ ◈ 辅助面1前的小灯泡，使其处于显示状态，这样就可以把辅助面显示出来，如图7-18所示。

在图形区选取刚显示出来的辅助面，然后在图7-117所示的对话框里，单击【打开余量表格】按钮 ◡，在系统弹出的【部件余量】对话框里，按如图7-19所示设定参数，这样就可以把辅助面忽略掉。单击【应用】按钮，单击【接受】按钮，系统返回到【残留边界】对话框。单击【计算】按钮，单击【接受】按钮。生成的边界线e2如图7-118所示。

图7-117　定义残留边界参数

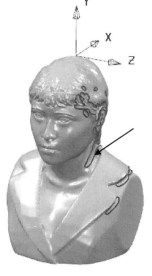

图7-118　生成边界线e2

③ 复制刀路　在目录树里选取刚生成的刀路 🔧🔵 e1，右击鼠标，在弹出的快捷菜单里选取【编辑】|【复制刀具路径】命令，修改名称为e2，并激活刀路e2。

④ 进入"最佳等高精加工"策略对话框　右击刚复制出来的刀路e2，在弹出的快捷菜单里选取【设置】命令，系统弹出【模型区域清除】对话框。单击【打开表格】按钮 ▩，修改对话框里的参数。

⑤ 修改坐标系　本刀路使用坐标系b1为工作坐标系，修改参数如图7-119所示。

图7-119　定义坐标系

⑥ 定义毛坯　本刀路要定义的毛坯如图7-120所示。单击右侧屏幕的【毛坯】按钮 ▱，可以关闭其显示。

图7-120　定义毛坯

⑦ 设定剪裁参数　定义剪裁参数如图7-121所示，边界为e2。

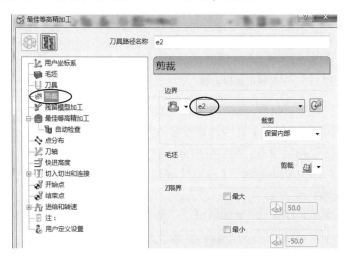

图7-121　定义剪裁参数

⑧ 检查切削参数　【切削方向】为"任意"，【公差】为"0.01"，【余量】为"0"，【行距】为"0.1"，如图7-101所示。

重新设置余量参数。在层管理器里释放辅助面的显示。具体方法是：在资源管理器里的【层和组合】树枝里单击 ☀ 🌎 辅助面1前的小灯泡，使其处于显示状态，这样就可以把辅助面显示出来，如图7-18所示。

在图形区选取刚显示出来的辅助面，然后在图7-17所示的对话框里，单击【编辑部件余量】按钮 🖳，在系统弹出的【部件余量】对话框里，按如图7-19所示设定参数，这样就可以把辅助面忽略掉。单击【应用】按钮，单击【接受】按钮，系统返回到【最佳等高精加工】对话框。

⑨ 定义快进高度参数　这里【用户坐标系】为"b1"，【快进间隙】和【下切间隙】设定为"5"，单击【计算】按钮，如图7-122所示。

⑩ 计算刀路　各项参数设定完以后检查无误就可以在【最佳等高精加工】对话框底部，单击【计算】按钮，计算出的刀路e2如图7-123所示。

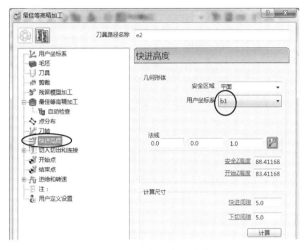

图7-122　定义快进高度参数　　　　　　　　图7-123　生成刀路e2

### （4）对人像背面部位b3进行清角

方法：采用复制人像右耳部位刀路，修改参数。

先激活坐标系a3。

① 创建毛坯　此处创建的毛坯主要用于控制边界线，参数如图7-124所示。

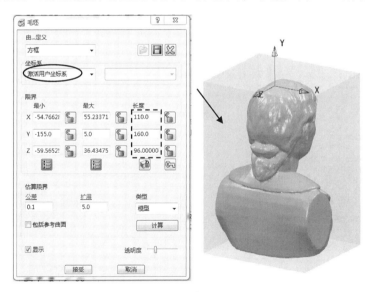

图7-124　定义毛坯

② 创建残留边界e3

a. 初步生成裁剪边界　检查坐标系a3处于激活状态。在左侧目录树里右击树枝 边界，在弹出的快捷菜单里选取【定义边界】|【轮廓】命令，在弹出的【轮廓边界】对话框里，按

如图7-125所示设定参数。

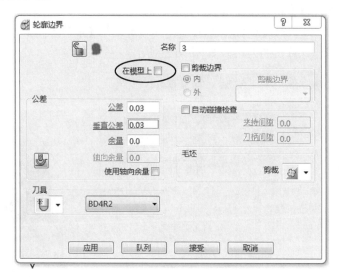

**图7-125 定义轮廓边界参数**

在如图7-125所示的加工余量参数里，对余量参数重新进行设置。在资源管理器里的【层和组合】树枝里单击 辅助面1 前的小灯泡，使其处于显示状态，这样就可以把辅助面显示出来，如图7-18所示。

在图形区选取刚显示出来的辅助面，然后在图7-125所示的对话框里，单击【打开余量表格】按钮 ，在系统弹出的【部件余量】对话框里，按如图7-19所示设定参数，这样就可以把辅助面忽略掉。单击【应用】按钮，单击【接受】按钮，系统返回到【轮廓边界】对话框。单击【计算】按钮，单击【接受】按钮。初步生成的边界线3如图7-126所示。

b. 对边界线3向内偏置　方法是：在目录树里右击边界线3，在弹出的快捷菜单里执行【编辑】|【变换】|【偏置】命令，在弹出的边界线编辑工具栏的【距离】参数设为"–7"，单击【接受改变】按钮 ，结果如图7-127所示。

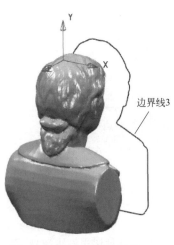

**图7-126 定义轮廓边界线3**

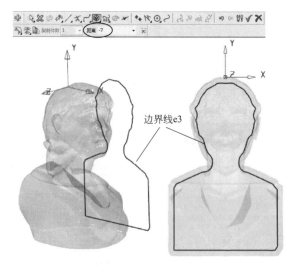

**图7-127 生成边界线e3**

c. 创建残留边界e3　在左侧目录树里右击树枝 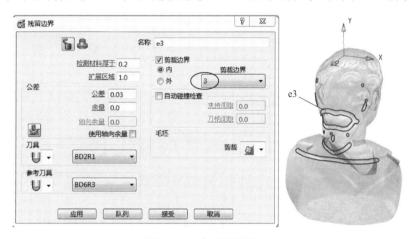边界，在弹出的快捷菜单里选取【定义边界】|【残留】命令，在弹出的【残留边界】对话框里，按如图7-128所示设定参数，修改名称为e3。

在如图7-128所示的对话框里，对余量参数重新进行设置。在资源管理器里的【层和组合】树枝里单击 ✦🖉 辅助面1前的小灯泡，使其处于显示状态，这样就可以把辅助面显示出来，如图7-18所示。

在图形区选取刚显示出来的辅助面，然后在图7-128所示的对话框里，单击【打开余量表格】按钮🖳，在系统弹出的【部件余量】对话框里，按如图7-19所示设定参数，这样就可以把辅助面忽略掉。单击【应用】按钮，单击【接受】按钮，系统返回到【残留边界】对话框。单击【计算】按钮，单击【接受】按钮。生成的边界线e3如图7-128所示。

图7-128　生成边界线e3

③ 复制刀路　在目录树里选取刚生成的刀路e2，右击鼠标，在弹出的快捷菜单里选取【编辑】|【复制刀具路径】命令，修改名称为e3，并激活刀路e3。

④ 进入"最佳等高精加工"策略对话框　右击刚复制出来的刀路e3，在弹出的快捷菜单里选取【设置】命令，系统弹出【模型区域清除】对话框。单击【打开表格】按钮🎛，修改对话框里的参数。

⑤ 修改坐标系　本刀路使用坐标系a3为工作坐标系，修改参数如图7-129所示。

图7-129　定义坐标系

⑥ 定义毛坯　本刀路要定义的毛坯如图7-130所示。单击右侧屏幕的【毛坯】按钮📦，可以关闭其显示。

⑦ 设定剪裁参数　定义剪裁参数如图7-131所示，边界为e3。

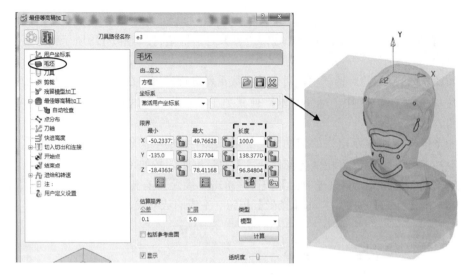

图7-130  定义毛坯

图7-131  定义剪裁参数

⑧ 检查切削参数  【切削方向】为"任意",【公差】为"0.01",【余量】为"0",【行距】为"0.1",如图7-101所示。

重新设置余量参数。在层管理器里释放辅助面的显示。具体方法是：在资源管理器里的【层和组合】树枝里单击 ※ 辅助面1前的小灯泡，使其处于显示状态，这样就可以把辅助面显示出来，如图7-18所示。

在图形区选取刚显示出来的辅助面，然后在图7-17所示的对话框里，单击【编辑部件余量】按钮 ，在系统弹出的【部件余量】对话框里，按如图7-19所示设定参数，这样就可以把辅助面忽略掉。单击【应用】按钮，单击【接受】按钮，系统返回到【最佳等高精加工】对话框。

⑨ 定义快进高度参数  这里【用户坐标系】为"a3",【快进间隙】和【下切间隙】设定为"5"，单击【计算】按钮，如图7-132所示。

⑩ 计算刀路  各项参数设定完以后检查无误就可以在【最佳等高精加工】对话框底部，单击【计算】按钮，计算出的刀路e3如图7-133所示。

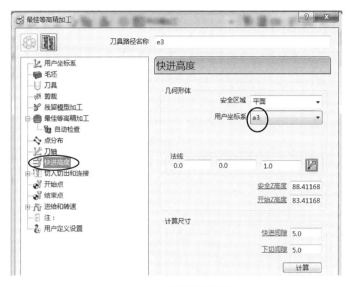

图7-132  定义快进高度

### （5）对整体人像进行精加工

方法：复制刀路，修改参数。

激活坐标系abs。

① 复制刀路  在目录树里选取K070D文件夹里的第1个刀路d0，右击鼠标，在弹出的快捷菜单里选取【编辑】|【复制刀具路径】命令，把默认系统生成的刀路修改名称为e4，并激活刀路e4。

② 修改坐标系  右击刚复制出来的刀路e4，在弹出的快捷菜单里选取【设置】命令，系统弹出【曲面投影精加工】对话框。单击【打开表格】按钮 ⊛ ，修改对话框里的参数。检查坐标系应该为"abs"。

③ 定义刀具  本次刀具为BD2R1球头刀，如图7-134所示。

图7-133  生成刀路e3

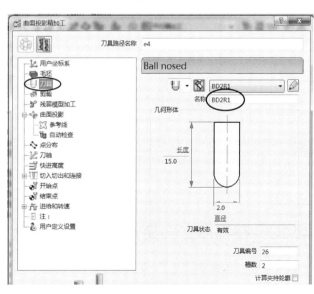

图7-134  定义刀具

④ 设定切削参数 【投影】栏【方向】参数为"向内",【公差】为"0.03",【余量】为"0",【行距】为"0.1"。

定义参考线,定义【参考线方向】为"V",选取【螺旋】复选框,【开始角】为"最小U最小V",在【限界】栏里,勾选【U】复选框,【开始】参数为"0",【结束】为"173",这个参数主要是控制加工从头顶向下一圈接着一圈来进行,如图7-135所示。

图7-135 修改切削参数

检查曲面加工余量参数,应该把辅助面设置为忽略。在层管理器里释放辅助面的显示。具体方法是:在资源管理器里的【层和组合】树枝里单击 ※ ✎ 辅助面1前的小灯泡,使其处于显示状态,这样就可以把辅助面显示出来,如图7-18所示。

在图形区选取刚显示出来的辅助面,然后在图7-17所示的对话框里,单击【编辑部件余量】按钮 ▣,在系统弹出的【部件余量】对话框里,按如图7-19所示设定参数,这样就可以把辅助面忽略掉。单击【应用】按钮,单击【接受】按钮,系统返回到【模型区域清除】对话框。暂时不设置【自动检查】参数。

⑤ 定义刀轴参数 本刀路为五轴联动方式加工,参数如图7-79所示。其中【刀轴】为"前倾/侧倾",【前倾】为"0",【侧倾】为"0"。

⑥ 定义快进高度参数 这里【安全区域】为"圆柱体",【用户坐标系】为"abs",【快进间隙】和【下切间隙】设定为"5",单击【计算】按钮,如图7-80所示。

⑦ 定义切入切出和连接参数 按如图7-81所示设置,这里采取的是曲面法向圆弧的进刀方式。

⑧ 设定开始点参数 设定【开始点】参数为"第一点安全高度"。

⑨ 设定结束点参数 设定【结束点】参数为"最后一点安全高度"。

⑩ 设定进给和转速 转速为10000r/min,进给速度为2000mm/min,如图7-136所示。

⑪ 计算刀路 各项参数设定完以后检查无误,把驱动面显示出来,并且选择上,再在【曲面投影精加工】对话框底部单击【计算】按钮,计算出刀路e4,关闭辅助面显示,如图7-137所示。

## 7.2.10 在程序文件夹K070F中建立切断刀路

本节主要任务是:建立2个定位加工的刀具路径,沿着世界坐标系的Y轴负方向进行等高加工,主要加工底部一半材料;沿着世界坐标系的Y轴正方向进行等高加工,主要加工人像工艺品模型一侧。使用ED4平底刀。

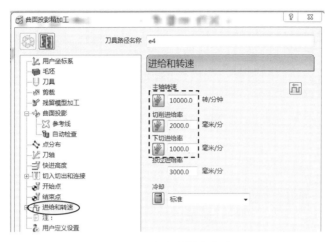

图7-136    定义进给和转速

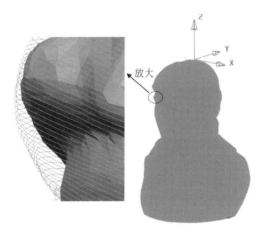

图7-137    生成刀路e4

把K070F程序文件夹激活，加工策略是等高精加工。

### （1）加工底部一半材料刀路的创建方法

① 进入"等高精加工"刀路策略对话框    在综合工具栏中单击【刀具路径策略】按钮
，弹出【策略选取器】对话框，选取【精加工】选项卡，然后选择【等高精加工】选项
等高精加工，单击【接受】按钮，系统弹出【等高精加工】对话框。默认的刀具路径名称为
"1"，现在修改【刀具路径名称】为"f0"。

② 定义用户坐标系    本刀路用户坐标系为a2，如图7-138所示。该坐标系的Z轴与世界
坐标系的Y轴相同。

③ 定义毛坯    毛坯如图7-139所示。单击右侧屏幕的【毛坯】按钮，可以关闭其
显示。

④ 定义刀具    设定为ED4平底刀。

⑤ 设定剪裁参数    在【等高精加工】对话框左侧单击 剪裁，【边界】选项应该为空
白，不选择任何边界。在【Z限界】栏里设定【最小】为"–2"，如图7-140所示。

图7-138　定义坐标系

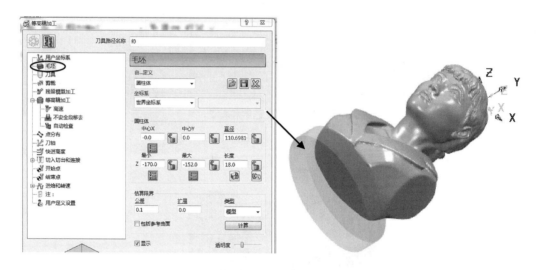

图7-139　定义毛坯

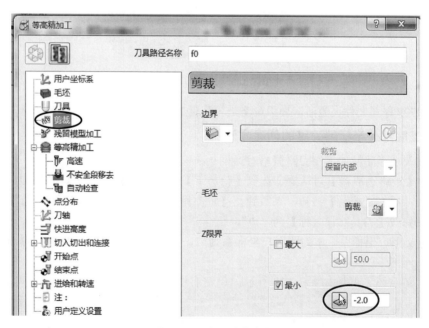

图7-140　定义剪裁参数

⑥ 设定切削参数　【切削方向】为"任意"，【公差】为"0.03"，【余量】为"0"，【最

小下切步距】为"0.5"，如图7-141所示。

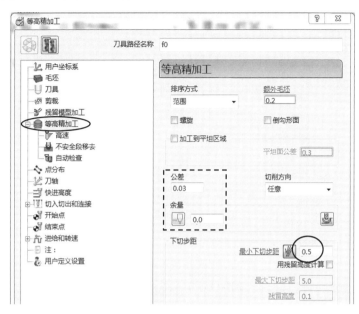

图7-141　定义切削参数

⑦ 定义刀轴参数　本刀路为定位方式加工，刀轴定义方法与普通的三轴相同，参数如图7-142所示。

图7-142　定义刀轴参数

⑧ 定义快进高度参数　这里【用户坐标系】为"a2"，【快进间隙】和【下切间隙】设定为"5"，单击【计算】按钮，如图7-143所示。

⑨ 定义切入切出和连接参数　尽可能控制刀具从材料以外下刀，减小非切削刀路的长度，按如图7-144所示设置，这里采取的是延伸移动的进退刀方式。要注意选取【过切检

查】复选框。单击【切出和切入相同】按钮 。

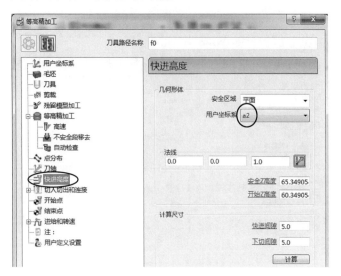

图7-143 定义快进高度

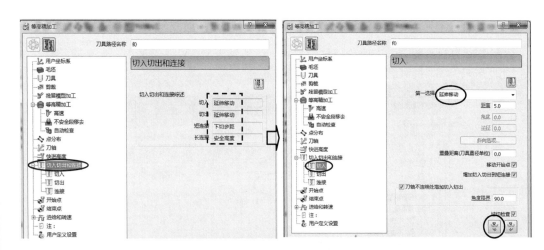

图7-144 设定切入切出参数

⑩ 设定开始点参数 设定【开始点】参数为"第一点安全高度"。

⑪ 设定结束点参数 设定【结束点】参数为"最后一点安全高度"。

⑫ 设定进给和转速 转速为3500r/min，进给速度为600mm/min，如图7-145所示。

⑬ 计算刀路 各项参数设定完以后检查无误就可以在【等高精加工】对话框底部，单击【计算】按钮，计算出的刀路f0如图7-146所示。

**（2）加工底部另外一半材料刀路的创建方法**

方法：采取复制刀路修改参数来进行。

① 复制刀路 在目录树里选取第（1）步刚生成的刀路，右击鼠标，在弹出的快捷菜单里选取【编辑】|【复制刀具路径】命令，把默认系统生成的刀路修改名称为f1，并激活刀路f1。

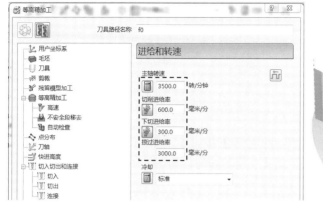

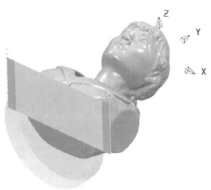

图7-145 设定进给和转速参数　　　　　图7-146　生成刀路f0

② 修改坐标系　右击刚复制出来的刀路f1，在弹出的快捷菜单里选取【设置】命令，系统弹出【等高精加工】对话框。单击【打开表格】按钮，修改对话框里的参数。修改坐标系为"a3"，如图7-147所示。

图7-147　定义坐标系

③ 修改快进高度参数　这里【用户坐标系】为"a3"，【快进间隙】和【下切间隙】设定为"5"，单击【计算】按钮，如图7-148所示。

④ 计算刀路　在【等高精加工】对话框底部单击【计算】按钮，计算出的刀路f1如图7-149所示。单击【取消】按钮。

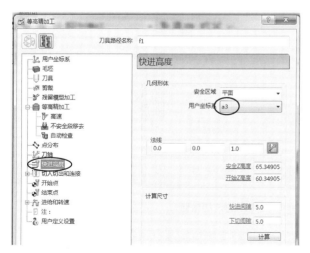

图7-148　定义快进高度

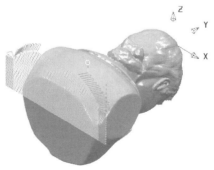

图7-149　生成刀路f1

# 7.3 程序检查

## （1）干涉及碰撞检查

在左侧资源管理器里展开【刀具路径】树枝中各个文件夹中的刀具路径。先选择刀路 a0将其激活，再在综合工具栏选择【刀具路径检查】按钮，弹出【刀具路径检查】对话框。在【检查】选项中选择"碰撞"，单击【应用】按钮，如图7-150所示。单击信息框中的【确定】按钮。本例刀路正常。

图7-150　NC数控程序的碰撞检查

在上述【刀具路径检查】对话框中的【检查】选项中先选择"过切"，检查余量设定为本刀路的余量"0.5"，单击【应用】按钮。如果刀路正常，则显示 没发现过切 信息框。本例刀路正常，这时目录树中的刀具路径a0前的符号显示为 ，如图7-151所示。单击信息框中的【确定】按钮。

图7-151　NC数控程序的过切检查

用同样的方法可以对其他的刀具路径分别进行碰撞检查及过切检查。最后，单击【刀具路径检查】对话框中的【接受】按钮。

**（2）实体模拟检查**

该功能可以直观地观察刀具加工的真实情况。

① 要在界面中把实体模拟检查功能显示在综合工具栏中　在下拉菜单中选择并执行命令【查看】|【工具栏】|【ViewMILL】。同样的方法可以把【仿真】工具栏也显示出来。如果已经显示，则这一步不用做。

② 检查毛坯设置　在综合工具栏中单击【毛坯】按钮🗇，弹出【毛坯】对话框。在【由…定义】下拉列表框中选择"圆柱体"选项，按如图7-14所示设定参数。单击【接受】按钮。

③ 启动仿真功能　在左侧的【资源管理器】中，选择 ✓ ⧉ > **a0**，单击鼠标右键，在弹出的快捷菜单中选择【自开始仿真】命令，如图7-152所示。

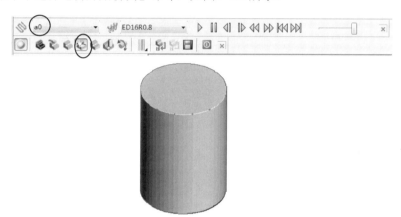

**图7-152　启动仿真功能**

④ 开始仿真　单击【开/关 ViewMILL】按钮◉，使其处于开的状态，这时工具条就变成可选状态。选择【光泽阴影图像】按钮🖼，再单击【运行】按钮▷。a0刀路完成仿真后的结果与如图7-26所示相同。

⑤ 在【ViewMILL】工具条中选择 ⧉ **a1** ，再单击【运行】按钮▷进行仿真。结果与如图7-32所示相同。

⑥ 同理，可以对其他刀路进行仿真。结果如图7-153所示。

开粗刀路仿真结果　　　　半精加工刀路仿真　　　　精加工刀路仿真

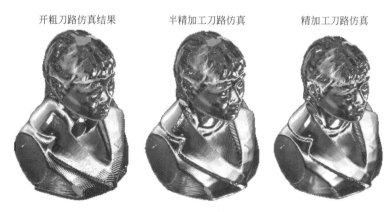

**图7-153　仿真结果**

单击【退出ViewMILL】按钮 ，退出仿真界面。

经过检查得知，程序基本正常。

# 7.4 后置处理

### （1）设定后处理输出参数

在工具栏里执行【工具】|【选项】命令，系统弹出【选项】对话框。选择【NC程序】下的【输出】选项，修改【文件类型】为"刀位"，勾选【单独写入每一路径】复选框，单击【接受】按钮，如图7-154所示。

**图7-154 设定输出参数**

### （2）设定输出的坐标系

先将坐标系1激活。

在双转台式的五轴机床上加工时输出程序的坐标系应该放置在A轴与C轴的交点处，一般是在C盘上表面的中心位置。

本例夹持位采取用高为180的圆柱料和C盘用压板固定。所以，沿着世界坐标系Z轴负方向移动180，来创建新的坐标系，重新命名为"G54"。这个坐标系位于材料的中心位置，如图7-155所示。

### （3）复制NC文件夹

先将【刀具路径】中的文件夹，通过【复制为NC程序】命令复制到【NC程序】树枝中。例如在屏幕左侧的【资源管理器】中，选择【刀具路径】中的K070A文件夹，单击鼠标右键，在弹出的快捷菜单中选择【复制为NC程序】。同样方法复制其他文件夹。

### （4）初步后处理生成CUT文件

在左侧资源管理器里，右击【NC程序】树枝里的第一个程序文件夹，在弹出的快捷菜单里选取【设置】命令，在系统弹出的【NC程序】对话框里，选取【输出用户坐标系】为"G54"，单击【写入】按钮。用同样的方法对其他文件夹进行输出。

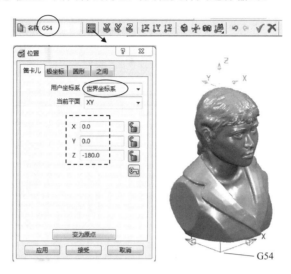

图7-155　创建坐标系G54

### （5）复制后处理器

把本书提供的五轴机床后处理器文件Fanuc16m-k.pmoptz复制到C:\Users\Public\Documents\PostProcessor 2011 (x64) Files\Generic目录里。已经复制了，这一步就不用重复做。

### （6）启动后处理器

启动后处理软件PostProcessor 2011 (x64)。右击【New】命令，在弹出的对话框里选取后处理器Fanuc16m-k.pmoptz。右击 📁 CLDATA Files ，把第（4）步输出的刀位文件选中。

### （7）后处理生成NC文件

在后处理对话框里，右击刀位文件，在弹出的快捷菜单里选取【Process All】命令，如图7-156所示。

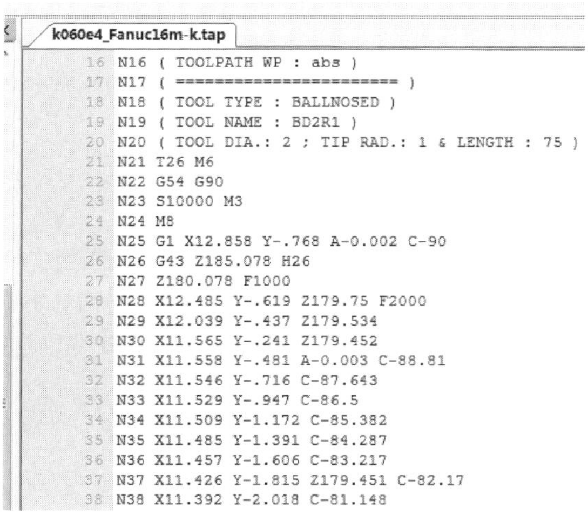

```
k060e4_Fanuc16m-k.tap
16  N16 ( TOOLPATH WP : abs )
17  N17 ( ===================== )
18  N18 ( TOOL TYPE : BALLNOSED )
19  N19 ( TOOL NAME : BD2R1 )
20  N20 ( TOOL DIA.: 2 ; TIP RAD.: 1 & LENGTH : 75 )
21  N21 T26 M6
22  N22 G54 G90
23  N23 S10000 M3
24  N24 M8
25  N25 G1 X12.858 Y-.768 A-0.002 C-90
26  N26 G43 Z185.078 H26
27  N27 Z180.078 F1000
28  N28 X12.485 Y-.619 Z179.75 F2000
29  N29 X12.039 Y-.437 Z179.534
30  N30 X11.565 Y-.241 Z179.452
31  N31 X11.558 Y-.481 A-0.003 C-88.81
32  N32 X11.546 Y-.716 C-87.643
33  N33 X11.529 Y-.947 C-86.5
34  N34 X11.509 Y-1.172 C-85.382
35  N35 X11.485 Y-1.391 C-84.287
36  N36 X11.457 Y-1.606 C-83.217
37  N37 X11.426 Y-1.815 Z179.451 C-82.17
38  N38 X11.392 Y-2.018 C-81.148
```

图7-156　后处理

## 7.5 填写加工工作单

本例的CNC加工工作单如表7-1所示。

表7-1 CNC加工工作单

| 型号 | | 模具名称 | | 工件名称 | | 人像工艺品 | |
|---|---|---|---|---|---|---|---|
| 编程员 | | 编程日期 | | 操作员 | | 加工日期 | |

对刀方式：C盘中心为XY零位

C盘表面为Z零位

图形名：upbook-7-1

材料号：铝

大小：$\phi$ 115×185

| 程序名 | 余量 | 刀具 | 装刀最短长 | 加工内容 | 加工时间 |
|---|---|---|---|---|---|
| K070A | 0.3 | ED12平底刀 | 45 | 开粗 | |
| K070B | 0 | ED12平底刀 | 45 | 型面精加工 | |
| K070C | 0 | ED4平底刀 | 35 | 台阶面精加工 | |
| K070D | 0 | BD4R2球头刀 | 35 | 清角精加工 | |
| K070E | 0 | ED4A28R0.1雕刻刀 | 35 | 刻字 | |
| K070F | −0.3 | ED4平底刀 | 35 | 切断 | |
| | | | | | |

## 7.6 本章总结及思考练习与参考答案

本章通过实例着重讲解了五轴人像工艺品类零件的数控编程方法，学好本章内容还需要注意以下问题：

① 定位加工的关键是定义好坐标系，PowerMILL常用的用户坐标系定义方法要熟练掌握。本章利用了多方向的坐标系，这些都要熟悉掌握。

② 本例定位方式加工时用到了多吃清角开粗刀路的创建方法，关键是要创建好边界线。由于有辅助面，在计算边界线时要把辅助面忽略掉。

③ 五轴联动用到了曲面投影精加工策略，刀轴控制方式为"前倾/侧倾"，前倾角为0°，侧倾角为0°，这样可以避免碰撞情况发生。这种刀路在计算时要选取辅助面，同时在余量里把辅助曲面忽略掉。创建辅助面可以在其他CAD软件里进行，本例演示在UG中的创建方法，为单一的旋转曲面，尽可能贴近被加工曲面。

④ 刀具长度要尽可能用PowerMILL的刀路检查功能计算，准确给定，一般比理论值大一些。这就要求定义刀具的夹持和符合机床实际。

1.本章开粗刀路用到的ED16R0.8飞刀是什么样的刀具？加工铝和加工钢材所用的刀粒有何区别？

2.本例工艺品的加工工艺有何特点？

————— 参考答案 —————

1.答：这种刀具刀杆上安装2个刀粒，刀粒的角半径为R0.8，旋转以后的直径为φ16，如图7-157所示。

**图7-157 刀具图片**

加工铝和加工钢材所用的刀粒形状不一样，一般来说，加工它们的前角是不一样的。

2.答：工艺品加工时，要注意以下问题：开粗以后要充分清角；多安排几种半精加工的刀路使余量均匀；最后再精加工，在细节部分要用小直径的刀具，确保细节清晰。

08

第8章

第2部分 进阶篇

**Part two**

# 叶轮零件五轴加工

　　本章以某一典型的叶轮类零件为例，介绍了如何在实际工作中应用PowerMILL对类似零件进行五轴数控编程。本章希望读者掌握以下重点：

　　① 叶轮零件结构特点、加工工艺设计及实施。

　　② 对涡轮式叶轮零件进行数控加工前的工装准备。

　　③ 涡轮式叶轮零件数控加工工艺安排。

　　④ 叶轮类零件常用的加工模块。

　　⑤ 编程图形的处理及图层管理。

　　⑥ 叶轮类零件五轴编程失败的处理方法。

　　⑦ 大型程序编制时的试算方法。

　　应该重点体会灵活运用自动化编程，高效解决类似零件编程问题。

# 8.1 涡轮式叶轮概述

涡轮式叶轮零件（turbine wheel and compressor wheel）也称作整体式叶轮，是指高压气体沿着轴向流动的一种叶轮，是发动机的重要零件。一般情况下，其叶毂和叶片是在整块锻压钛合金毛坯材料上进行加工的零件。涡轮式叶轮各个结构部位的名称如图8-1所示。本章所叙述的叶轮是正式加工前的试件，材料为铝。

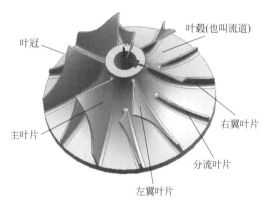

叶冠

叶毂(也叫流道)

主叶片

右翼叶片

分流叶片

左翼叶片

**图8-1 涡轮式叶轮结构**

# 8.2 涡轮式叶轮编程

本节任务：根据如图8-1所示的叶轮3D图形进行数控编程，生成合理的刀具路径，如果有条件的话，在五轴加工机床上将其加工出来。

## 8.2.1 工艺分析

先在D盘根目录建立文件夹D：\ch08，然后将二维码里的文件夹ch08\01-sample里的文件复制到该文件夹里（扫文前二维码下载该素材文件）。

**（1）图纸分析**

① 叶轮零件　零件图纸如图8-2所示。零件材料为铝，叶片表面粗糙度为$Ra6.3\mu m$，叶片尺寸的公差为±0.02，孔及键槽与相应零件配作。

② 初始毛坯　初始开料尺寸为$\phi 85\times 40$，车削加工叶轮毛坯为$\phi 75\times 30$的圆柱，表面粗糙度为$Ra6.3\mu m$，公差为±0.02，孔及键槽与相应零件配作。

③ 工装图　本例将使用如图8-3所示图纸的工装。材料均为45钢。

**（2）加工工艺**

① 初始毛坯加工工艺

a. 开料：毛料大小为$\phi 85\times 40$的棒料，材料为铝。

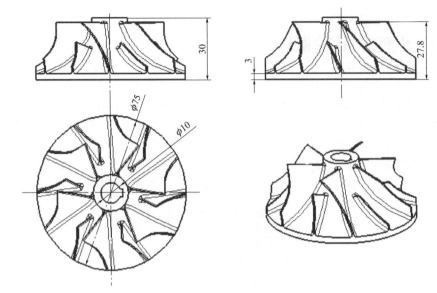

图8-2 零件工程图纸

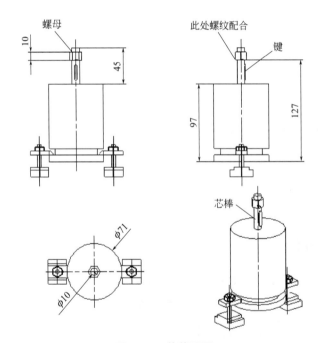

图8-3 工装装配图

b. 车削：先车一端面及外圆，然后掉头，夹持已经车削的一端，车削外圆及另外端面，外圆直径 $\phi$ 72，比图形尺寸大，图纸中外圆 $\phi$ 71尺寸留给五轴铣精加工来保证，这样目的是消除装夹误差。

c. 插削：加工键槽。

d. 五轴数控铣：将上述加工出来的圆棒料，装在工装上，然后装夹在五轴机床的C盘，工装通过压板及螺栓与机床的C盘连接，再进行五轴数控铣加工。

② 工装加工工艺

a. 开料：毛料为 $\phi 80\times150$ 的棒料1件，材料为钢。螺母、压板、螺栓均选用标准件。

b. 车削：车芯棒的一端面及外圆，然后掉头，夹持已经车削的一端，车削芯棒另外端面，保证芯棒图纸尺寸。

### （3）五轴数控铣加工程序

① 叶轮开粗刀路K080A，使用ED8平底刀，余量为1.0，层深为0.6。

② 叶轮外形精加工刀路K080B，使用ED8平底刀，余量为0。

③ 叶形包裹套面精加工刀路K080C，使用BD6R3球头刀，余量为0。

④ 叶形流道粗加工刀路K080D，使用BD4R2球头刀，余量为1.0。

⑤ 叶形全部大叶片精加工刀路K080E，使用BD4R2球头刀，余量为0。

⑥ 叶形全部分流叶片精加工刀路K080F，使用BD4R2球头刀，余量为0。

⑦ 叶形全部轮毂面精加工刀路K080G，使用BD4R2球头刀，余量为0。

## 8.2.2 图形处理

### （1）读取主模型文件

先在D盘根目录建立文件夹 D：\ch08，然后将二维码里的文件夹 ch08\01-sample 中的文件复制到该文件夹里。

启动PowerMILL软件，执行【文件】|【打开项目】命令，在系统弹出的【打开项目】对话框里，选取 D：\ch07\ 文件夹里的"涡轮式叶轮"文件夹，图形区显示出如图8-4所示的模型文件图形。注意图中的"外套面"也叫"外包裹面"，"内套面"也叫"内包裹面"。

外套面
内套面

**图8-4　打开项目**

知识拓展

由图8-4所示的图形与图8-2所示的图形比较得知，图8-4是在图8-2的基础上进行了简化，删除了一些非CNC加工的曲面，轮毂面是在原来曲面的基础之上重新创建了的旋转面。包裹面创建了2个，是因为分流叶片比主叶片低，针对分流叶片的外形创建了一层包裹面。这样处理的目的是刀路计算时需要处理的曲面减少，提高计算效率。这种图形处理的思路在实际工作中对大型图形进行数控编程很重要。

**（2）修改用户坐标系名称**

**图8-5　检查用户坐标系**

在左侧的资源管理器里展开 用户坐标系，检查已经创建的坐标系名称为"abs"，该用户坐标系与世界坐标系相同，如图8-5所示。

**（3）分析图形**

通过分析得知，坐标系abs位于模型最高中心位置。从图形外包裹面颜色看，外包裹面的方向为向内，需要调整为向外。调整方法是：用鼠标先选取外套面（也叫外包裹面），再右击鼠标，在弹出的快捷菜单里选取【反向已选】命令。

**（4）图层管理**

图层管理是叶轮数控编程的关键。需要把轮毂曲面、左右叶片、分流叶片、内外套面等曲面分别移到相应的图层，设置加工参数时就要调用这些图层，进而对叶轮进行刀路计算。图层管理的方法是：

① 创建空的图层　在右侧的资源管理器里，单击 层和组合 前的加号，展开图层。鼠标右击 层和组合，在弹出的快捷菜单里选取【产生层】命令，默认生成的层的名称为"2"。右击刚生成的图层，在弹出的快捷菜单里选取【重新命名】命令，输入新的图层名称为"轮毂"，如图8-6所示。

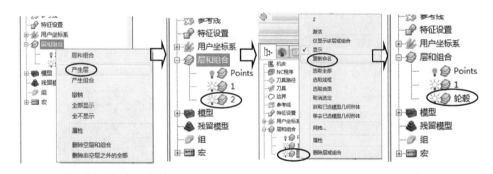

**图8-6　创建空图层**

同样的方法创建其他空的图层，如"外套""内套""左翼叶片""右翼叶片""分流叶片"等，如图8-7所示。

② 把外套面移到图层里　在图形上选取外套面，然后在图层管理器里选取 外包裹面，右击鼠标，在弹出的快捷菜单里选取 获取已选模型几何形体 命令，这样就把这个曲面移到层里面去了。单击 外包裹面 前的灯泡，观察图形，外包裹面隐藏了，如图8-8所示。

③ 把内套面移到图层里　在图形上选取图8-8所示的内套面，然后在图层管理器里选取 内套，右击鼠标，在弹出的快捷菜单里选取 获取已选模型几何形体 命令，这样就把这个曲面移到【内套】层里面去了。单击 内套 前的灯泡，观察图形，内包裹面隐藏了，如图8-9所示。

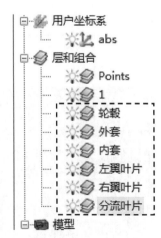

**图8-7　生成空图层**

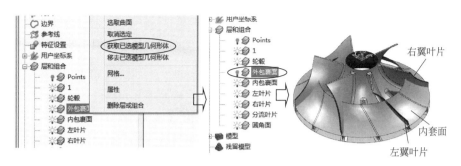

图8-8　把外套面移到图层里

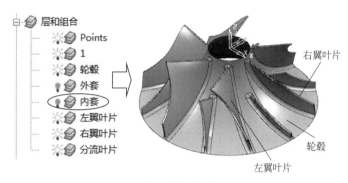

图8-9　把内套面移到图层里

④ 把左翼叶片面移到图层里　在图形上选取图8-9所示的左翼叶片面，然后在图层管理器里选取 ☀️ 🗂️ **左翼**叶片，右击鼠标，在弹出的快捷菜单里选取 获取已选模型几何形体 命令，这样就把这个曲面移到【左翼叶片】层里面去了。单击 ☀️ 🗂️ **左翼**叶片 前的灯泡，观察图形，左翼叶片面隐藏了，如图8-10所示。但是特别注意要把圆角面选上，但不要把叶片的叶冠面选上。

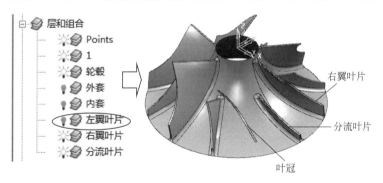

图8-10　把左翼叶片面移到图层里

⑤ 把右翼叶片面移到图层里　在图形上选取图8-10所示的右翼叶片面，然后在图层管理器里选取 ☀️ 🗂️ **右翼**叶片，右击鼠标，在弹出的快捷菜单里选取 获取已选模型几何形体 命令，这样就把这个曲面移到【右翼叶片】层里面去了。单击 ☀️ 🗂️ **右翼**叶片 前的灯泡，观察图形，右翼叶片面隐藏了，如图8-11所示。但是特别注意要把圆角面选上，但不要把叶片的叶冠面选上。

⑥ 把分流叶片面移到图层里　在图形上选取图8-11所示的分流叶片面，然后在图层管理器里选取 ☀️ 🗂️ 分流叶片，右击鼠标，在弹出的快捷菜单里选取 获取已选模型几何形体 命令，

这样就把这个曲面移到【分流叶片】层里面去了。单击 ☀️📚 分流叶片 前的灯泡，观察图形，☀️📚 分流叶片 隐藏了，如图8-12所示。但是特别注意要把圆角面选上，但不要把叶片的叶冠面选上。

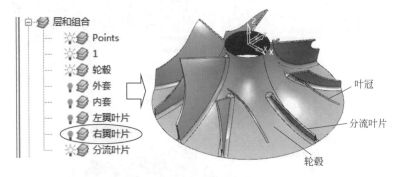

**图8-11　把右翼叶片面移到图层里**

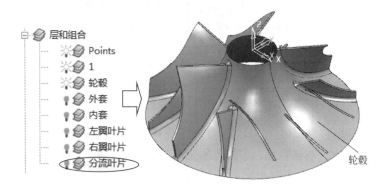

**图8-12　把分流叶片面移到图层里**

⑦ 把轮毂面移到图层里　在图形上选取图8-12所示的轮毂面，然后在图层管理器里选取 ☀️📚 轮毂，右击鼠标，在弹出的快捷菜单里选取 获取已选模型几何形体 命令，这样就把这个曲面移到轮毂面层里面去了。单击 ☀️📚 轮毂 前的灯泡，观察图形，轮毂面隐藏了，如图8-13所示。

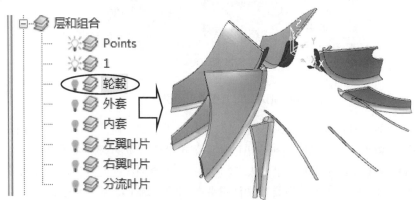

**图8-13　把轮毂面移到图层里**

把已经隐藏的曲面图层显示出来，如图8-14所示。

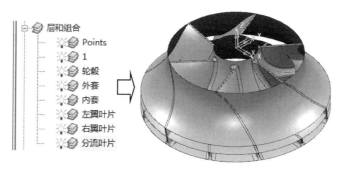

图8-14 显示图层

（5）文件夹存盘

在主工具栏里单击【保存项目】按钮■，项目名称为"涡轮式叶轮"。

## 8.2.3 建立刀路程序文件夹

主要任务是：建立7个空的刀具路径程序文件夹。

用鼠标右键单击【资源管理器】中的【刀具路径】树枝，在弹出的快捷菜单中选择【产生文件夹】命令，再次右击【文件夹1】|【重新命名】并修改文件夹名称为K080A。右击这个文件夹，在弹出的快捷菜单里选取【编辑】|【复制文件夹】命令，修改文件夹名称为K080B，同样的方法生成其他文件夹，结果如图8-15所示。注意，文件夹名称不区分大小写字母。

## 8.2.4 建立刀具

本例将介绍如何从模板调用刀具。

在主菜单里执行【插入】|【模板对象】命令，选取本章提供的模板文件"2012版刀库文件.ptf"。该模板已经包含了本例所需要的刀具：ED8平底刀、BD6R3球头刀、BD4R2球头刀。其他刀具及数控程序文件夹可以删除，如图8-16所示。

图8-15 创建文件夹

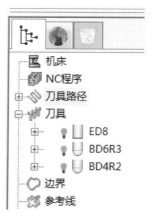

图8-16 创建刀具

## 8.2.5　设公共安全参数

公共安全参数包括：安全高度、开始点及结束点。

### （1）设安全高度

在综合工具栏中单击【快进高度】按钮，弹出【快进高度】对话框。在【几何形体】栏中设置【安全区域】为"平面"，如图8-17所示。

### （2）设开始点及结束点

在综合工具栏中单击【开始点和结束点】按钮，弹出【开始点和结束点】对话框。在【开始点】选项卡中，设置【使用】的下拉菜单为"第一点安全高度"。切换到【结束点】选项卡，用同样的方法设置。单击【接受】按钮，如图8-18所示。

图8-17　设定快进高度参数　　　　图8-18　定义开始点与结束点

## 8.2.6　在程序文件夹K080A中建立开粗刀路

本节主要任务是：建立2个刀具路径，对上半部分进行开粗；对下半部分进行开粗。

先将K080A程序文件夹激活。

### （1）对上半部分进行开粗

① 定义边界线　因为本例最高处缺少曲面，如果直接进行编程会在孔位置产生刀路，需要定义边界线把内孔多余的刀路去掉。

在图形上选取轮毂曲面。然后在资源管理器里右击 ⬭ 边界，在弹出的快捷菜单里执行【定义边界】|【用户定义】命令，系统弹出【用户定义边界】对话框，修改边界线名称为"a0"，单击 模型 按钮，单击【接受】按钮，如图8-19所示。

 小提示

为了清晰显示，在资源管理器里的 层和组合 里，关闭 外套 和 内套 层的显示。

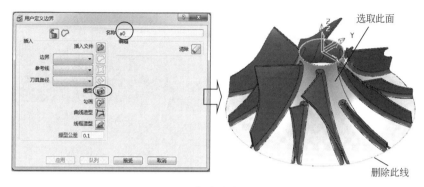

图8-19　初步生成边界线

在屏幕右侧的工具栏里单击 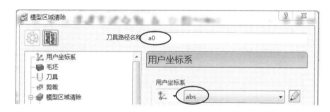 按钮，把曲面隐藏，仅显示边界线。选取底部的圆边界线，单击键盘上的删除键Del。在屏幕右侧的工具栏里单击 ⬛，把曲面显示出来。这时也可以在 📚 层和组合把内外套曲面也显示，如图8-20所示。

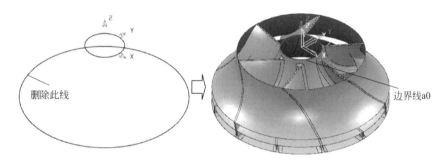

图8-20　删除多余边界线

② 进入"模型区域清除"刀路策略对话框　在综合工具栏中单击【刀具路径策略】按钮📦，弹出【策略选取器】对话框，选取【三维区域清除】选项卡，然后选择【模型区域清除】选项，单击【接受】按钮，系统弹出【模型区域清除】对话框。默认的刀具路径名称为"1"，现在修改【刀具路径名称】为"a0"。修改用户坐标系为"abs"，如图8-21所示。

图8-21　定义用户坐标系

③ 设定毛坯　毛料大小为 $\phi$75×27，坐标系为"世界坐标系"，单击【计算】按钮，如图8-22所示。单击右侧屏幕的【毛坯】按钮📦，可以关闭其显示。

④ 定义刀具　设定为ED8平底刀，如图8-23所示。

⑤ 设定剪裁参数　定义剪裁参数如图8-24所示。设【边界】为"a0"，边界的【剪裁】方向为"保留外部"。设Z限界的【最小】为"−2.1"，毛坯的【剪裁】方向为"允许刀具路径在毛坯以外"选项 ⬜。

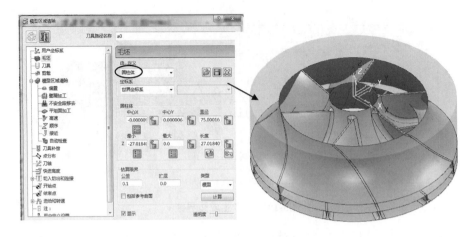

图8-22　定义毛坯

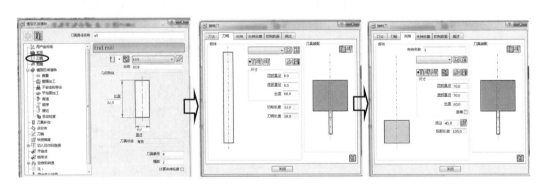

图8-23　定义刀具

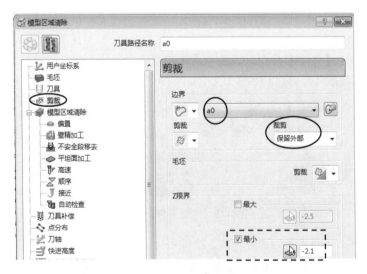

图8-24　定义剪裁参数

⑥ 设定切削参数　这里定义【样式】为"偏置模型",【切削方向】栏里的【轮廓方向】为"顺铣",【区域】为"顺铣",【公差】为"0.1",【余量】为"1",【行距】为"5",【下切步距】为"0.6",如图8-25所示。

图8-25　设置切削参数

【偏置】参数按如图8-26所示设置。

图8-26　定义偏置参数

其他如【壁精加工】、【不安全段移去】、【平坦面加工】、【高速】、【顺序】、【接近】以及【自动检查】、【刀具补偿】、【点分布】均按默认设置。

⑦ 定义刀轴参数　本刀路为普通的三轴加工，参数如图8-27所示。

⑧ 定义快进高度参数　这里【用户坐标系】为"abs"，【快进间隙】和【下切间隙】设定为"5"，单击【计算】按钮，如图8-28所示。

⑨ 定义切入切出和连接参数　尽可能减小非切削刀路的长度，按如图8-29所示设置。这里采取的是直线进刀方式。

图8-27 定义刀轴

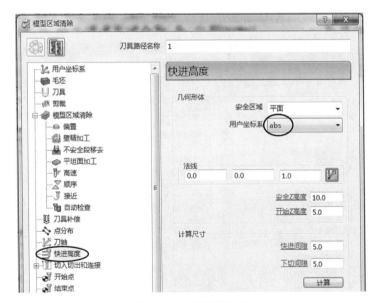

图8-28 定义快进高度

⑩ 设定开始点参数 设定【开始点】参数为"第一点安全高度"。

⑪ 设定结束点参数 设定【结束点】参数为"最后一点安全高度"。

⑫ 设定进给和转速 转速为2500r/min，进给速度为1500mm/min，如图8-30所示。

⑬ 计算刀路 各项参数设定完以后检查无误就可以在【模型区域清除】对话框底部，单击【计算】按钮，计算出的刀路a0如图8-31所示。

**（2）对下半部分进行开粗**

方法：采取复制刀路修改参数来进行。

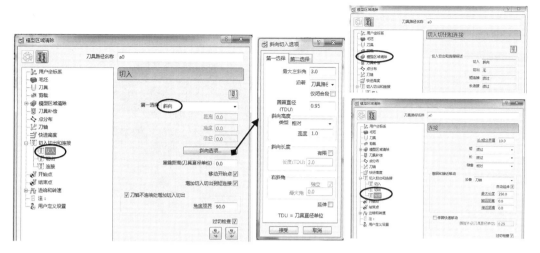

图8-29 定义切入切出和连接参数

图8-30 设置进给和转速参数

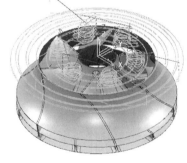

图8-31 生成刀路a0

① 定义边界线 在图形上选取外套曲面。然后在资源管理器里右击 ♡边界，在弹出的快捷菜单里执行【定义边界】|【用户定义】命令，系统弹出【用户定义边界】对话框，修改边界线名称为"a1"，单击模型 🔲 按钮，单击【接受】按钮，如图8-32所示。

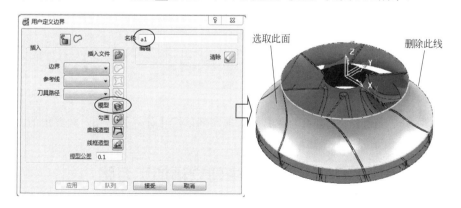

图8-32 初步生成边界线

在屏幕右侧的工具栏里单击 按钮，把曲面隐藏，仅显示边界线。选取底部的圆边界线，单击键盘上的删除键 Del。在屏幕右侧的工具栏单击 ，把曲面显示出来，如图8-33所示。

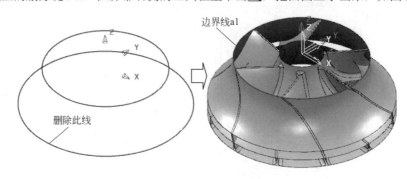

边界线a1

删除此线

图8-33　生成边界线a1

② 复制刀路　在目录树里选取刚生成的刀路 💡 🥢 > a0，右击鼠标，在弹出的快捷菜单里选取【编辑】|【复制刀具路径】命令，默认系统生成的刀路为 🥢 a0_1，修改名称为 💡 🥢 a1，并激活刀路a1。

③ 进入"模型区域清除"策略对话框　右击刚复制出来的刀路a1，在弹出的快捷菜单里选取【设置】命令，系统弹出【模型区域清除】对话框。单击【打开表格】按钮 ，修改对话框里的参数。

④ 修改坐标系剪裁参数　剪裁参数如图8-34所示。设【边界】为"a1"，边界的【剪裁】方向为"保留外部"。设Z限界的【最大】为"-2.1"，【最小】为"-20"，毛坯的【剪裁】方向为"允许刀具路径在毛坯以外"选项 。

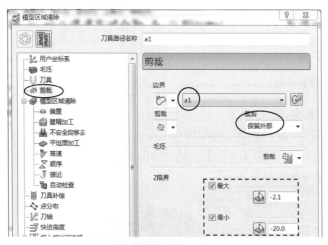

图8-34　定义剪裁参数

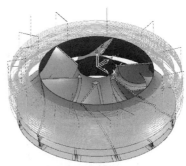

图8-35　生成刀路a1

⑤ 计算刀路　在【模型区域清除】对话框底部单击【计算】按钮，计算出的刀路a1如图8-35所示。单击【取消】按钮。

## 8.2.7　在程序文件夹K080B中建立精加工刀路

本节任务是：建立1个刀具路径，使用ED8平底刀对轮毂上半部分进行半精加工。

先将K080B程序文件夹激活。

方法是：采取等高精加工策略。

① 进入"等高精加工"刀路策略对话框　在综合工具栏中单击【刀具路径策略】按钮，弹出【策略选取器】对话框，选取【精加工】选项卡，然后选择【等高精加工】选项，单击【接受】按钮，系统弹出【等高精加工】对话框。默认的刀具路径名称为"1"，现在修改【刀具路径名称】为"b0"。定义【用户坐标系】为b0，如图8-36所示。

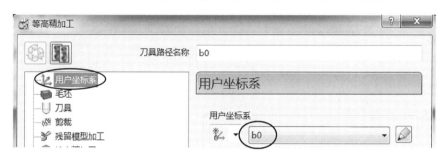

图8-36　定义用户坐标系

② 设定毛坯　毛料大小为 $\phi$ 75×27，坐标系为"世界坐标系"，单击【计算】按钮，与如图8-22所示相同。单击右侧屏幕的【毛坯】按钮，可以关闭其显示。

③ 定义刀具　设定为ED8平底刀。

④ 设定剪裁参数　定义剪裁参数如图8-37所示。设置【边界】为"a0"，设置Z限界的【最小】为"–2.1"。

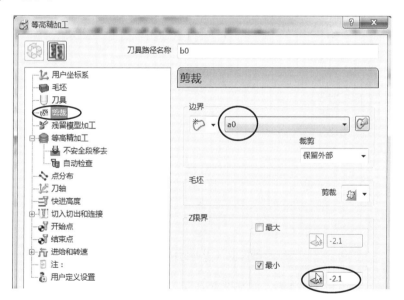

图8-37　定义剪裁参数

⑤ 设定切削参数　勾选【螺旋】复选框，【公差】为"0.01"，【切削方向】为"顺铣"，【余量】为"0"，【最小下切步距】为"0.15"，如图8-38所示。

⑥ 定义刀轴参数　本刀路为三轴加工，参数如图8-39所示。

⑦ 定义快进高度参数　【用户坐标系】为"abs"，【快进间隙】和【下切间隙】设定为

"5",单击【计算】按钮,与如图8-28所示相同。

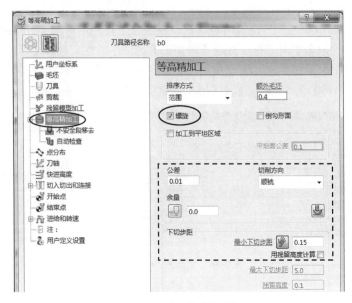

图8-38 定义切削参数

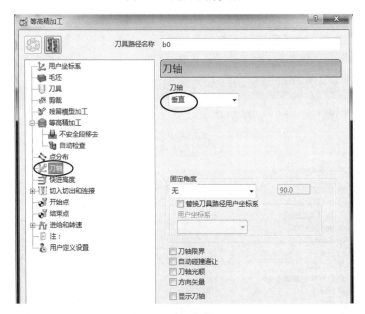

图8-39 定义刀轴参数

⑧ 定义切入切出和连接参数 如图8-40所示,这里采取的是圆弧线进刀方式。要注意选取【过切检查】复选框。

⑨ 设定开始点参数 设定【开始点】参数为"第一点安全高度"。

⑩ 设定结束点参数 设定【结束点】参数为"最后一点安全高度"。

⑪ 设定进给和转速 转速为2500r/min,进给速度为1350mm/min,如图8-41所示。

⑫ 计算刀路 各项参数设定完以后检查无误就可以在【等高精加工】对话框底部,单击【计算】按钮,计算出的刀路b0如图8-42所示。

图8-40　定义切入切出和连接参数

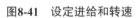

图8-41　设定进给和转速

图8-42　生成刀路b0

## 8.2.8　在程序文件夹K080C中建立外包裹套面精加工刀路

本节主要任务是：建立1个刀路，使用BD6R3球头刀对外包裹套面进行精加工。

先将K080C程序文件夹激活。

方法：采取复制刀路修改参数来进行。

### （1）复制刀路

在目录树里选取K080B文件夹里刚生成的刀路b0，右击鼠标，在弹出的快捷菜单里选取【编辑】|【复制刀具路径】命令，把默认系统生成的刀路修改名称为c0，并激活刀路c0。右击该刀路，在系统弹出的快捷菜单里选取【设置】命令，系统弹出【等高精加工】对话框，单击【打开表格】按钮 ，这样可以对参数进行修改。

### （2）定义刀具

设定为BD6R3球头刀，如图8-43所示。注意要核对和修改刀具的【伸出】长度为"45"。

### （3）设定剪裁参数

定义剪裁参数如图8-44所示。设置【边界】为"a1"，【剪裁】方向为"保留外部"，设毛坯【剪裁】方向为"允许刀具中心在毛坯以外" ，设置Z限界的【最大】为"-2.5"，【最小】为"-22"。

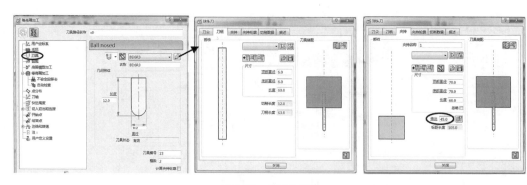

图8-43 定义刀具

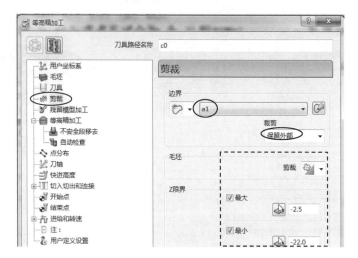

图8-44 定义剪裁参数

**（4）设定切削参数**

勾选【螺旋】复选框，【公差】为"0.01"，【切削方向】为"顺铣"，【余量】为"0"，【最小下切步距】为"0.15"。与如图8-38所示相同。

**（5）定义刀轴参数**

本刀路为三轴加工，参数与如图8-39所示相同。

**（6）定义快进高度参数**

【用户坐标系】为"abs"，【快进间隙】和【下切间隙】设定为"5"，单击【计算】按钮，与如图8-28所示相同。

**（7）定义切入切出和连接参数**

如图8-40所示，这里采取的是圆弧线进刀方式。要注意选取【过切检查】复选框。

**（8）设定开始点参数**

设定【开始点】参数为"第一点安全高度"。

**（9）设定结束点参数**

设定【结束点】参数为"最后一点安全高度"。

**（10）设定进给和转速**

转速为5000r/min，进给速度为1000mm/min，如图8-45所示。

**（11）计算刀路**

各项参数设定完以后检查无误就可以在【等高精加工】对话框底部，单击【计算】按钮，计算出的刀路c0如图8-46所示。

图8-45　设定进给和转速

图8-46　生成刀路c0

## 8.2.9　在程序文件夹K080D中建立流道开粗刀路

本节主要任务是：建立1个刀路，用叶盘模块，对叶轮的流道进行加工。

将文件夹K080D激活。

方法：用BD4R2球头刀采用叶盘区域清除加工策略。

**（1）进入"叶盘区域清除加工"刀路策略对话框**

在综合工具栏中单击【刀具路径策略】按钮　，弹出【策略选取器】对话框，选取【叶盘】选项卡，然后选择　叶盘区域清除，单击【接受】按钮，系统弹出【叶盘区域清除】对话框。默认的刀具路径名称为"1"，现在修改【刀具路径名称】为"d0"。

**（2）定义用户坐标系**

本刀路用户坐标系为"abs"，也可以不用选取，默认就是世界坐标系，如图8-47所示。

图8-47　定义坐标系

**（3）定义毛坯**

毛料大小为 $\phi$ 75×27，坐标系为"世界坐标系"，单击右侧屏幕的【毛坯】按钮　，可以关闭其显示。

**（4）定义刀具**

本次刀具为BD4R2球头刀，如图8-48所示。修改刀具【伸出】长度为"45"。

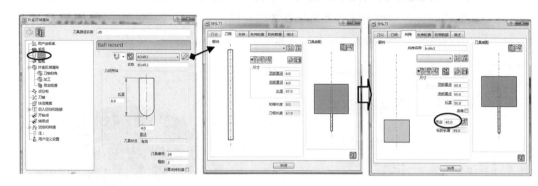

图8-48　定义刀具

**（5）剪裁参数**

按默认设置，不选取其他选项参数。

**（6）设定切削参数**

在【叶盘区域清除】对话框里的左侧目录树里选取 叶盘区域清除，设定【叶盘定义】栏参数，【轮毂】为层名称为"轮毂"的图层，【套】为"外套"，【圆倒角】为空选项。【叶片】栏里，【左翼叶片】为层名称为"左翼叶片"的图层，【右翼叶片】为"右翼叶片"，【分流叶片】为"分流叶片"，【加工】为"全部叶片"，【总数】为"6"。【公差】为"0.1"，【余量】为"1.0"，【行距】为"1.5"，【下切步距】为"0.5"，如图8-49所示。

图8-49　定义叶盘参数

**（7）设定刀轴仰角参数**

在【叶盘区域清除】对话框里的左侧目录树里选取 叶盘区域清除 下的 刀轴仰角，设定【刀轴仰角】参数为"偏置法线"，如图8-50所示。

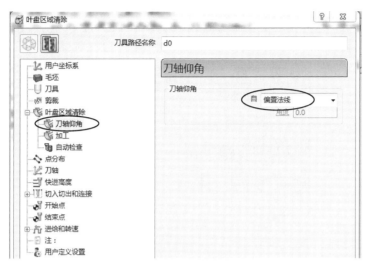

图8-50　设定刀轴仰角参数

**（8）设定加工参数**

在【叶盘区域清除】对话框里的左侧目录树里选取 叶盘区域清除 下的 加工，设定【加工】参数，【切削方向】为"顺铣"，【偏置】为"合并"，【排序方式】为"范围"，如图8-51所示。

图8-51　设定加工参数

**（9）把内外套辅助曲面忽略**

如果按上述设置加工参数，系统会把内外套面也作为加工面来处理，刀路计算出来肯定不符合要求，这就需要在加工余量参数里对曲面的功能重新进行设置。

在图形区先选取外套曲面，按住 Shift 键，再选取内套曲面。

在【叶盘区域清除】对话框里的左侧目录树里选取 叶盘区域清除。在图8-49所示的对话框里，单击【编辑部件余量】按钮，在系统弹出的【部件余量】对话框里，按如图8-52所示设定参数，这样就可以把辅助面忽略掉。单击【应用】按钮，单击【接受】按钮，系统返回到【叶盘区域清除】对话框。

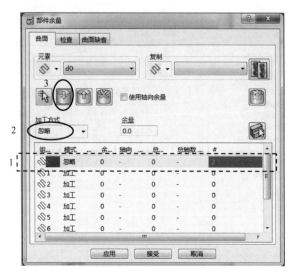

图8-52　忽略辅助面

### （10）定义刀轴参数

本刀路为五轴联动方式加工，参数如图8-53所示。其中【刀轴】为"自动"。

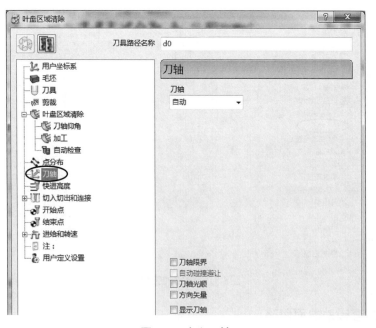

图8-53　定义刀轴

### （11）定义快进高度参数

这里【安全区域】为"球"，【用户坐标系】为"abs"，【半径】为"45"，【下切半径】为"44"，如图8-54所示。

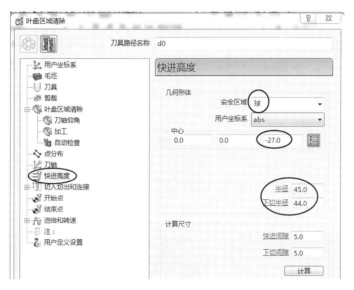

图8-54　定义快进高度

 **要注意**

这里不要单击【计算】按钮，否则【半径】和【下切半径】就得重新计算。

### （12）定义切入切出和连接参数

如图8-55所示，这里切入和切出设置为"延伸移动"，【连接】的【短】为"圆形圆弧"。

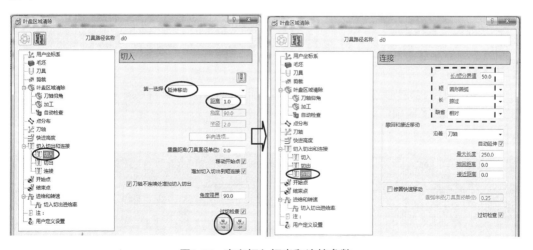

图8-55　定义切入切出和连接参数

**（13）设定开始点参数**

设定【开始点】参数为"第一点安全高度"。

**（14）设定结束点参数**

设定【结束点】参数为"最后一点安全高度"。

**（15）设定进给和转速**

转速为5000r/min，进给速度为2000mm/min，如图8-56所示。

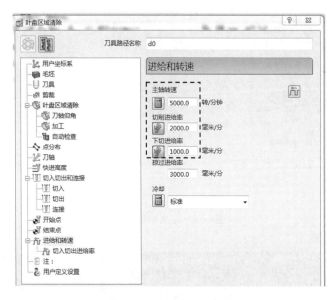

**图8-56　设置转速和进给**

 *小提示*

一般来说程序设置的进给速度是相当于静止物体来说的，五轴联动加工时，尤其是双转台五轴机床，工件也在运动，根据物理学的相对运动理论，刀具相当于工件来说，实际的切削进给速度就会低于程序里设置的进给速度。据此五轴联动的进给速度可以设置较大一些。

**（16）计算刀路**

各项参数设定完以后检查无误，在【叶盘区域清除】对话框底部单击【计算】按钮，计算出刀路d0，关闭辅助面显示，如图8-57所示。

 *知识拓展*

如果单击【计算】按钮时出现错误 ⊗ 没有以下授权：POWERMILL--BBI不能进行此操作，就需要重新得到叶盘模块的软件授权许可才可以正常进行。

图8-57 生成叶盘粗加工刀路

## 8.2.10 在程序文件夹K080E中建立大叶片精加工刀路

本节主要任务是：建立1个刀路，用叶盘模块，对叶轮的大叶片进行精加工。

先将K080E程序文件夹激活。

方法：用BD4R2球头刀采用叶盘叶片精加工策略。

**（1）进入"叶片精加工"刀路策略对话框**

在综合工具栏中单击【刀具路径策略】按钮 ，弹出【策略选取器】对话框，选取【叶盘】选项卡，然后选择 叶片精加工，单击【接受】按钮，系统弹出【叶片精加工】对话框。默认的刀具路径名称为"1"，现在修改【刀具路径名称】为"e0"。

**（2）定义用户坐标系**

本刀路用户坐标系为"abs"，也可以不用选取，默认就是世界坐标系，如图8-58所示。

图8-58 定义坐标系

**（3）定义毛坯**

毛料大小为 $\phi$ 75×27，坐标系为"世界坐标系"，单击右侧屏幕的【毛坯】按钮 ，可以关闭其显示。

**（4）定义刀具**

本次刀具为BD4R2球头刀。与如图8-48所示相同。修改刀具【伸出】长度为"45"。

**（5）剪裁参数**

按默认设置，不选取其他选项参数。

（6）设定切削参数

在【叶片精加工】对话框里的左侧目录树里选取 叶片精加工，设定【叶盘定义】栏参数，【轮毂】为层名称为"轮毂"的图层，【套】为"外套"，【圆倒角】为空选项。【叶片】栏里，【左翼叶片】为层名称为"左翼叶片"的图层，【右翼叶片】为"右翼叶片"，【分流叶片】为"分流叶片"，【加工】为"全部叶片"，【总数】为"6"。【公差】为"0.01"，【余量】为"0"，【下切步距】为"0.12"，如图8-59所示。

图8-59 定义叶片参数

（7）设定刀轴仰角参数

在【叶片精加工】对话框里的左侧目录树里选取 叶片精加工 下的 刀轴仰角，设定【刀轴仰角】参数为"偏置法线"，如图8-60所示。

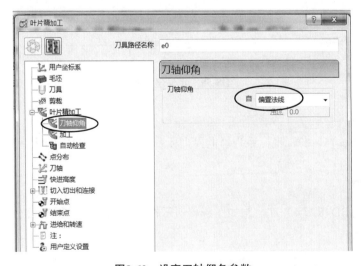

图8-60 设定刀轴仰角参数

（8）设定加工参数

在【叶片精加工】对话框里的左侧目录树里选取 叶片精加工 下的 加工，设定【加工】参数，【切削方向】为"顺铣"，【偏置】为"合并"，【排序方式】为"范围"，【操作】为"加工左翼叶片"，【开始位置】为"底部"，如图8-61所示。

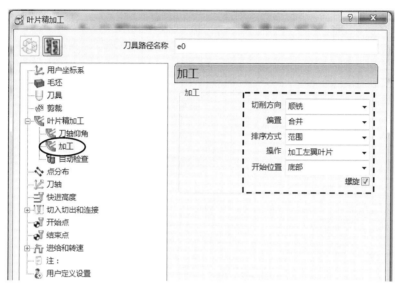

图8-61 设定加工参数

（9）把内外套辅助曲面忽略

在图形区先选取外套曲面，按住 Shift 键，再选取内套曲面。

在【叶盘区域清除】对话框里的左侧目录树里选取 叶盘区域清除 。在图8-59所示的对话框里，单击【编辑部件余量】按钮 ，在系统弹出的【部件余量】对话框里，按如图8-52所示设定参数，这样就可以把辅助面忽略掉。单击【应用】按钮，单击【接受】按钮，系统返回到【叶盘区域清除】对话框。

（10）定义刀轴参数

本刀路为五轴联动方式加工，参数与如图8-53所示相同。其中【刀轴】为"自动"。

（11）定义快进高度参数

这里【安全区域】为"球"，【用户坐标系】为"abs"，【半径】为"45"，【下切半径】为"44"，与如图8-54所示相同。

（12）定义切入切出和连接参数

这里切入和切出设置为"延伸移动"，【连接】的【短】为"圆形圆弧"。与如图8-55所示相同。

（13）设定开始点参数

设定【开始点】参数为"第一点安全高度"。

（14）设定结束点参数

设定【结束点】参数为"最后一点安全高度"。

**（15）设定进给和转速**

转速为5000r/min，进给速度为1500mm/min，如图8-62所示。

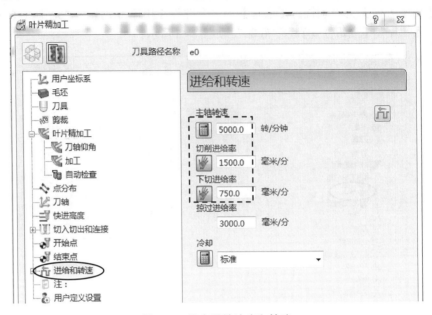

图8-62　设定进给速度和转速

**（16）计算刀路**

各项参数设定完以后检查无误，在【叶片精加工】对话框底部单击【计算】按钮，计算出刀路e0，关闭辅助面显示，如图8-63所示。

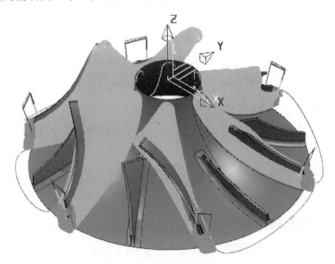

图8-63　生成叶片精加工刀路

## 8.2.11　在程序文件夹K080F中建立小叶片精加工刀路

本节主要任务是：建立3个刀具路径，对单个小叶片的顶部（叶冠部分）进行精加工；

对全部小叶片的顶部（叶冠部分）进行精加工；对小叶片（也叫分流叶片）进行精加工。

首先把K080F程序文件夹激活。

**（1）加工小叶片顶面刀路的创建方法**

方法：用BD4R2球头刀采用三维偏置精加工刀路策略。

① 定义边界线　将在小叶片的顶部曲面创建接触点边界线。

在图形上选取小叶片的顶部曲面。然后在资源管理器里右击 ◯ **边界**，在弹出的快捷菜单里执行【定义边界】|【接触点】命令，系统弹出【接触点边界】对话框，修改边界线名称为"f0"，单击 **模型** 按钮，单击【接受】按钮，如图8-64所示。

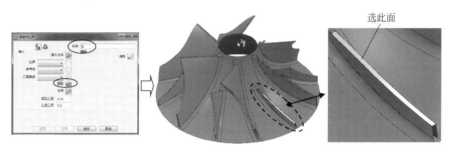

选此面

**图8-64　定义边界线**

> **小提示**
>
> 为了清晰显示，在资源管理器里的 **层和组合** 里，关闭 ❋ **外套** 和 ❋ **内套** 层的显示。

在屏幕右侧的工具栏里单击 ◉ 按钮，把曲面隐藏，仅显示边界线。在屏幕右侧的工具栏里单击 ◉，把曲面显示出来，如图8-65所示，这时也可以在 ◆ **层和组合** 里把内外套曲面显示出来。

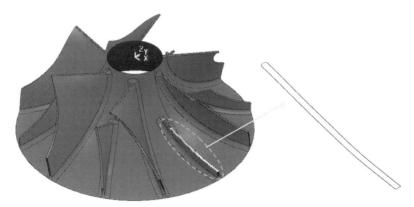

**图8-65　生成边界线f0**

② 进入"三维偏置精加工"刀路策略对话框　在综合工具栏中单击【刀具路径策略】按钮 ◈，弹出【策略选取器】对话框，选取【精加工】选项卡，然后选择【三维偏置精加工】选项 ◈ **三维偏置精加工**，单击【接受】按钮，系统弹出【三维偏置精加工】对话框。默认的刀具路径名称为"1"，现在修改【刀具路径名称】为"f0"。

③ 定义用户坐标系　本刀路用户坐标系为abs，如图8-66所示。该坐标系与世界坐标系相同。

图8-66　定义坐标系

④ 定义毛坯　毛坯与如图8-22所示相同。单击右侧屏幕的【毛坯】按钮，可以关闭其显示。

⑤ 定义刀具　设定为BD4R2球头刀。

⑥ 设定剪裁参数　在【三维偏置精加工】对话框左侧单击 剪裁，【边界】选项应该为"f0"，边界线的【剪裁】方向为"保留内部"，如图8-67所示。

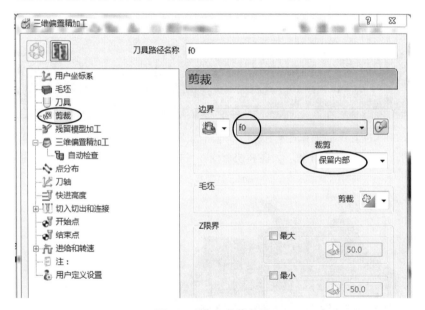

图8-67　定义剪裁参数

⑦ 设定切削参数　勾选【螺旋】复选框，【切削方向】为"顺铣"，【公差】为"0.01"，【余量】为"0"，【行距】为"0.1"，如图8-68所示。

⑧ 定义刀轴参数　本刀路为三轴铣，参数如图8-69所示。

⑨ 定义快进高度参数　这里【安全区域】为"球"，【用户坐标系】为"abs"，【半径】为"45"，【下切半径】为"44"，与如图8-54所示相同。

⑩ 定义切入切出和连接参数　这里切入和切出设置为"延伸移动"，【连接】的【短】为"圆形圆弧"。与如图8-55所示相同。

⑪ 设定开始点参数　设定【开始点】参数为"第一点安全高度"。

⑫ 设定结束点参数　设定【结束点】参数为"最后一点安全高度"。

图8-68 定义切削参数

图8-69 定义刀轴参数

⑬ 设定进给和转速　转速为5000r/min，进给速度为1000mm/min，如图8-70所示。

⑭ 计算刀路　各项参数设定完以后检查无误就可以在【等高精加工】对话框底部，单击【计算】按钮，计算出的刀路f0如图8-71所示。

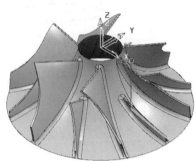

图8-70　定义进给和转速　　　　　图8-71　生成刀路f0

### （2）对其他小叶片进行精加工

方法：采取刀路阵列来进行。

在左侧的目录树里选取K080F文件夹里刚生成的刀路f0，右击鼠标，在弹出的快捷菜单里执行【编辑】|【变换】命令，在主工具栏里出现了变换工具条，单击【多重变换】按钮，系统弹出【多重变换】对话框，选取【圆形】选项卡，按如图8-72所示设置参数。

单击【接受】按钮，在工具栏里单击【接受改变】按钮√，结果如图8-73所示。

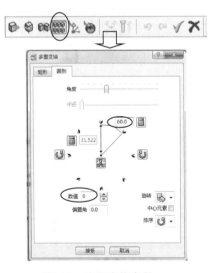

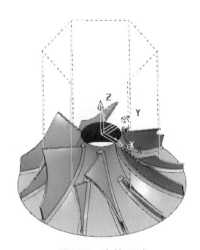

图8-72　定义变换参数　　　　　　　图8-73　变换刀路

### （3）加工小叶片侧面刀路的创建方法

方法：用BD4R2球头刀采用叶片叶片精加工策略。这时要注意，【套面】应选取"内套面"。

① 进入"叶片精加工"刀路策略对话框　在综合工具栏中单击【刀具路径策略】按钮，弹出【策略选取器】对话框，选取【叶盘】选项卡，然后选择叶片精加工，单击【接

受】按钮，系统弹出【叶片精加工】对话框。默认的刀具路径名称为"1"，现在修改【刀具路径名称】为"f2"。

② 定义用户坐标系　本刀路用户坐标系为"abs"，也可以不用选取，默认就是世界坐标系，如图8-74所示。

图8-74　定义坐标系

③ 定义毛坯　毛料大小为$\phi$75×27，坐标系为"世界坐标系"，单击右侧屏幕的【毛坯】按钮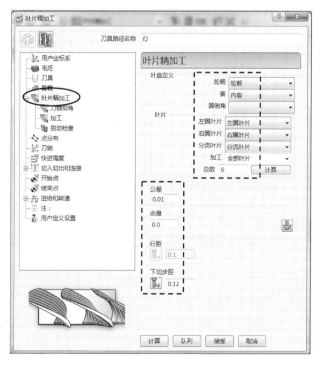，可以关闭其显示。

④ 定义刀具　本次刀具为BD4R2球头刀。与如图8-48所示相同。修改刀具【伸出】长度为"45"。

⑤ 剪裁参数　按默认设置，不选取其他选项参数。

⑥ 设定切削参数　在【叶片精加工】对话框里的左侧目录树里选取 叶片精加工，设定【叶盘定义】栏参数，【轮毂】为层名称为"轮毂"的图层，【套】为"内套"，【圆倒角】为空选项。【叶片】栏里，【左翼叶片】为层名称为"左翼叶片"的图层，【右翼叶片】为"右翼叶片"，【分流叶片】为"分流叶片"，【加工】为"全部叶片"，【总数】为"6"。【公差】为"0.01"，【余量】为"0"，【下切步距】为"0.12"，如图8-75所示。

图8-75　定义切削参数

⑦ 设定刀轴仰角参数　在【叶片精加工】对话框里的左侧目录树里选取 叶片精加工 下的 刀轴仰角，设定【刀轴仰角】参数为"偏置法线"，如图8-76所示。

**图8-76　设定刀轴仰角参数**

⑧ 设定加工参数　在【叶片精加工】对话框里的左侧目录树里选取 叶片精加工 下的 加工，设定【加工】参数，【切削方向】为"顺铣"，【偏置】为"合并"，【排序方式】为"范围"，【操作】为"加工分流叶片"，【开始位置】为"底部"，如图8-77所示。

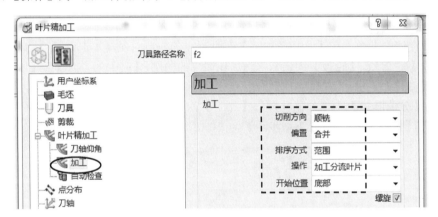

**图8-77　定义加工参数**

⑨ 把内外套辅助曲面忽略　在图形区先选取外套曲面，按住Shift键，再选取内套曲面。

在【叶盘区域清除】对话框里的左侧目录树里选取 叶盘区域清除。在图8-75所示的对话框里，单击【编辑部件余量】按钮，在系统弹出的【部件余量】对话框里，按如图8-52所示设定参数，这样就可以把辅助面忽略掉。单击【应用】按钮，单击【接受】按钮，系统返回到【叶盘区域清除】对话框。

⑩ 定义刀轴参数　本刀路为五轴联动方式加工，参数与如图8-53所示相同。其中【刀轴】为"自动"。

⑪ 定义快进高度参数　这里【安全区域】为"球"，【用户坐标系】为"abs"，【半径】为"45"，【下切半径】为"44"，与如图8-54所示相同。

⑫ 定义切入切出和连接参数　这里切入和切出设置为"延伸移动"，【连接】的【短】为"圆形圆弧"。与如图8-55所示相同。

⑬ 设定开始点参数　设定【开始点】参数为"第一点安全高度"。

⑭ 设定结束点参数　设定【结束点】参数为"最后一点安全高度"。

⑮ 设定进给和转速　转速为5000r/min，进给速度为1500mm/min。与如图8-62所示相同。

⑯ 计算刀路　各项参数设定完以后检查无误，在【叶片精加工】对话框底部单击【计算】按钮，计算出刀路f2，关闭辅助面显示，如图8-78所示。

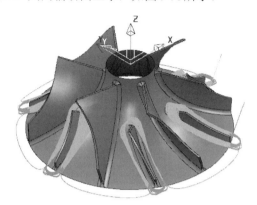

图8-78　生成分流叶片精加工刀路

## 8.2.12　在程序文件夹K080G中建立轮毂精加工刀路

本节主要任务是：建立1个刀路，用叶盘模块，对叶轮的轮毂面（也叫流道）进行精加工。

先将K080G程序文件夹激活。

方法：用BD4R2球头刀采用叶盘轮毂精加工策略。

### （1）进入"轮毂精加工"刀路策略对话框

在综合工具栏中单击【刀具路径策略】按钮 ，弹出【策略选取器】对话框，选取【叶盘】选项卡，然后选择 轮毂精加工，单击【接受】按钮，系统弹出【轮毂精加工】对话框。默认的刀具路径名称为"1"，现在修改【刀具路径名称】为"g0"。

### （2）定义用户坐标系

本刀路用户坐标系为"abs"，也可以不用选取，默认就是世界坐标系，如图8-79所示。

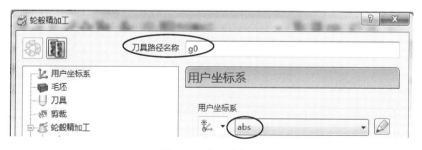

图8-79　定义坐标系

### （3）定义毛坯

毛料大小为 $\phi$ 75×27，坐标系为"世界坐标系"，单击右侧屏幕的【毛坯】按钮 ，可以关闭其显示。

**（4）定义刀具**

本次刀具为BD4R2球头刀。与如图8-48所示相同。修改刀具【伸出】长度为"45"。

**（5）剪裁参数**

按默认设置，不选取其他选项参数。

**（6）设定切削参数**

在【轮毂精加工】对话框里的左侧目录树里选取 轮毂精加工，设定【叶盘定义】栏参数，【轮毂】为层名称为"轮毂"的图层，【套】为"外套"，【圆倒角】为空选项。【叶片】栏里，【左翼叶片】为层名称为"左翼叶片"的图层，【右翼叶片】为"右翼叶片"，【分流叶片】为"分流叶片"，【加工】为"全部叶片"，【总数】为"6"。【公差】为"0.01"，【余量】为"0"，【行距】为"0.12"，如图8-80所示。

**图8-80 定义叶片参数**

**（7）设定刀轴仰角参数**

在【轮毂精加工】对话框里的左侧目录树里选取 轮毂精加工下的 刀轴仰角，设定【刀轴仰角】参数为"轮毂法线"，如图8-81所示。

**（8）设定加工参数**

在【轮毂精加工】对话框里的左侧目录树里选取 轮毂精加工下的 加工，设定【加工】参数为"顺铣"，如图8-82所示。

图8-81 设定刀轴仰角参数

图8-82 设定加工参数

**（9）把内外套辅助曲面忽略**

在图形区先选取外套曲面，按住 Shift 键，再选取内套曲面。

在【叶盘区域清除】对话框里的左侧目录树里选取 叶盘区域清除 。在图8-59所示的对话框里，单击【编辑部件余量】按钮 ，在系统弹出的【部件余量】对话框里，按如图8-52所示设定参数，这样就可以把辅助面忽略掉。单击【应用】按钮，单击【接受】按钮，系统返回到【叶盘区域清除】对话框。

**（10）定义刀轴参数**

本刀路为五轴联动方式加工，参数与如图8-53所示相同。其中【刀轴】为"自动"。

**（11）定义快进高度参数**

这里【安全区域】为"球"，【用户坐标系】为"abs"，【半径】为"45"，【下切半径】为"44"，与如图8-54所示相同。

**（12）定义切入切出和连接参数**

这里切入和切出设置为"延伸移动"，【连接】的【短】为"圆形圆弧"。与如图8-55所示相同。

**（13）设定开始点参数**

设定【开始点】参数为"第一点安全高度"。

**（14）设定结束点参数**

设定【结束点】参数为"最后一点安全高度"。

**（15）设定进给和转速**

转速为5000r/min，进给速度为1500mm/min。与如图8-62所示相同。

**（16）计算刀路**

各项参数设定完以后检查无误，在【轮毂精加工】对话框底部单击【计算】按钮，计算出刀路g0，关闭辅助面显示，如图8-83所示。

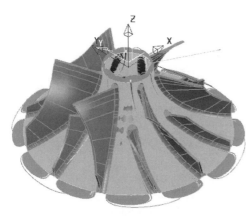

图8-83 生成轮毂精加工刀路g0

# 8.3 程序检查

**（1）干涉及碰撞检查**

在左侧资源管理器里展开【刀具路径】树枝中各个文件夹中的刀具路径。先选择刀路a0将其激活，再在综合工具栏选择【刀具路径检查】按钮 ，弹出【刀具路径检查】对话框。在【检查】选项中选择"碰撞"，单击【应用】按钮，如图8-84所示。单击信息框中的【确定】按钮，本例刀路正常。

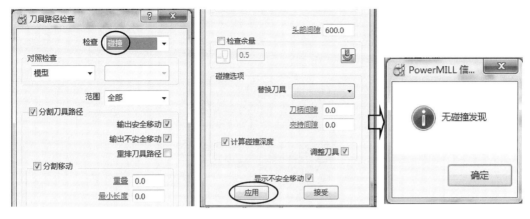

**图8-84　NC数控程序的碰撞检查**

在上述【刀具路径检查】对话框中的【检查】选项中先选择"过切"，检查余量设定为本刀路的余量"0.5"，单击【应用】按钮。如果刀路正常，则显示 信息框。本例刀路正常，这时目录树中的刀具路径a0前的符号显示为 ✓，如图8-85所示。单击信息框中的【确定】按钮。

**图8-85　NC数控程序的过切检查**

用同样的方法可以对其他的刀具路径分别进行碰撞检查及过切检查。最后，单击【刀具路径检查】对话框中的【接受】按钮。

**（2）实体模拟检查**

该功能可以直观地观察刀具加工的真实情况。

① 要在界面中把实体模拟检查功能显示在综合工具栏中　在下拉菜单中选择并执行命令【查看】|【工具栏】|【ViewMILL】。同样的方法可以把【仿真】工具栏也显示出来。如果已经显示，则这一步不用做。

② 检查毛坯设置　在综合工具栏中单击【毛坯】按钮 📦，弹出【毛坯】对话框。在【由…定义】下拉列表框中选择"圆柱体"选项，按如图8-22所示设定参数。单击【接受】按钮。

③ 启动仿真功能　在左侧的【资源管理器】中，选择 ✓ 🍴 ▷ a0，单击鼠标右键，在弹出的快捷菜单中选择【自开始仿真】命令，如图8-86所示。

图8-86 启动仿真功能

④ 开始仿真 单击【开/关ViewMILL】按钮 ◎，使其处于开的状态，这时工具条就变成可选状态。选择【光泽阴影图像】按钮 ⬛，再单击【运行】按钮 ▷。a0刀路完成仿真后的结果如图8-87所示。

⑤ 在【ViewMILL】工具条中选择 ◎ a1，再单击【运行】按钮 ▷ 进行仿真。结果如图8-88所示。

图8-87 a0仿真结果                图8-88 a1仿真结果

⑥ 同理，可以对其他叶片开粗刀路进行仿真。结果如图8-89所示。

b0仿真结果                c0仿真结果                叶片开粗d0仿真结果

图8-89 叶片开粗仿真

⑦ 同理，可以对叶片精加工刀路进行仿真。结果如图8-90所示。

单击【退出ViewMILL】按钮 ◎，退出仿真界面。

经过检查得知，程序基本正常。但是，大叶片加工到靠近轮毂的部位，切削量有增大的情况。这种情况通常的处理方法是：操作机床时，当加工此处部位，适当降低进给速度。

e0大叶片精加工
仿真结果

f0～f2小叶片精加工
仿真结果

g0流道精加工
仿真结果

图8-90 叶片精加工仿真结果

# 8.4 后置处理

## （1）设定后处理输出参数

在工具栏里执行【工具】|【选项】命令，系统弹出【选项】对话框。选择【NC程序】下的【输出】选项，修改【文件类型】为"刀位"，勾选【单独写入每一路径】复选框。单击【接受】按钮，如图8-91所示。

图8-91 设定输出参数

## （2）设定输出的坐标系

先将坐标系1激活。

在双转台式的五轴机床上加工时输出程序的坐标系应该放置在$A$轴与$C$轴的交点处，一般是在C盘上表面的中心位置。

本例夹持位采取如图8-3所示的夹具装夹，加工坐标系G54应该是将世界坐标系abs沿着Z轴向负方向移动127得到的，重新命名为"G54"，这个坐标系位于材料的中心位置，如图8-92所示。

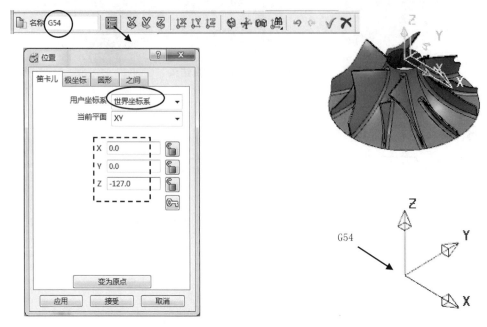

**图8-92　创建坐标系G54**

### （3）复制NC文件夹

先将【刀具路径】中的文件夹，通过【复制为NC程序】命令复制到【NC程序】树枝中。例如在屏幕左侧的【资源管理器】中，选择【刀具路径】中的K080A文件夹，单击鼠标右键，在弹出的快捷菜单中选择【复制为NC程序】。同样方法复制其他文件夹。

### （4）初步后处理生成CUT文件

在左侧资源管理器里，右击【NC程序】树枝里的第一个文件夹，在弹出的快捷菜单里选取【设置】命令，在系统弹出的【NC程序】对话框里，选取【输出用户坐标系】为"G54"，单击【写入】按钮。用同样的方法对其他文件夹进行输出。

### （5）复制后处理器

把本书提供的五轴机床后处理器文件Fanuc16m-k.pmoptz复制到C:\Users\Public\Documents\PostProcessor 2011 (x64) Files\Generic目录里。已经复制了，这一步就不用重复做。

### （6）启动后处理器

启动后处理软件PostProcessor 2011 (x64)。右击【New】命令，在弹出的对话框里选取后处理器Fanuc16m-k.pmoptz。右击 📁 CLDATA Files，把第（4）步输出的刀位文件选中。

### （7）后处理生成NC文件

在后处理对话框里，右击第1个刀位文件，在弹出的快捷菜单里选取【Process】命令，如图8-93所示。

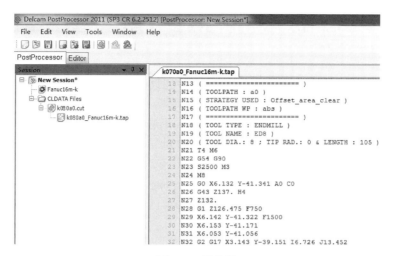

图8-93　后处理

用同样的方法对其他刀位文件进行后处理。

# 8.5　填写加工工作单

本例的CNC加工工作单如表8-1所示。

表8-1　CNC加工工作单

| 型号 | | 模具名称 | | 工件名称 | 叶轮 | |
|---|---|---|---|---|---|---|
| 编程员 | | 编程日期 | | 操作员 | | 加工日期 | |

对刀方式：C盘中心为XY零位
C盘表面为Z零位
图形名：涡轮叶片-2012
材料号：铝
大小：$\phi$ 80×150

| 程序名 | 余量 | 刀具 | 装刀最短长 | 加工内容 | 加工时间 |
|---|---|---|---|---|---|
| K080A | 1 | ED8平底刀 | 45 | 叶轮开粗 | |
| K080B | 0 | ED8平底刀 | 45 | 叶轮精加工 | |
| K080C | 0 | BD6R3球头刀 | 35 | 包裹套面精加工 | |
| K080D | 1 | BD4R2球头刀 | 35 | 叶形流道粗加工 | |
| K080E | 0 | BD4R2球头刀 | 35 | 大叶片精加工 | |
| K080F | 0 | BD4R2球头刀 | 35 | 分流叶片精加工 | |
| K080G | 0 | BD4R2球头刀 | 35 | 轮毂面精加工 | |

## 8.6 本章总结及思考练习与参考答案

本章通过实例着重讲解了涡轮式叶轮类零件的数控编程方法，学好本章内容还需要注意以下问题：

① 用 PowerMILL 数控编程以前必须对原始图形进行简化。因为大多数叶轮都是客户提供的 3D 图，经过多次转换以后，留给工艺人员的叶轮图形必然有很多变形，例如轮毂曲面很可能就不是一个旋转曲面了。这样在利用模块进行数控编程时就会出现很多错误。

② 图形简化的要求是：轮毂曲面要在原图基础之上另外绘制一个旋转曲面。把叶轮不需要加工和计算刀路的曲面删除。包裹套面要完全包含叶片顶部的叶冠部分。这些图形处理要在 CAD 软件里进行。

③ 叶片刀路计算时，在余量里把内外套面忽略，否则会出现计算错误。

—— 思考练习 ——

1.本章叶片流道开粗时为什么余量比较大？

2.本例为什么没有专门指定圆角图层？

—— 参考答案 ——

1.答：因为本例的分流叶片的叶冠位置较低，如果留余量太小，加工叶片顶部的叶冠时刚性差，容易变形。如果能适当加强叶片的厚度就可以改善这种情况。

2.答：根据本例叶片的特点，圆角部分可以用 BD4R2 球头刀具直接加工出来。在处理图层分层时把圆角曲面归结到对应的叶片里边去了。

# 参考文献

[1] 寇文化. UG NX8.0数控铣多轴加工工艺与编程. 北京: 化学工业出版社, 2015.

[2] 闫巧枝. 数控机床编程与工艺. 西安: 西北工业大学出版社, 2009.

[3] 寇文化. PowerMILL数控编程技术实战特训. 第2版. 北京: 电子工业出版社, 2017.

[4] 朱克忆. PowerMILL多轴数控加工编程实用教程. 北京: 机械工业出版社, 2010.

[5] 寇文化. 工厂数控编程技术实例特训（UG NX9版）. 第2版. 北京: 清华大学出版社, 2017.

[6] 关雄飞. 数控加工工艺与编程. 第2版. 北京: 机械工业出版社, 2014.

[7] 寇文化. PowerMILL2012数控铣多轴加工工艺与编程. 北京: 化学工业出版社, 2018.